UTB

W0345359

Eine Arbeitsgemeinschaft der Verlage

Böhlau Verlag · Wien · Köln · Weimar
Verlag Barbara Budrich · Opladen · Toronto
facultas.wuv · Wien
Wilhelm Fink · München
A. Francke Verlag · Tübingen und Basel
Haupt Verlag · Bern · Stuttgart · Wien
Julius Klinkhardt Verlagsbuchhandlung · Bad Heilbrunn
Mohr Siebeck · Tübingen
Nomos Verlagsgesellschaft · Baden-Baden
Ernst Reinhardt Verlag · München · Basel
Ferdinand Schöningh · Paderborn · München · Wien · Zürich
Eugen Ulmer Verlag · Stuttgart
UVK Verlagsgesellschaft · Konstanz, mit UVK/Lucius · München
Vandenhoeck & Ruprecht · Göttingen · Bristol
vdf Hochschulverlag AG an der ETH Zürich

Rainer Hartmann

Marketing in Tourismus und Freizeit

UVK Verlagsgesellschaft mbH · Konstanz
mit UVK/Lucius · München

Prof. Dr. Rainer Hartmann lehrt und forscht an der Hochschule Bremen. Thematische Schwerpunkte sind das Marketing-Management von Tourismus und Freizeit, Stadtmarketing sowie Kultur- und Eventmanagement. Er übte verschiedene Tätigkeiten in Forschung und Lehre (Universität Erlangen-Nürnberg und International School of Management in Dortmund) sowie in der Unternehmensberatung (CIMA Beratung + Management GmbH) aus.

Lob und Kritik
Wir freuen uns darüber, dass Sie sich für ein UTB-Lehrbuch entschieden haben. Wir hoffen, dass Sie dieses Buch bei Ihrer Prüfungsvorbereitung sinnvoll unterstützt. Für Lob und Kritik haben wir stets ein offenes Ohr: Schreiben Sie uns einfach eine E-Mail an das Lektorat (wirtschaft@uvk.de).

Online-Angebote oder elektronische Ausgaben sind erhältlich unter www.utb-shop.de.

Bibliografische Information der Deutschen Bibliothek
Die Deutsche Bibliothek verzeichnet diese Publikation in der Deutschen Nationalbibliografie; detaillierte bibliografische Daten sind im Internet über <http://dnb.ddb.de> abrufbar.

Lektorat: Rainer Berger
Einbandgestaltung: Atelier Reichert, Stuttgart
Einbandmotiv: © JiSIGN – Fotolia.com
Druck und Bindung: fgb · freiburger graphische betriebe, Freiburg

UVK Verlagsgesellschaft mbH
Schützenstraße 24 · 78462 Konstanz
Tel. 07531-9053-0 · Fax 07531-9053-98
www.uvk.de

UTB-Nr. 3973
ISBN 978-3-8252-3973-2

Vorwort

Wenngleich der Markt für Marketing-Publikationen gut bestückt ist, wird das Angebot bei spezifischen Werken zum Tourismus- und v.a. dem Freizeitmarketing sehr dünn. Auf der Nachfrageseite dagegen entstehen in den letzten Jahren immer neue Tourismus-Studiengänge, die einen Marketing-Schwerpunkt aufweisen und sich auch mit Freizeitthemen beschäftigen. Daraus kann ein **Bedarf** an einem **interdisziplinär ausgerichteten Buch** zum Marketing in Tourismus und Freizeit abgeleitet werden. Diesem spezifischen Bedarf gerecht zu werden, ist mein Kernziel.

Marketing betrachte ich dabei aus ganz **unterschiedlichen Perspektiven**: Als Wirtschaftsgeograph forsche und lehre ich seit 1994 im Bereich des Tourismus (-Marketing). Neben dieser akademischen Sichtweise und der Kenntnis, aus welchem Blickwinkel Studierende das Thema Marketing betrachten, habe ich einige Jahre als Consultant in der Marketing-Praxis gearbeitet. Dort werden ganz andere Bedarfe an das Marketing herangetragen. Der Anspruch dieser Publikation ist es, diese unterschiedlichen Blickwinkel aus **Forschung, Lehre und Praxis** zu vereinen.

Das vorliegende Buch ist als **kompakte Einstiegslektüre** in das Marketing von Tourismus- und Freizeitorganisationen gedacht. Es soll **grundlegendes Basiswissen**, **praktische Anleitungen** für Herangehensweisen an das Marketing sowie **anschauliche Fallbeispiele** aus verschiedenen Bereichen des Tourismus und der Freizeit als Lernobjekte anbieten. Die Inhalte werden so verständlich und anschaulich vermittelt, dass das Buch sowohl für Studieneinsteiger im Bachelor, Fortgeschrittene im Master als auch für Praktiker, die sich grundständig mit Marketing beschäftigen möchten, von hohem Nutzen sein wird. Es bietet einen **niedrigschwelligen Einstieg** in das Thema: kurz und bündig, übersichtlich strukturiert und mit Übungsaufgaben versehen. Eine Aufteilung der Inhalte in 13-15 Lehreinheiten à zwei Semesterwochenstunden ist gut möglich, so dass dieses Buch als **Begleitlektüre für einen Einführungskurs** in das Marketing in Tourismus und Freizeit geeignet ist.

Als normative Grundlage zieht sich die **Leitidee der nachhaltigen Entwicklung** in Tourismus und Freizeit wie ein roter Faden durch das gesamte Buch. Mit Marketing wird oft bloßes Profitdenken und eine wirtschaftliche Schwerpunktsetzung assoziiert. Hier sollen dagegen im Rahmen des Marketings alle drei Säulen der nachhaltigen Entwicklung – Ökonomie, Ökologie und Soziales – gleichwertig berücksichtigt werden (vgl. Balderjahn, 2013). Als Vertiefung des kommerziellen Marketings hat sich das nachhaltige Marketing in den letzten

Jahren im Tourismus- und Freizeitbereich etabliert, wie einige der Fallbeispiele zeigen werden.

Etwas allgemeiner betrachtet kann **nachhaltiges Marketing** als besonders sorgfältig und durchdacht, kontinuierlich in seiner Wirkung und haushälterisch im Umgang mit den eingesetzten Mitteln beschrieben werden. **Das ist eine echte Herausforderung!** Denn unsere Realität sieht heute ganz anders aus: Wir sind Gefangene der Zeit. Zahlen werden wichtiger als Maßnahmen, Verpackung wichtiger als Inhalte und Medien wichtiger als die Botschaft. „Wer sich aber bewusst mit diesen Gegensätzen auseinander setzt, hat höhere Chancen, seine Welt nach eigenen Vorstellungen zu gestalten" (Belz, 2010, S. 21).

Zitat ☐

„Erfolgreich ist, wer nachhaltig wirkt – denn mit ihm ist auch in Zukunft noch zu rechnen."

*Otto Belz (*1947), schweizer. Ökonom*

Neben der Frage nach dem **WIE** (nachhaltig!) muss auch nach dem **WAS** gefragt werden: Welche Leistungen wollen wir über das Marketing eigentlich angeboten bekommen und welche nicht?

Der Moralphilosoph Michael Sandel (2012) plädiert entschieden **gegen die Kommerzialisierung aller Lebensbereiche** und fragt nach den moralischen Grenzen des marktwirtschaftlichen Systems. Wie weit sollte der Markt/das Marketing in den Bildungsbereich hineinspielen, in die medizinische Versorgung, in den Umweltschutz, in private Beziehungen, ins gesellschaftliche Leben und in die Freizeitgestaltung? Sandel ist der Überzeugung, dass sich der Markt in moralischer Hinsicht niemals von allein zügeln wird. **Bedingungslose Marktgläubigkeit** bedrohe letztlich die Demokratie, weil sie schleichend den **Sinn für Gemeinschaft zerstöre**. Am Ende müssten wir von Fall zu Fall entscheiden, ob wir nicht unsere Werte aufs Spiel setzen, wenn wir die Regeln des Marktes überall anwenden. **Also, in was für einer Welt wollen Sie leben?**

Danksagungen

Ich möchte mich bei der Hochschule Bremen und bei meinen Kollegen von der Fakultät 3 dafür bedanken, dass sie mir die Arbeit an diesem Buch in Form eines Forschungsfreisemesters ermöglicht haben.

Für die Unterstützung bei der Erstellung und Korrektur des Manuskripts bedanke ich mich bei Marie-Lena Berger, Janto Hess und Denise Wulf.

Inhalt

Abkürzungsverzeichnis

AGOF	Arbeitsgemeinschaft Online Forschung e.V.
AWA	Allensbacher Werbeträgeranalyse
B2B	Business to Business
B2C	Business to Customer
BIP	Bruttoinlandsprodukt
BMU	Bundesministerium für Umwelt, Naturschutz und Reaktorsicherheit
BVDW	Bundesverband Digitale Wirtschaft
CATI	Computer Assisted Telephone Interview
CI	Corporate Identity
CRS	Computer Reservierungssystem
CSR	Corporate Social Responsibility
DEHOGA	Deutscher Hotel- und Gaststättenverband e.V.
DGT	Deutsche Gesellschaft für Tourismuswissenschaft
DL	Dienstleistung
DRV	Deutscher Reiseverband
DTV	Deutscher Tourismusverband
DWIF	Deutsches Wissenschaftliches Institut für Fremdenverkehr
ECPAT	Arbeitsgemeinschaft zum Schutz der Kinder vor sexueller Ausbeutung e.V.
FASPO	Fachverband für Sponsoring e.V.
FUR	Forschungsgemeinschaft Urlaub und Reisen e.V.
GfK	Gesellschaft für Konsumforschung
GPS	Global Positioning System
GSTC	Global Sustainable Tourism Council
IHK	Industrie- und Handelskammer
ILO	International Labour Organisation
KKV	Komparativer Konkurrenzvorteil
LOHAS	Lifestyle of Health and Sustainability

MICE	Meetings, Incentives, Conventions and Events
NPO	Nonprofit-Organisation
QTA	Quality Travel Alliance
RA	Reiseanalyse
ROPO	Research online, purchase offline
RTK	Raiffeisen Tourismus-Kooperation
SEP	Strategische Erfolgsposition
SGE	Strategische Geschäftseinheiten
SWOT	Strengths (Stärken), Weaknesses (Schwächen), Opportunities (Chancen), Threats (Risiken)
TMCV	Touristik Multi Channel Vertriebsgesellschaft
TQM	Total Quality-Management
TSA	Tourism Satellite Account
TSS	Touristik Service System GmbH
UNEP	United Nations Environment Program
UNWTO	United Nation World Tourism Organization
USP	Unique Selling Proposition
VIR	Verband Internet Reisevertrieb
WTTC	World Travel and Tourism Council

1 Freizeit und Tourismus als Gegenstandsbereiche des Marketings

Blick auf Heidelberg (© Rainer Hartmann)

☐ Lernziele

Die Inhalte dieses Kapitels ermöglichen Ihnen, …

- Freizeit und Tourismus als Gegenstandsbereiche des Marketings zu verstehen sowie die Begriffe zu definieren und abzugrenzen.
- eine Marktbestimmung und -differenzierung für Freizeit- und Tourismusleistungen vornehmen zu können.
- den ökonomischen Stellenwert der beiden Bereiche zu erfassen und einzuordnen.
- Freizeit und Tourismus als Lebensbereiche wahrzunehmen, die neben der ökonomischen immer auch eine soziale und eine ökologische Komponente aufweisen.
- die Strukturen und wichtigsten Akteure des Tourismus zu erfassen.

Bevor über das Marketing in Tourismus und Freizeit gesprochen wird, soll in diesem einführenden Kapitel zunächst auf die beiden Bereiche als Gegenstände einer marktorientierten Betrachtung eingegangen werden. Aus dem Alltagsverständnis abgeleitet, kann Tourismus als eine von vielen möglichen Freizeitbeschäftigungen betrachtet werden. Auch wenn dies richtig ist, hat der Tourismus eine weitere Facette: beruflich bedingte Reisen, häufig auch Geschäftsreisen genannt. Umgekehrt sind Freizeitreisen als eine Kategorie des Tourismus zu verstehen. Es ergeben sich demnach verschiedene inhaltliche Überschneidungen und Verschachtelungen, die es notwendig machen, beide Begriffe näher zu betrachten. Begonnen wird mit der Freizeit, deren Begriff vergleichsweise weiter gefasst werden muss, als der des Tourismus.

1.1 Freizeit

Der **Freizeitbegriff** wird häufig als Restkategorie betrachtet, als spezifische Form arbeitsfreier Zeit. Fromme (2001, S. 601) konstatiert, dass dieser Freizeitbegriff auf einer klaren raum-zeitlichen Trennung von Arbeit und sonstigen Lebensäußerungen sowie einer strengen zeitlichen Regelung und Begrenzung der Erwerbsarbeit basiert. Erst in den 1970er Jahren differenzierte der Soziologe Dumazedier (1974, S. 73ff) die dualistische Betrachtungsweise, indem er **Freizeit als Kategorie** betrachtete, die ausschließlich einen befreienden, uneigennützigen, hedonistischen und persönlichen Charakter hat. Ausgeklammert sind somit im weitesten Sinne Grunddaseinsfunktionen, die zum Erhalt eines gesunden Lebens notwendig sind (Schlafen, Nahrungsaufnahme, Hygiene, Erwerbs- oder Haushaltsarbeit). Eine konkrete Definition der Freizeit stellt sich jedoch als sehr schwierig heraus, was vor allem damit zusammenhängt, dass die Freizeit Teil eines Systems von Lebensbereichen ist, die sehr eng mit der jeweiligen Persönlichkeit und deren spezifischer Situation verknüpft ist (vgl. Schmitz-Scherzer, 1974, S. 23ff).

Gerade in einer weitgehend **individualisierten Gesellschaft**, wie sie sich in den meisten hoch entwickelten Ländern entwickelt hat, erweist es sich als immer schwerer, den Freizeitbegriff eng zu definieren. Hinzu kommt die zunehmende **Vermischung der unterschiedlichen Lebensbereiche**, die durch mobile Arbeitsplätze und ständige Erreichbarkeit über neue Kommunikationstechnologien immer weiter voranschreitet. Wer vermag heute noch genau zu sagen, ob er sich gerade überwiegend im Urlaub (als Freizeit) befindet, seiner Erwerbstätigkeit nachgeht oder primär den Pflichten als Familienvater nachkommt, wenn er mit seinen Kindern durch den Zoo laufend die Anfrage eines Kunden per Telefon bearbeitet? Multitasking ist allgegenwärtig und entgrenzt unsere Lebensbereiche in immer stärkerem Maße.

Opaschowski (1990) hat eine **Definition von Freizeit** vorgeschlagen, die sich in Fachkreisen weitgehend durchgesetzt hat. Er unterscheidet drei übergeordnete Zeitbereiche, in die sich die gesamte Lebenszeit einteilen lässt: die Determinations-, die Obligations- und die Dispositionszeit. Als Kernkriterium der Einteilung dient der Grad an freier Verfügbarkeit über Zeit:

☐ Definition

„Je nach vorhandenem **Grad an freier Verfügbarkeit** über Zeit und entsprechender Wahl-, Entscheidungs- und Handlungsfreiheit, lässt sich die gesamte Lebenszeit als Einheit von drei Zeitabschnitten kennzeichnen:

1. der frei verfügbaren, einteilbaren und selbstbestimmbaren ***Dispositionszeit*** (= ‚Freie Zeit' – Hauptkennzeichen: **Selbstbestimmung**);

2. der verpflichtenden, bindenden und verbindlichen ***Obligationszeit*** (= ‚Gebundene Zeit' – Hauptkennzeichen: **Zweckbestimmung**);

3. der festgelegten, fremdbestimmten und abhängigen ***Determinationszeit*** (= ‚Abhängige Zeit' – Hauptkennzeichen: **Fremdbestimmung**)"

(Opaschowski 1990, S. 86).

Zweckbestimmt sind z.B. Verpflichtungen gegenüber der Familie oder Zeiten für Schlaf und Nahrungsaufnahme. Sie können nur in Bezug auf Lage und Dauer selbstbestimmt werden. Zu den fremdbestimmten Zeiten zählen die Erwerbsarbeit oder auch die Schulzeit.

Das **Konzept der Zeitautonomie** von Kramer (1990, S. 34) stellt die Zeitverwendung nach dem Grad der Autonomie auf einer 5er-Skala dar. Er differenziert damit die drei Kategorien von Opaschowski weiter aus und beschreibt die Autonomie der Zeitverwendung auf einem Kontinuum (Abb. 1) (vgl. Freericks, 2010, S. 19ff). Hier lassen sich auch verschiedene Formen des Tourismus angliedern, abhängig davon, wie stark eine Reise fremd- oder eigenbestimmt ist (vgl. Abb. 3 in Kapitel 1.2).

Auch Carius und Gernig (2010, S. 37) legen ihren grundlegenden Recherchen zur Disziplinanalyse der Freizeitwissenschaft ein Verständnis von Freizeit nach dem Konzept der graduellen Zeitautonomie zugrunde: „Freizeit ist jener Teil der Lebenszeit, der sich innerhalb von externen wie habituellen oder selbstgewählten Zeitbindungen mit präferenzgesteuertem Wählen zwischen Handlungsalternativen durch einen hohen bis sehr hohen Grad an Zeitautonomie auszeichnet".

Abb. 1: Freizeit und Zeitautonomie (Freericks, 2010, S. 25)

Zitat ☐

> „Aus Mangel an Ruhe läuft unsere Zivilisation in eine neue Barbarei hinaus. Zu keiner Zeit haben die Tätigen, das heißt die Ruhelosen, mehr gegolten. Es gehört deshalb zu den notwendigen Korrekturen, welche man am Charakter der Menschheit vornehmen muss, das beschauliche Element in großem Maße zu verstärken."
>
> *Friedrich Nietzsche (1844-1900), dt. Philosoph*

1.1.1 Freizeit als Gegenstand des Marketings

Im nächsten Schritt soll nun der Frage nachgegangen werden, welche Bereiche der Freizeit marktrelevant und damit für eine Marketing-Publikation in Betracht zu ziehen sind. Der Fokus der Betrachtung liegt dabei auf den Bereichen der Freizeit, die außerhalb der Privatsphäre wahrgenommen und als **Außerhaus-Aktivitäten** bezeichnet werden.

Betrachtet man die Nachfragesituation auf diesem Teilmarkt der Freizeit, stehen seit Jahren relativ stabil die gleichen **Freizeitaktivitäten der Deutschen** ganz oben in den Rankings. Im Freizeit-Monitor (Stiftung für Zukunftsfragen, 2013) sind dies („wenigstens einmal in der Woche"):

[1] Etwas für die Gesundheit tun 45%
[2] Spazieren gehen 40%
[3] Sport treiben 35%
[4] Auto/Motorrad fahren 33%
[5] Fahrrad fahren 33%

In der Häufigkeit etwas nachgelagert („wenigstens einmal pro Monat“) folgen:

[6] Shopping/Einkaufsbummel 49%
[7] Essen gehen 46%
[8] Ausflug in die Umgebung 44%
[9] Kneipen-/Barbesuch 35%
[10] Baden/schwimmen gehen 31%
[11] Sportveranstaltungen besuchen 27%
[12] Tagesausflug unternehmen 26%
[13] Stammtisch, Jogging, Tanzen, Gottesdienst, Wandern, Kino, Fitnessstudio, Wellness (absteigend zwischen 20 und 11%).

Bezieht man die nächste Kategorie „wenigstens einmal im Jahr“ in die Betrachtung ein, dann werden auch im engeren Sinne kulturbezogene Aktivitäten angeführt: Volksfest-/Jahrmarktbesuch, Wochenendfahrt, Opern-/Theater-/Konzertbesuch, Museums-/Kunsthallenbesuch, Besuch eines Freizeitparks, eines Zoos/Tierparks oder eines Rock-/Pop-/Jazzkonzerts.

Die von den Deutschen häufig wahrgenommenen Freizeitbeschäftigungen „sich mit der Familie beschäftigen“, „seinen Gedanken nachgehen“, „über wichtige Dinge reden“, „Zeit mit dem Partner verbringen“ sowie „ausschlafen“ (Stiftung für Zukunftsfragen, 2013, S. 12) sind **keine Betrachtungsgegenstände** dieser Publikation. Auch der Bereich des Medienkonsums und der Medienökonomie wird ausgeklammert, sofern er nicht einen direkten Bezug zum Freizeit- oder Tourismusmarketing hat (Online-Distribution und Kommunikation). Eine tiefergehende Betrachtung dieses beliebtesten Segments der Freizeitgestaltung, das Fernsehen, Telefonieren, Radio hören, Zeitung lesen und Computernutzung beinhaltet (fünf der Top-Ten Freizeitbeschäftigungen der Deutschen laut Stiftung für Zukunftsfragen), würde den Rahmen dieser Arbeit sprengen.

In Bezug auf das **Marketing-Management** können Freizeitaktivitäten zudem in zwei Bereiche untergliedert werden, deren Übergänge fließend sind: Zum einen die Freizeitgestaltung, die der Selbstorganisation unterliegt, im Sinne von Alltagskultur, die ohne Einbeziehung anderer Organisationen auskommt. Zum anderen das **Freizeitangebot**, das **für (potenzielle) Nachfrager organisiert** wird. Die Inhalte dieser Publikation beschränken sich vornehmlich auf diesen zweiten Bereich. Analog zum Kulturmanagement-Verständnis von Heinrichs (2012, S. 18ff) geht es dabei um die Erstellung von institutionellen, rechtlichen, ökonomischen und organisatorischen Rahmenbedingungen, die Freizeitaktivitäten ermöglichen, sowie die Steuerung der Prozesse, die zu konkreten Freizeit-Dienstleistungen (z.B. Kulturveranstaltungen, Sportangebote, Freizeitparks) führen. Das vornehmliche Ziel des Marketings ist dabei die Vermittlung dieser Leistungen an einen spezifischen Kundenkreis (vgl. Hartmann, 2010a, S. 115ff).

Unter Berücksichtigung der o.g. Einschränkungen kann eine Einordnung und differenzierende Betrachtung des für das Marketing-Management relevanten Gegenstandsbereichs der Freizeit vorgenommen werden. Zusammenfassend lassen sich die **wichtigsten Teilmärkte**, die – neben dem Tourismus – den **engeren Gegenstandsbereich dieses Buches** ausmachen, klar herausarbeiten: Kultur, Sport und Gesundheit sowie Shopping und Gastronomie. Diese können in einem nächsten Schritt im Kontext dieses Buches weiter differenziert bzw. segmentiert werden (vgl. Abb. 2):

Kulturmarkt ▪ Bühnenbetriebe ▪ Museen (eigene Sammlung) ▪ Ausstellungshäuser (ohne eigene Sammlung) ▪ Kulturerbestätten ▪ Kinos ▪ Events und Volksfeste	**Markt für neue Erlebniswelten** ▪ Freizeit- und Erlebnisparks ▪ Freizeit- und Erlebnisbäder (Spaß- oder Thermalbäder) ▪ Erlebniszoos ▪ Erlebnisorientierte Lernorte (Orte mit selbstgesteuerten Lernangeboten)
Sport- und Gesundheitsmarkt ▪ Sportler- (nicht-organisiert, Vereine, Fitnessstudios), Zuschauer- (Sportarenen) und Folgemärkte (Sportrechte, Medien) ▪ Zweiter Gesundheitsmarkt (private Gesundheitsausgaben)	**Shopping und Gastronomie als Freizeitmärkte** ▪ Klassische (gewachsene) und „neue" Orte des Erlebniseinkaufs (Urban Entertainment Center, Brand Lands, Flagship Stores, Factory Outlet Center) ▪ Klassische und Erlebnisgastronomie

Abb. 2: Teilmärkte der für das Marketing relevanten Freizeitwirtschaft – ohne Tourismus (eigene Darstellung)

Auf detaillierte Ausführungen zu den Strukturen und Akteuren des Freizeitangebots – analog zum Tourismus-Kapitel – wird in diesem Buch verzichtet. Sie würden den vorgegebenen Rahmen sprengen (zur weitergehenden Lektüre vgl. Hartmann, 2010b, S. 193-240).

1.1.2 Wirtschaftsfaktor Freizeit

Die Freizeitwirtschaft zählt seit Jahrzehnten zu den stabilsten Wachstumsbranchen in Deutschland und Europa, mit Wachstumsraten, die weit über der Gesamtwirtschaft liegen. Ihr kommt so etwas wie die Rolle einer „**Leitökonomie**" für die Wirtschaft des 21. Jahrhunderts zu. Mit über sechs Mio. Beschäftigten ist die Freizeitwirtschaft Deutschlands größter Arbeitgeber. Diese Entwicklung wird auf den wachsenden Wunsch der Menschen nach Lebensqualität und einem besseren Leben zurückgeführt. Der Freizeitkonsum wird zum Bestandteil einer stetig wachsenden Erlebnisökonomie, die vor allem vom Tourismus, den Medien und der Unterhaltungsindustrie getragen wird (vgl. Opaschowski, Pries, & Reinhardt, 2006, S. 1f).

Im Jahr 2012 haben die Deutschen 128 Mrd. € für Freizeit, Unterhaltung und Kultur ausgegeben. Ein Betrag, der seit vielen Jahren kontinuierlich um 1-2% pro Jahr steigt. Damit liegt der Anteil der **Freizeitausgaben** an den gesamten Konsumausgaben ebenfalls seit Jahren bei 9-10%. 2008 stieg er sogar auf 11% (255 € je Haushalt im Monat) (Statistisches-Bundesamt, 2013). Je nach Betrachtungstiefe betragen die Freizeitausgaben der Deutschen sogar über 300 Mrd. € und es stehen zwischen 1,7 und 5 Mio. Menschen in Unternehmen der Freizeitwirtschaft in Lohn und Brot. Die entsprechende Untergliederung orientiert sich daran, in welchem Maße die von den einzelnen Branchen produzierten Güter für Freizeitzwecke genutzt werden (vgl. Winde, 2002):

- **Kernbereich Freizeit:** Branchen, deren Dienste oder Produkte überwiegend für das Leben neben der Arbeit gedacht sind. Der Freizeitanteil schwankt zwischen knapp 50 % in der Kultur-, Sport- und Unterhaltungsbranche sowie 85 % im Hotel- und Gastgewerbe.
- **Erweiterter Freizeitbereich:** Kernbereich + Berücksichtigung von Wirtschaftszweigen, deren Dienste oder Produkte nicht allein, aber mit dazu dienen, die Freizeit zu gestalten. Der Freizeitanteil reicht von ca. 30 % in der Telekommunikation bis zu etwas mehr als 40 % in Kfz-Handel und -reparatur.
- **Gesamtbereich Freizeit:** Kernbereich + erweiterter Freizeitbereich + alle Wirtschaftszweige, deren Produkte oder Dienste potenziell für Freizeitzwecke genutzt werden können. Der Freizeitanteil liegt zwischen 13 % in der Computerbranche und knapp 30 % bei den Autobauern.

Entsprechende Überlegungen liegen auch den Berechnungen des Wirtschaftsfaktors Tourismus zugrunde. Dort wurde das sog. Tourismus Satellitenkonto (Tourism Satellite Account) entwickelt, um eine differenzierte Betrachtung aller am Tourismus beteiligten Wirtschaftsbereiche zu ermöglichen (vgl. Kapitel 1.2.2).

1.2 Tourismus

Der **Tourismusbegriff** ist im Vergleich zur Freizeit auf der abstrakt-wissenschaftlichen Ebene sehr klar und im internationalen Konsens definiert:

☐ Definition

Tourismus umfasst „die Gesamtheit der Beziehungen und Erscheinungen, die sich aus dem Reisen und dem Aufenthalt von Personen ergeben, für die der Aufenthaltsort weder hauptsächlicher und dauernder Wohn- noch Arbeitsort ist" (Kaspar 1996, in Bieger, 2010, S. 35).

Auch die Welttourismus-Organisation der Vereinten Nationen vertritt diese Definition sinngemäß: "Tourism is a social, cultural and economic phenomenon which entails the movement of people to countries or places outside their usual environment for personal or business/professional purposes" (UNWTO, 2007).

Abgrenzung der Begriffe Tourismus und Freizeit

Beide Tourismus-Definitionen beinhalten die Abgrenzung, ob die Mobilität innerhalb oder außerhalb des normalen Wohn- und Arbeitsbereichs stattfindet. Damit ist eine grobe Abgrenzung gegenüber der Freizeit gegeben. Die Freizeit-Definition von Opaschowski zugrunde legend, muss jedoch weiter differenziert werden. Denn die Mobilität im normalen Wohn- und Arbeitsbereich ist nicht mit dem Begriff Freizeit gleichzusetzen. Es ist eine weitere Untergliederung nach dem Grad der Zeitautonomie notwendig. Daraus ergibt sich ein fließender Übergang verschiedenster Formen von Reisen unter Berücksichtigung des räumlichen Aspekts, des zeitlichen Aspekts (Länge der Reise) und des Selbstbestimmungsgrades der Reiseentscheidung (Motiv oder Zweck der Reise) (vgl. Abb. 3).

Auf der einen Seite beinhaltet dieses Modell z.B. den verordneten, kurzen „Botengang" eines Angestellten im Quartier, auf der anderen Seite wäre z.B. die selbstorganisierte Reise eines Studierenden durch Südostasien über einen Zeitraum von drei Monaten. Die Begriffe Tourismus und auch Freizeit (als Außerhaus-Aktivität) beinhalten folglich eine sehr große Bandbreite von Erscheinungsformen der Mobilität, die allesamt Gegenstandsbereiche einer Abhandlung über das Marketing in Tourismus und Freizeit sind.

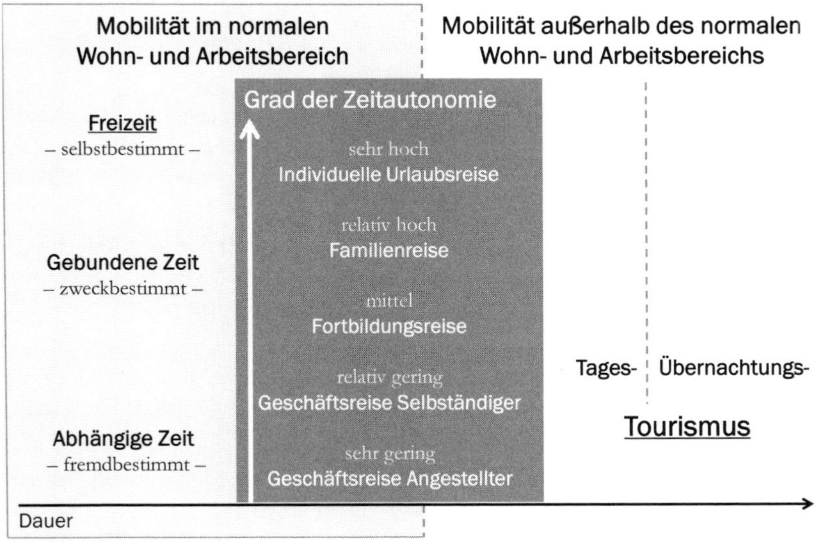

Abb. 3: Abgrenzung Freizeit und Tourismus unter Berücksichtigung der Zeitautonomie (eigene Darstellung; in Anlehnung an Bieger, 2010, S. 35)

1.2.1 Struktur der touristischen Nachfrage

Bezüglich der **Reisemotive oder -anlässe** existieren verschiedenste Raster, um die Erscheinungsformen des Tourismus zu untergliedern. Die einfachste Variante ist eine Dreier-Gliederung, die u.a. den Selbstbestimmungsgrad der Reise berücksichtigt:

[1] **Urlaubsreisende** = meist selbstbestimmt

[2] **Besuchsreisende** (Freunde, Verwandte) = primär zweckbestimmt

[3] **Beruflich Reisende** = sehr häufig fremdbestimmt.

Diese drei grundsätzlichen Hauptmotive des Reisens bedingen zudem eine sehr unterschiedliche Nutzung der touristischen Infra-/ und Suprastruktur bei der Anreise und in der Destination, der Reiseorganisation sowie der Reisedauer. Auch wenn es die Möglichkeit der Überschneidung gibt (Doppelmotive, wie z.B. eine Geschäftsreise mit anschließendem Urlaubsanteil), ist meist eines der drei Hauptreisemotive dominant (vgl. Hartmann, 2011a, S. 160ff).

Die **UNWTO** unterscheidet **neun Kategorien von Haupt-Reiseanlässen** (*main purposes of a tourism trip*), die noch einmal in persönliche (Holidays, leisure and recreation, Visiting friends and relatives, Education and training, Health and medical care, Religion/pilgrimages, Shopping, Transit, Other) und geschäftliche bzw. berufliche Anlässe untergliedert werden (UNWTO, 2007).

Hier wird deutlich, dass mit steigender Anzahl von möglichen Reisemotiven bzw. -anlässen auch die Doppel- oder Mehrfachmotive zunehmen. Es ist zunehmend schwieriger, die einzelnen Motive sauber voneinander abzugrenzen. Damit wird nicht zuletzt eine klare Kategorisierung oder auch Typisierung von Reisenden in einem Zielgebiet erschwert.

Neben dem Anlass der Reise gibt es eine Reihe **weiterer Untergliederungsmöglichkeiten** des Tourismus, die an dieser Stelle jedoch nur kurz angesprochen werden sollen. Sie sind für die spätere **Segmentierung** des Marktes von großer Bedeutung:

- **Reiseformen** (nach demographischen Merkmalen, wie z.B. Jugendreise oder Familienreise; nach verhaltensorientierten Merkmalen, wie Rundreise, Luxusreise, Badereise etc.)
- **Dauer der Reise** (Tages- vs. Übernachtungstourismus, Reisedauer, Aufenthaltsdauer in der Destination etc.)
- **Herkunfts- und Zielgebiet** (Binnenreiseverkehr, als Reisen von Inländern im Inland; Einreiseverkehr, als Reisen von Ausländern in das Inland; Ausreiseverkehr, als Reisen von Inländern in das Ausland)
- **Transportmittel** (Auto-, Flug-, Bus-, Bahn-, Schiffsreise etc.)
- **Art der Unterkunft** (Hotel, Pension, Campingplatz, Resort etc.)
- **Grad der Pauschalisierung** (vollpauschal, teilpauschal, individuell organisiert).

Grundformen des Tourismus

Die UNWTO (2007) differenziert allgemein drei Grundformen des Tourismus, die im Folgenden kurz skizziert werden:

[1] der internationale Tourismus (*international tourism* = Einreiseverkehr und Ausreiseverkehr)

[2] der Inlandstourismus (*internal tourism* = Binnenreise- und Einreiseverkehr),

[3] der nationale Tourismus (*national tourism* = Binnenreiseverkehr und Ausreiseverkehr).

Der **internationale Tourismus** wächst auf globaler Ebene seit Jahrzehnten stetig an, kurz unterbrochen von den Folgen des Anschlags auf das World Trade Center in New York 2001 und der weltweiten Finanz- und Wirtschaftskrise 2008/09. Im Jahr 2012 wurde erstmalig die „Schallgrenze“ von einer Milliarde

(1,035 Mrd.) internationalen Touristenankünften gebrochen. Diese Zahlen beinhalten Urlaubsreisen (51%), beruflich bedingte Reisen (15%) sowie Besuchs-, Gesundheits-, religiöse Reisen etc.

Land	**Ankünfte** (in Mio.)	**Veränderung** (2010/11)
1. Frankreich	79,5	+3,0
2. USA	62,3	+4,2
3. China	57,6	+3,4
4. Spanien	56,7	+7,6
5. Italien	46,1	+5,7
6. Türkei	29,3	+8,7
7. Großbritannien	29,2	+3,2
8. Deutschland	28,4	+5,5
9. Malaysia	24,7	+0,6
10. Mexiko	23,4	+0,5

Tab. 1: Top 10 der internationalen Touristenankünfte 2011 (UNWTO, 2013)

Wachstumsmotoren dieser Entwicklung sind vor allem die Region Asien/Pazifik sowie mittel- und langfristig auch der Nahe Osten und Afrika. Die tragenden Kräfte des Wachstums bis in die 1990er Jahre, Europa und Nordamerika, werden zukünftig nur noch unterdurchschnittlich wachsen und damit Stück für Stück Marktanteile verlieren. Die Prognosen der UNWTO für das Wachstum des internationalen Tourismus weltweit belaufen sich auf 3,8% pro Jahr von 2010-2020 und anschließend auf 2,9% pro Jahr bis 2030 (UNWTO, 2013). Die Darstellung der Top 10-Reiseziele verdeutlicht, dass die größten Marktanteile gegenwärtig zwar noch in den hoch entwickelten Staaten liegen, eine Reihe von Schwellenländern jedoch nach vorne drängen (vgl. Tab. 1).

Der **Inlandstourismus** in Deutschland setzt sich aus zwei Erscheinungsformen zusammen, deren Größenordnung aufgrund der Fokussierung der meisten Touristiker – und damit auch der Medien – auf die Zahlen der amtlichen Statistik häufig falsch eingeschätzt wird: Den statistisch erfassten 394 Mio. **Übernachtungen** im Jahr 2012 (19% davon aus dem Ausland) stehen 3,4 Mrd. **Tagesreisen** (privat und beruflich bedingt) gegenüber. Das Nachfragevolumen untergliedert sich also im **Verhältnis 9:1 zugunsten der Tagesreisen**. Allerdings erfasst die amtliche Statistik nur Ankünfte und Übernachtungen in gewerblichen Betrieben mit mehr als acht Betten einschließlich Touristik-Camping. Die Ankünfte und Übernachtungen in privaten Ferienhäusern/ -wohnungen und bei Privatvermietern mit bis zu acht Betten sowie Besuche bei Freunden und Verwandten werden nicht erfasst. Dieser „**graue Markt**“, der u.a. aufgrund diverser Online-Plattformen (www.9flats.com, gloveler.de, www.wimdu.de etc.) stetig wächst, umfasst in etwa 8% des Nachfragevolumens in Deutschland. Die meisten ausländischen Übernachtungsgäste kommen aus den Niederlanden, den USA, Großbritannien und Nordirland, der Schweiz sowie Italien (vgl. DTV, 2011 und 2012).

Der **nationale Tourismus** – hier am Beispiel der touristischen Nachfrage in Deutschland dargestellt – stagniert seit Mitte der 1990er Jahre auf einem sehr hohen Niveau: Seitdem bewegt sich die Reiseintensität der Deutschen um die 75%, d.h. drei Viertel der Deutschen (ab 14 Jahren) haben in dieser Zeit wenigstens eine **Urlaubsreise** (5 Tage+) gemacht. 2012 waren das 53,6 Mio. Menschen (vgl. FUR, 2013).

Auch die **Reiseziele** der Deutschen weisen grundsätzlich eine sehr hohe Kontinuität auf: ca. ein Drittel bleibt in Deutschland (2012: 31%), ein gutes Drittel bevorzugt Mittelmeerländer (2012: 35%) und das übrige Drittel bereist den Rest der Welt. Die wichtigsten Auslandsreiseziele 2012 waren:

[1] Spanien (13% der Auslandsreisen)
[2] Italien (8,4%)
[3] Türkei (7,3%)
[4] Österreich (5,5%)
[5] Kroatien (2,9%)
[6] Frankreich (2,8%)
[7] Polen (2,1%).

Was die **Reiseorganisation** betrifft, so ist die Pauschal- oder Bausteinreise mit 42% aller Reisen noch immer die Nr. 1 bei den Deutschen. Sie befindet sich aber auf dem Rückzug. Das Buchen von einzelnen Reiseleistungen nimmt dagegen stetig zu. Nur wenige Urlauber buchen vor der Reise gar nichts (15%). Das Reisebüro hat als Buchungsstelle ebenfalls noch nicht ausgedient und kann 34% aller vorausgebuchten Reisen auf sich vereinen. Direktbuchungen bei Unterkunftsanbietern (29%), Internet-Portalen (15%), Verkehrsträgern (14%) oder Reiseveranstaltern (7%) sind jedoch stark auf dem Vormarsch und gefährden die Reisebüros. Dieser Wandel wird sehr stark vom (mobilen) Internet getragen (FUR, 2013).

1.2.2 Wirtschaftsfaktor Tourismus

Bei der konkreten **Abgrenzung** für z.B. Wirtschaftlichkeitsberechnungen des Tourismussektors sind die Berechnungsgrundlagen häufig unterschiedlich. Wer mag im Einzelfall beurteilen, zu welchem Anteil das Restaurant „Marjellchen" in Berlin ein Tourismus-Betrieb ist? Oder wie kann ich zuverlässig ermitteln, welcher Besucher einer öffentlichen Veranstaltung ein Tourist ist und welcher ein Einheimischer? Dazu bedarf es Untersuchungen, deren Methodik zumindest auf dem nationalen Level, besser noch international, aufeinander abgestimmt ist. Ein Problem dabei bleibt, dass die Beurteilung des Tourismus als Wirtschaftsfaktor immer eng verzahnt mit wirtschaftspolitischen Maßnahmen, Interessen von Stakeholdern und der Verteilung von Budgets ist (vgl. Bieger, 2010, S. 33f).

Abb. 4: Angebotsstruktur nach Tourismus-Anteilen am Umsatz (eigene Darstellung; nach Smith 1988, in Bieger, 2010, S. 32)

Da sich Tourismusbetriebe nicht durch spezifische Produktionsbedingungen abgrenzen lassen, wie bei anderen Wirtschaftsbereichen üblich, bleibt ihr **gemeinsamer Nenner** der **Konsum durch den Touristen**. Smith (1988, in Bieger, 2010, S. 33f) schlägt daher eine Strukturierung der Tourismuswirtschaft in drei Stufen vor, abhängig davon wie hoch der jeweilige Tourismus-Anteil am Umsatz ist (vgl. Abb. 4). D.h. indirekt setzt dieser Ansatz auch bei der Nachfrage an.

Tourismus Satellitenkonto (Tourism Satellite Account)

Ähnlich wie bei der Freizeitwirtschaft ist es auch bei der Tourismuswirtschaft äußerst schwierig, den jeweiligen **ökonomischen Stellenwert** derselben für eine Destination zu erfassen. Wie schon dargestellt finden touristische Aktivitäten in verschiedensten Wirtschaftbereichen statt und die Güter und Dienstleistungen für den Tourismus werden in diversen Bereichen produziert. Um die reale Bedeutung des Tourismus als Wirtschaftsfaktor darstellen zu können, wurde die sogenannte TSA-Methode (Tourism Satellite Account) entwickelt. Diese wird seit dem Jahr 2000 auch von der UNWTO angewendet. Dabei wird der Tourismus als nachfragedefiniert aufgefasst und alle Effekte berücksichtigt, die aus den direkten wirtschaftlichen Beziehungen zwischen Konsumenten (Touristen) und Produzenten resultieren (vgl. Smeral, 2008, S. 78).

Analog zur Gliederung der Angebotsstruktur nach Smith (1988) erfolgt bei der TSA-Methode eine grundlegende Aufgliederung in „**tourismusspezifische**", „**tourismusverwandte**" und „**nicht-tourismusspezifische**" **Güter und Dienstleistungen**. Das größte Problem bei der Berechnung der touristischen Wertschöpfung im Rahmen der volkswirtschaftlichen Gesamtrechnung bleibt, dass der Konsum touristischer Produkte nicht eindeutig gemessen werden kann. Es muss demnach für jedes Produkt ein spezifisches „**touristisches Gewicht**" definiert werden, d.h. der touristische Anteil an den Gütern und Dienstleistungen wird herausgerechnet. Berücksichtigt werden der touristische Konsum (privat und betrieblich), alle staatlichen Leistungen (Subventionen u.a.) sowie im Inland getätigte Ausgaben der ausreisenden Touristen. Abgezogen werden Ausgaben für Vorleistungen und Importe. Auf der Basis der TSA-Methode beträgt der Beitrag der direkten Wertschöpfung des Tourismus zum Bruttoinlandsprodukt (BIP) in Deutschland im Jahr 2000 3,2%. Zum Vergleich: In Frankreich erreicht der Tourismus demnach 7,3%, in Österreich 6,4% und in den USA 2,6% (vgl. Smeral, 2008, S. 81ff).

Globale Bedeutung des Tourismus

In der weltweiten Betrachtung leistete der Tourismus 2012 insgesamt einen Beitrag von 6.630 Mrd. US-$ zum globalen BIP. Das entspricht einem Anteil von 9,3%. Dieser Wert hat sich in den letzten Jahren aufgrund der angespannten Situation der Weltwirtschaft kaum verändert. Es wird allerdings für die nächsten zehn Jahre mit einem Wachstum von 4,4% pro Jahr gerechnet. Diese Zahlen sind als weit gefasste Auswirkungen des Tourismus zu verstehen (vgl. die TSA-Methode), sie implizieren seine direkten (31%), indirekten (51%) und induzierten (18%) Effekte (WTTC, 2013a).

Direkt, im Sinne einer **ersten Umsatzstufe**, wirken Steuern, staatliche Transferleistungen und Einkommen durch touristische Ausgaben, z.B. in der Beherbergung. **Indirekt** wirken auf den **weiteren Umsatzstufen** alle vor- und nachgelagerte Leistungen zur Erstellung, Durchführung und Nachbereitung des touristischen Angebotes (Versorgung mit Ausstattungsmaterial, Entsorgung von Müll etc.). Als **induzierte Effekte** wirken Ausgaben, die auf der zusätzlich generierten Kaufkraft durch den Tourismus beruhen. Das sind z.B. die privaten Konsumausgaben von Gastronomen oder Hoteldirektoren (vgl. Schmude, 2010, S. 87).

Etwa 76% dieser Wirtschaftsleistung resultierten 2012 aus privaten Reisen, 24% aus beruflich bedingten Reisen. Die Ausgaben für Inlandsreisen machten 71% des weltweiten, direkten tourismusbezogenen BIP aus, verglichen mit 29% aus dem internationalen Tourismus.

Der Gesamtbeitrag des Tourismus zur weltweiten **Beschäftigung** betrug 2012 über 261 Mio. Arbeitsplätze, was einem Anteil von 8,7% entspricht (39% durch direkte, 43% durch indirekte, 18% durch induzierte Effekte) (WTTC, 2013a).

Die Staaten mit der weltweit höchsten **Abhängigkeit vom Tourismus** (relativer Gesamtbeitrag zum BIP) waren 2012 Macau (93%), Aruba (84%) sowie Antigua und Barbuda (77%). In Europa belegt Spanien mit 15% den vordersten Rang, gefolgt von Österreich (13%), Italien und Frankreich (jeweils 10%).

Die größten **Profiteure** (absoluter Gesamtbeitrag zum BIP) waren 2012 die USA, China, Japan und Frankreich. Deutschland folgt auf Rang 9 (WTTC, 2013b).

Wirtschaftsfaktor Tourismus in Deutschland

In Deutschland betrug der Gesamtbeitrag des Tourismus zum BIP 2012 119,9 Mrd. €, was einem relativen Anteil von 4,5% entspricht. Der entsprechende Gesamtbeitrag des Tourismus zur Beschäftigung betrug ca. **2 Mio. Arbeitsplätze** (4,8% der Gesamtbeschäftigten). Im europäischen Vergleich liegt Deutschland damit deutlich unter dem Durchschnitt von 8,2% (Anteil am BIP) bzw. 8% (Anteil an der Beschäftigung). Im globalen Vergleich belegt Deutschland den 164. Rang von 185 möglichen bezüglich des relativen Anteils am BIP (WTTC, 2013c).

Betrachtet man das **Ausgabeverhalten der Touristen** in Deutschland, so spiegelt sich hier prinzipiell das Verhältnis von Tages- zu Übernachtungsgästen aus der Nachfrage wider: 70% der Bruttoumsätze werden durch Tagesreisen und nur 30% durch Übernachtungsreisen generiert.

Dementsprechend sind auch die vom Tourismus **profitierenden Wirtschaftszweige** am Aufenthaltsort (ohne An- und Abreise) zu differenzieren: Von den Tagesgästen bekommt der Einzelhandel mit 54% am meisten ab, gefolgt vom Gastgewerbe (32%) und den Dienstleistungen (14%). Die Übernachtungsgäste geben am meisten im Gastgewerbe aus (62%), Dienstleistungen (20%) und Einzelhandel (18%) profitieren hier deutlich weniger. Zu den Dienstleistungen zählen Ausgaben für Unterhaltung, Freizeit, Sport (z.B. Eintrittspreise für Veranstaltungen, Museen), für lokale Transportmittel (z.B. ÖPNV) sowie sonstige Dienstleistungen (z.B. Stadtführungen) (vgl. DTV, 2012).

1.2.3 Strukturen und Akteure des Tourismus-Angebots

Wie im vorigen Abschnitt deutlich wurde, ist das touristische Angebot ein sehr differenziert zu betrachtender wirtschaftlicher und sozialer Bereich. Freyer (2011) hat die Akteure der Tourismuswirtschaft auf zwei Ebenen unterteilt: horizontal nach dem Grad der touristischen Zuordnung und vertikal nach der Position der jeweiligen Akteure in der touristischen Dienstleistungskette (vgl. Abb. 5).

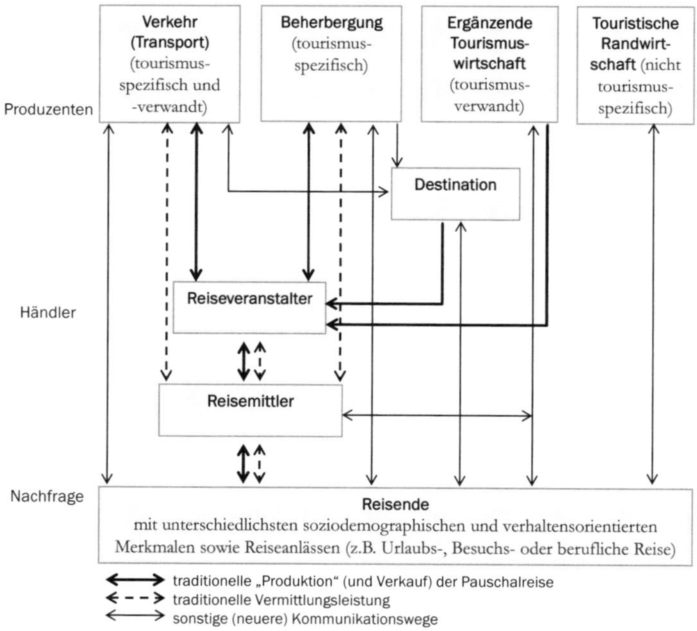

Abb. 5: Akteure der Tourismuswirtschaft (eigene Darstellung; verändert nach Freyer, 2011, S. 18)

Produzenten

Die touristische Leistung ist immer als ein **Bündel von sach- und personenbezogenen Einzelbestandteilen** zu verstehen.

Auf der Anbieterseite sind eine Reihe von Akteuren oder Produzenten damit beschäftigt, diese Leistung zusammenzustellen. Zu den wichtigsten Produzenten zählen die **Transport- oder Verkehrsbetriebe**, die in den meisten Fällen eine Ortsveränderung des Reisenden erst ermöglichen, sowie das **Beherbergungsgewerbe**, das dem Touristen in der Destination (dem Zielort der Reise) eine Unterkunft bereitstellt. Transport und Unterbringung werden dementsprechend auch als **Haupttreiseleistungen einer Pauschalreise** verstanden. Alle weiteren Teilleistungen werden – je nach Art der Nachfrage – aus den verschiedenen Kern-, ergänzenden oder Randbereichen der Tourismuswirtschaft hinzugefügt. Es entsteht eine komplementäre **Dienstleistungskette** (vgl. Abb. 6).

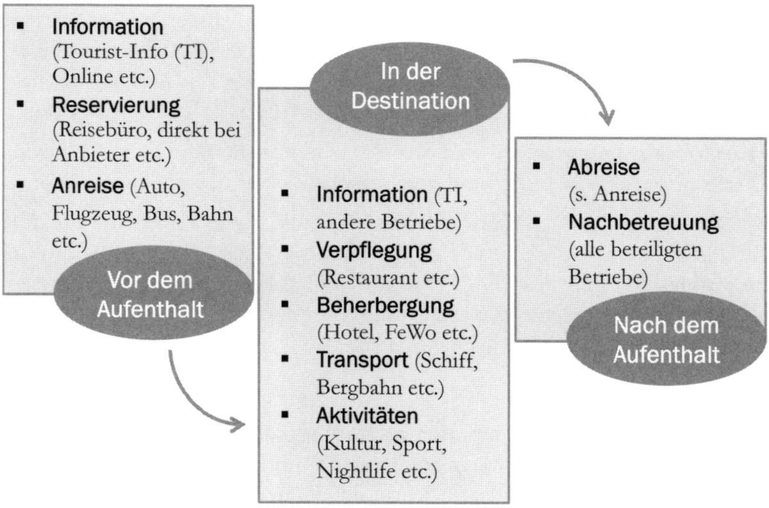

Abb. 6: Touristische Dienstleistungskette (eigene Darstellung)

Reiseveranstalter und -mittler

Sofern der Reisende die **Bündelung** nicht selbst vornimmt, treten an dieser Stelle die **Reiseveranstalter** auf. Sie erstellen pauschale oder teilpauschale Reiseangebote. Dabei werden einzelne Leistungen zu komplementären Leistungen zusammengesetzt, d.h. es gibt eine enge Abhängigkeit untereinander. So wird sichergestellt, dass der Kunde seine Reise reibungslos, ohne Wartezeiten oder Angebotslücken, wahrnehmen kann. Im klassischen **Reisemittlersystem** fungieren die Reiseveranstalter als „Großhändler“ und vertreiben ihre Produkte über die Mittler (Reisebüros als „Einzelhändler“) an den Kunden bzw. Konsumenten.

Die Reaktion auf die Abhängigkeit der verschiedenen Produzenten voneinander hat seit den 1970er Jahren dazu geführt, dass sich neben der Strategie der Kooperation eine starke **Konzentration in der Tourismuswirtschaft** vollzogen hat. Es sind immer größer werdende Konzerne entstanden, die sowohl auf der horizontalen als auch der vertikalen Ebene eine **Integrationsstrategie** verfolgen.

☐ Definition

Vertikale Integration meint im ökonomischen Bereich das Zusammenfassen von Betrieben unterschiedlicher Produktionsstufen (vor- und nachgelagerte Bereiche) unter einer einheitlichen Unternehmensführung.

Reiseveranstalter stellen nicht mehr nur Produkte anderer Hersteller zu einer Pauschalreise zusammen, sie diversifizieren ihr Angebot, indem sie Fluggesellschaften, Incoming-Agenturen (vorgelagert) und Reisebüros (nachgelagert) kaufen oder sich Anteile sichern (z.B. TUI, Thomas Cook).

Horizontale Integration bedeutet das Zusammenfassen von Betrieben gleicher Produktionsstufe unter einem einheitlichen Management.

Mit der horizontalen Integration versuchen die Veranstalter, die gesamte Breite des Angebots zu bündeln: Erschließen neuer Marktsegmente oder geographischer Märkte auf der Ebene von Hotels/Hotelketten, Fluggesellschaften & Incomingagenturen oder Reisebüros (vgl. Bieger, 2010, S. 202f).

Ein zunehmender **Wettbewerb der technologischen Systeme** (v.a. Computer-Reservierungs-Systeme, später das Internet) und der damit verbundene Eintritt neuer Anbieter auf dem Markt hat in den letzten Jahren zu einer weitgehenden **Transformation des Systems der Reisemittlung** geführt. Die bis in die 1990er Jahre gültigen „traditionellen" Kommunikations-, Vermittlungs- und Verkaufswege sind durch „neue Wege" ergänzt worden. Durch die Konzentrationstendenz der Reiseunternehmen haben sich zudem die ehemaligen Grenzen zwischen den Subbranchen (Reisebüro → Tour Operator → Incoming Operator → lokale/regionale Tourismusorganisation → Produzent) weitgehend aufgelöst – heute geht alles für jeden!

Es hat sich ein freier Wettbewerb der Kommunikations- und Vertriebskanäle entwickelt. Der Kunde ist in der Lage, sich auf allen Ebenen der touristischen Dienstleistungskette selbst „einzuloggen". Er kann je nach Bedarf Teilleistungen seiner gewünschten Reise selbst organisieren oder ggf. spezifische Pauschalen bei einem Reisemittler buchen. Auf diese Entwicklung haben die Reiseveranstalter bereits mit individuell zusammenstellbaren Modulen reagiert (Dynamic packaging) (vgl. Bieger, 2010, S. 200ff).

Veranstalter	**Umsatz** (in Mio. €)	**Teilnehmer** (in Tsd.)
1. TUI Deutschland	4.471,6	8.000
2. Touristik der Rewe Group	3.175,7	6.682
3. Thomas Cook	3.200,0	5.700
4. FTI Group	1.624,0	2.700
5. Alltours	1.400,0	1.670
6. Aida Cruises	1.100,0	633
7. Schauinsland Reisen	701,0	925
8. GTI Travel	320,0	615
9. Phoenix Reisen	304,1	180
10. TUI Cruises	291.0	172

Tab. 2: Top 10 der deutschen Reiseveranstalter 2011/2012 nach Umsatz (FVW, 2012b)

Entsprechend dieser Entwicklung lässt sich der **Markt der Reiseveranstalter** heute prinzipiell in drei Segmente gliedern: Fast die Hälfte aller Umsätze konzentriert sich auf die drei Branchenführer TUI, Thomas Cook und die Touristik der REWE Group (seit April 2013 DER Touristik). Sie sind als maximal integrierte Vollsortimenter der Reisebranche zu sehen und an große Konzerne gebunden. Es folgt eine Reihe von größeren, z.T. mittelständischen Veranstaltern mit einer sehr breiten Angebotspalette, konzentriert auf Badeurlaub am Mittelmeer (u.a. FTI Group, Alltours, Schauinsland, GTI Travel). Die dritte Gruppe wird schließlich von zunehmend kleineren Veranstaltern geprägt, die sich auf eines oder wenige Segmente des Tourismus spezialisiert haben (z.B. Aida Cruises, Phoenix Reisen, Studiosus Reisen, Aldiana). Bei der Reihenfolge der größten Veranstalter bewegt sich in der Spitze seit vielen Jahren nur wenig (vgl. Tab. 2). Einzig die Kreuzfahrtveranstalter haben die Marktstrukturen in den letzten zehn Jahren deutlich zu ihren Gunsten verändert.

Destination

Die Akteure und Organisationen in der Destination können auf der vertikalen Ebene (in Abb. 5) nicht eindeutig zugeordnet werden, da sie sowohl als Produzenten von Leistungen (Unterkünfte, Verkehrsbetriebe etc.), als Mittler (Tourist-Information vermittelt pauschale Angebote) als auch Veranstalter (Hotel oder Tourismusorganisation erstellt eigene Reisepauschalen) auftreten. Genau genommen sind die Einheimischen auch potenzielle Nachfrager, z.B. für geführte Touren durch den Ort oder die Nutzung von Seilbahnen.

☐ Definition

Die **Destination** ist ein „geographischer Raum (Ort, Region, Weiler), den der jeweilige Gast (oder ein Gästesegment) als Reiseziel auswählt. Sie enthält sämtliche für einen Aufenthalt notwendigen Einrichtungen für Beherbergung, Verpflegung, Unterhaltung, Beschäftigung. Sie ist damit die Wettbewerbseinheit im Incoming-Tourismus, die als strategische Geschäftseinheit geführt werden muss" (Bieger & Beritelli, 2013, S. 54).

Betrachtet man das **touristische Angebot auf der Ebene der Destination**, kann zwischen einzelnen Leistungselementen unterschieden werden. Diese sind grundsätzlich in das ursprüngliche und das abgeleitete Angebot gegliedert (Kaspar 1996, in Bieger, 2010, S. 153f). Das **ursprüngliche Angebot** besteht aus

[1] den **natürlichen Gegebenheiten**, wie der geographischen Lage, dem damit verbundenen Klima, dem Landschaftsbild, der Vegetation und der Tierwelt;

[2] den **soziokulturellen Verhältnissen**, d.h. dem gebauten und gelebten Kulturerbe (Traditionen, Sprache, Architektur, Mentalität);

[3] der **allgemeinen Infrastruktur** als Grundausstattung an allgemein nutzbaren Einrichtungen zur Entfaltung wirtschaftlicher und gesellschaftlicher Aktivitäten (Ver- und Entsorgung, Kommunikation, Verkehr). Dieser Teil des Angebots ist unabhängig vom Tourismus in der Destination vorhanden, kann jedoch ebenfalls von Touristen genutzt werden bzw. muss es als Ausgangsbasis für die touristische Entwicklung betrachtet werden.

Das **abgeleitete Angebot** wird dagegen explizit für die touristische Nutzung erbaut bzw. bereitgestellt und kann grundsätzlich auch von den Einheimischen genutzt werden. Hierzu zählen

[1] Einrichtungen zur Ortsveränderung (z.B. Seilbahnen);

[2] Einrichtungen des Aufenthaltes (Beherbergung, Erholungs- und Sporteinrichtungen, Kongresszentren, Unterhaltungsangebote, Attraktionen etc.);

[3] Einrichtungen der Vermittlung (Reiseagenturen, Tourismusorganisationen etc.).

Es wird weiter unterteilt in die **touristische Infrastruktur**, die als über das Richtmaß für Einheimische hinausgehende Infrastruktur beschrieben wird, jedoch für alle öffentlich nutzbar ist, und die **touristische Suprastruktur**, die lediglich Beherbergungs- und Verpflegungsleistungen als besonderes touristisches Kernangebot umfasst.

Zitat □

„Keine Reiseführer, kein Gepäck, am besten nackt. (...) Man kriegt überall auf der Welt alles, was man braucht, zumindest für das jeweilige Land. Mit fremden Bedürfnissen in ein neues Land zu reisen ist immer eine schlechte Idee."

*Ilija Trojanow (*1965), dt. Schriftsteller*

1.2.4 Nachhaltiger Tourismus als Leitbild

Die vorigen Abschnitte gehen detailliert auf ökonomische Effekte des Tourismus ein. Doch abhängig von der Ausprägung der jeweiligen Tourismusform sind selbstverständlich weitere Wirkungen und Effekte zu beachten. Da es sich beim Tourismus um ein soziokulturelles Phänomen handelt, ist auch dieser Bereich zu berücksichtigen. Zudem gibt es eine Reihe von Auswirkungen auf die Umwelt im Allgemeinen und auf die Landschaft in den bereisten Gebieten. Daher sind bei der nachhaltigen Betrachtung des Tourismus – und auch anderer Freizeitbeschäftigungen – vielschichtige Wirkungen und Effekte zu berücksichtigen (vgl. Tab. 3).

Das Konzept der **nachhaltigen Tourismusentwicklung** hat sich inzwischen als global gültiges Leitbild für eine verantwortungsvolle Planung und Umsetzung des Tourismus durchgesetzt. Es baut auf der Betrachtung und **Vernetzung der drei Dimensionen Ökologie, Ökonomie und Soziales** auf. Alle Dimensionen müssen gleichrangig bedacht und aufkommende Konflikte zwischen ihnen überwunden werden. Allgemeine Ziele einer nachhaltigen Entwicklung sind die Erhaltung der natürlichen Lebensgrundlagen, soziale Gerechtigkeit und die Gewährleistung einer ausgewogenen, stabilen und selbstbestimmten wirtschaftlichen und sozialen Entwicklung (vgl. Stecker, 2010, S. 250).

Dimension	Tendenz positiv	Tendenz negativ
Ökonomie	+ Einkommenseffekt + Deviseneffekt + Beschäftigungseffekt + Multiplikatoreffekt (Arbeit, Einkommen, Wertschöpfung) + Ausbau der Infrastruktur + regionaler Ausgleichseffekt/ Entwicklungsimpulse	- Preissteigerungen - Sickerrate (Rückfluss von Deviseneinnahmen) - Verdrängung anderer Wirtschaftsbereiche, inkl. Abzug von Arbeitskräften - Verknappung von Gütern für Einheimische - Abhängigkeit vom Tourismus/Monostrukturen
Ökologie	+ Einrichtung oder Erhalt von Reservaten, Naturparks, Landschaftsschutzgebieten + Sensibilisierung für Umweltfragen + Tourismus finanziert Naturschutz	- Landschaftszerstörung - Beeinträchtigung des Landschaftsbildes (Zersiedelung, Versiegelung) - Belastung von Gewässern - Verschmutzung der Luft (u.a. Flugverkehr) - Gefährdung von Flora & Fauna
Soziales	+ Förderung interkultureller Kompetenz (Völkerverständigung) + positive Demonstrationseffekte (Vorbildfunktion der Quell- für die Zielregion) + Erhalt von kulturellem Erbe	- Nutzungskonflikte zwischen Tourismus und anderer Nutzung - soziokulturelle Belastungen für die Touristen („Kulturschock") - soziokulturelle Wirkungen auf die Einheimischen (Akkulturation) - Kommerzialisierung von Gastfreundschaft und Traditionen (Souvenirkitsch) - Anstieg von Kriminalität und Prostitution

Tab. 3: Wirkungen und Effekte des Tourismus (eigene Darstellung; nach Steinecke, 2011, S. 97ff und Schmude, 2010, S. 86ff)

☐ Definition

„Tourism that takes full account of its current and future economic, social and environmental impacts, addressing the needs of visitors, the industry, the environment and host communities. (…) Thus, **sustainable tourism** should:

[1] Make optimal use of environmental resources that constitute a key element in tourism development, maintaining essential ecological processes and helping to conserve natural heritage and biodiversity.

[2] Respect the socio-cultural authenticity of host communities, conserve their built and living cultural heritage and traditional values and contribute to inter-cultural understanding and tolerance.

[3] Ensure viable, long-term economic operations, providing socio-economic benefits to all stakeholders that are fairly distributed, including stable employment and income-earning opportunities and social services to host communities and contributing to poverty alleviation" (UNWTO und UNEP, 2005, S. 11f).

„Das **Problem der nachhaltigen Tourismusentwicklung** besteht in der **Umsetzung**. Es gibt zwar einen internationalen Konsens über die zu beachtenden Kriterien, um das Ziel der Nachhaltigkeit zu erreichen (vgl. GSTC 2012). Aber bei der weiteren Konkretisierung, welches die geeigneten Indikatoren sind, um die Kriterien vor Ort qualitativ oder quantitativ nach ihrem Erfüllungsgrad zu überprüfen, fehlt es an geeigneten Instrumenten. Die komplexen Zusammenhänge und Wirkungskreisläufe, die jede Destination ausmachen, sind kaum mit einem allgemeingültigen System von Indikatoren abzudecken. Zudem bedarf es für jede Destination aufgrund ihrer Individualität an einer spezifischen Herangehensweise. Am Ende bleibt immer ein Interpretationsspielraum, der die Operationalisierung in Frage stellen kann und der auch vom Nachhaltigkeitsverständnis der beteiligten Akteure abhängig ist (Bieger, 2010). Dadurch bleiben Vergleiche von Feldstudien immer auf einer relativ oberflächlichen Ebene (vgl. Hartmann & Stecker, 2013 und Hartmann, Stecker, & Will, 2013).

In Deutschland ist der Anspruch an touristische Produkte, die nachhaltig sein sollen, erstaunlich hoch. Die RA 2013 untersuchte die **Einstellung der Deutschen** zur **Wirkung des Urlaubs** hinsichtlich der natürlichen Umwelt („ökologisch verträglich") und der sozialen Umwelt („sozialverträglich"): 40% legen Wert darauf, dass ihr Urlaub möglichst ökologisch verträglich, ressourcenschonend und umweltfreundlich ist; 46% legen Wert darauf, dass ihr Urlaub möglichst sozialverträglich ist (FUR, 2013).

Auf allen Ebenen des Angebots gibt es inzwischen entsprechende Leistungen, um den Ansprüchen der Reisenden nach ökologisch und sozial verträglichen Reisen gerecht zu werden (vgl. Kap. 5.4.3, CSR). Auch Destinationen nutzen ihre nachhaltige Ausrichtung für die Profilierung und Markenbildung (z.B. Green City Freiburg oder San Lawrenz auf der Insel Gozo).

San Lawrenz auf Gozo, Malta (© Rainer Hartmann)

Zitat ☐

„Der Gewinn eines langen Aufenthaltes außerhalb unseres Landes liegt vielleicht weniger in dem, was wir über fremde Länder erfahren, sondern in dem, was wir dabei über uns selbst lernen.“

Roger Peyrefitte (1907-2000), frz. Schriftsteller u. Politiker

☐ Kernaussagen Kapitel 1

- ✓ Freizeit ist als Zeitkategorie zu verstehen, die einen hohen bis sehr hohen Grad an Zeitautonomie aufweist. Sie beinhaltet verschiedene Formen des Tourismus, die ebenfalls nicht mit Zwängen oder Pflichten verbunden sind (z.B. Urlaubsreisen).
- ✓ Der Freizeitwirtschaft (inklusive Reisen) wird als stabiler Wachstumsbranche die Rolle einer „Leitökonomie“ für die Wirtschaft des 21. Jahrhunderts zugeschrieben.
- ✓ Der internationale Tourismus wächst seit Jahrzehnten stetig an. Er umfasst neben selbstbestimmten Freizeitreisen auch zweck- und fremdbestimmte Reisen (z.B. Kuren und Geschäftsreisen). Er leistete 2012 insgesamt einen Anteil von 9,3% zum globalen Bruttoinlandsprodukt (BIP).
- ✓ In Deutschland stagniert die Tourismus-Nachfrage auf einem sehr hohen Niveau (75% der Bevölkerung machen Urlaubsreisen). Ein Drittel davon bleibt im eigenen Land.
- ✓ Die Akteure des Tourismus-Angebotes bilden eine in sich verzahnte Dienstleistungskette aus Produzenten- (Verkehr, Beherbergung/Verpflegung, ergänzende Angebote) und Händlerleistungen (Reiseveranstalter, Reisemittler).
- ✓ Der Markt der Reiseveranstalter ist zur Hälfte in den Händen von drei Branchenführern (TUI, Thomas Cook, Rewe) konzentriert.
- ✓ Im Sinne einer nachhaltigen Tourismusentwicklung sind die drei Dimensionen Ökologie, Ökonomie und Soziales immer gleichrangig und vernetzt zu berücksichtigen.

□ Fragen und Aufgaben zum Kapitel

[1] Worin liegt die Problematik, den Freizeit-Begriff allgemeingültig zu definieren bzw. abzugrenzen?

[2] Grenzen Sie die Begriffe und die Gegenstandsbereiche von Freizeit und Tourismus voneinander ab! Wo liegen die Überschneidungen?

[3] Freizeit und Tourismus haben eine enorme Bedeutung für die deutsche Volkswirtschaft. Worin liegt das begründet?

[4] Was bedeutet es im Zusammenhang mit der TSA-Methode, das spezifische „touristische Gewicht“ eines Tourismusproduktes zu berechnen?

[5] Skizzieren Sie die Akteure der Tourismuswirtschaft und deren Aufgabenspektrum in der Dienstleistungskette einer Pauschalreise Ihrer Wahl!

[6] Warum ist es „immer eine schlechte Idee, mit fremden Bedürfnissen in ein neues Land zu reisen“ (Zitat von Ilija Trojanow)?

[7] Konkretisieren Sie die möglichen positiven und negativen Wirkungen einer Studienreise nach Südafrika!

2 Marketing-Grundlagen und Begriffe

Eidfjord, Norwegen (© Rainer Hartmann)

☐ Lernziele

Die Inhalte dieses Kapitels ermöglichen Ihnen, …

- den grundlegenden Denkansatz des Marketings nachzuvollziehen.
- Verständnis für die Entwicklungsphasen des Marketings zu erwerben.
- die Besonderheiten des Marketings für Tourismus und Freizeit herauszufiltern.
- sich mit den generellen Aufgaben des Marketings vertraut zu machen.
- den spezifischen Charakter von Freizeit- und Tourismusangeboten als Dienstleistungen und die Implikationen für das Marketing zu verstehen.
- eine differenzierte Betrachtung von Profit- und Nonprofit-Marketing in Bezug auf Tourismus und Freizeit vorzunehmen.
- Marketing als ein integratives Managementkonzept zu verstehen.
- den Grundansatz des Marketing-Managements als Prozess nachzuvollziehen.

Nachdem im ersten Kapitel die speziellen Gegenstandsbereiche dieses Buches in aller Kürze skizziert wurden, wird nun die Verbindung zu den Denkweisen und Aufgaben des allgemeinen Marketings hergestellt.

2.1 Entwicklung und Begriff des Marketing

Citius, altius, fortius (schneller, höher, stärker)! Diese olympische Devise ist heute sehr gut übertragbar auf die zentralen Anforderungen für das Marketing-Management. Wir leben in einer extrem beschleunigten Welt, die aufgrund der neusten Entwicklungen in der Informationstechnologie und des Transportwesens virtuell wie ein Dorf zusammengerückt ist. Die Märkte sind fast vollständig globalisiert, und damit befinden sich die Wettbewerber, z.B. für eine Städtereise, nicht mehr in der engeren Region, sondern in einem Radius von mehreren Flugstunden. Gleichzeitig erhöht sich die Intensität des Wettbewerbs. War der Markt bis in die 1990er Jahre ohnehin schon übersättigt mit einem „Über-Angebot“, so ist es heute in vielen Fällen kaum noch möglich, sich einen umfassenden Marktüberblick zu verschaffen.

Der Kunde ist König! – Spätestens seit den 1960er Jahren haben sich in Deutschland Angebot und Nachfrage vom Verkäufer- zum **Käufermarkt** entwickelt. Dieser ist durch die Dominanz des Käufers geprägt, weil dort das Angebot größer ist als die nachgefragte Menge. Aus dieser Situation wird deutlich, dass nur ein aktives Anbieten der Produkte zum nachhaltigen Erfolg des Unternehmens beitragen kann. Im Marketing wird dies als **konsequente Markt- und Kundenorientierung** bezeichnet.

Zitat ☐

„Ich habe kein Marketing gemacht.
Ich habe immer nur meine Kunden geliebt.“

Zino Davidoff (1906-94), schweizer. Zigarrenhersteller

Was früher noch als **Absatzwirtschaft** bezeichnet wurde, wandelte sich unter dem Einfluss der amerikanischen Forschung **zum Marketing**. Damit setzte sich ein neues Verständnis durch, das als Marketing-Management die marketingrelevanten Entscheidungsbereiche explizit an die Unternehmensführung verwies. Ein wichtiger Meilenstein war dabei das Buch „Basic Marketing. A Managerial Approach“ von Jerome McCarthy 1960 (vgl. Runia, Wahl, Geyer, & Thewißen, 2011, S. 6ff).

Dieser Grundgedanke des Marketings, die konsequente Ausrichtung des gesamten Unternehmens an den Bedürfnissen des Marktes, hat sich inzwischen allgemein durchgesetzt.

☐ Definition

„**Marketing** ist eine unternehmerische Denkhaltung. Sie konkretisiert sich in der Analyse, Planung, Umsetzung und Kontrolle sämtlicher interner und externer Unternehmensaktivitäten, die durch eine Ausrichtung der Unternehmensleistungen am Kundennutzen im Sinne einer konsequenten Kundenorientierung darauf abzielen, absatzmarktorientierte Unternehmensziele zu erreichen" (Bruhn, 2012, S. 14).

In der Definition wird der umfassende Charakter von Marketing deutlich. Es stellt damit einen dominanten Schwerpunkt der Unternehmensführung dar, nicht nur als gleichberechtigte Unternehmensfunktion (neben Produktion, Finanzierung oder Personalwirtschaft), sondern als **umfassendes Leitkonzept des Managements** und somit als ganzheitliche Unternehmensphilosophie. Meffert et al. (2012, S. 13) bezeichnen Marketing als **duales Führungskonzept** der marktorientierten Unternehmensführung, im Sinne einer unternehmerischen Funktion und gleichzeitig einer generellen Denkhaltung.

Kotler et al. (2010, S. 21ff) unterteilen das Marketing in drei **Entwicklungsphasen** bzw. Dimensionen: Marketing 1.0 als das Zeitalter der Produktorientierung, Marketing 2.0 als die kundenorientierte Epoche und Marketing 3.0 als **wertorientiertes Zeitalter**. Auf die „neue Dimension" des Marketings (3.0) seien jedoch erst wenige Marketer umgestiegen. Hier würden Menschen „nicht länger als Verbraucher betrachtet, sondern vom Marketing stattdessen als ganze Menschen mit Kopf, Herz und Seele *(Human Spirit)* angegangen". Verbraucher suchten in einer chaotischen Welt nach Unternehmen, „deren Mission, Vision und Werte ihren ureigenen Bedürfnissen nach sozialer, wirtschaftlicher und ökologischer Gerechtigkeit entsprechen" (Kotler, Kartajaya & Setiawan, 2010, S. 22). In der **„neuen Dimension" des Marketings** bieten Unternehmen Lösungen für gesellschaftliche Probleme an. Sie setzen dabei auf Kooperation (Mitbestimmung der Verbraucher), versuchen kulturelle Widersprüche in der Gesellschaft aufzugreifen und binden kreative Kräfte in ein „spirituelles Marketing" ein (vgl. Kotler, Kartajaya & Setiawan, 2010, S. 41f).

Vor der weiteren Betrachtung des spezifischen Marketings in Tourismus und Freizeit, soll kurz der **Begriff Markt** reflektiert werden. Aus volkswirtschaftlicher Sicht bedeutet Markt ganz generell das Zusammentreffen von Angebot und

Nachfrage. Beim Marketing, wie es zuvor definiert wurde, ist kaum einmal der Markt als Ganzes Gegenstand einer Betrachtung. Im Regelfall geht es um den **relevanten Markt**, der für jeden einzelnen Fall (jedes Produkt, jede Dienstleistung) zu identifizieren, abzugrenzen und näher zu beschreiben ist (vgl. Kap. 3.2.1). Wenn z.B. ein Tourismusanbieter eine neue Reise konzipieren und auf „den Markt" bringen möchte, muss er sich darüber klar werden, mit welchen anderen Produkten und Anbietern er dadurch in Konkurrenz tritt (**sachliche Abgrenzung des relevanten Marktes**), in welcher Region er die Reise anbieten möchte (**räumliche Abgrenzung**) und um welchen Zeitraum es sich handelt (**zeitliche Abgrenzung**). Zudem muss er sich Gedanken darüber machen, für welche **Kunden und deren spezifische Bedürfnisse** seine Reise geeignet ist. Damit wird die Abgrenzung des relevanten Marktes zu einem wichtigen Ausgangspunkt für alle weiteren marktbezogenen Unternehmensentscheidungen (vgl. Bruhn, 2012, S. 18ff).

2.1.1 Tourismus- und Freizeitmarketing

Im Bereich des Tourismus und der Freizeit führte das stetige Anwachsen des gesamten Marktes (Angebot und Nachfrage) bis in die 1970er Jahre hinein dazu, dass es erst zeitversetzt mit anderen Wirtschafsbereichen zu einer Notwendigkeit der konsequenten Markt- und Kundenorientierung kam. Im Marketing von Destinationen hat sich die Professionalisierung z.T. bis heute nicht komplett durchgesetzt. Lange wurden die „Fremdenverkehrsorte" von öffentlichen Institutionen (Dezernaten, Ämtern) nur verwaltet und nicht vermarktet.

Freyer (2011, S. 49ff) unterteilt die **Entwicklung des Tourismusmarketings in fünf Stufen**, wobei die erste durch die Abwesenheit von Marketing gekennzeichnet ist (vgl. Abb. 7). Die ersten Reisewellen von den 1950ern bis ca. 1975 waren durch einen typischen Nachfrageüberhang gekennzeichnet. Die Reiseveranstalter deckten diesen fast ausschließlich mit Pauschalreisen ab.

In der zweiten Stufe des **instrumentellen Tourismusmarketings** (ca. 1975-1985), wandten sich die Veranstalter verstärkt dem Kunden zu. Durch den stetig wachsenden Angebotsüberhang war das Ende des Verkäufermarktes gekommen. In dieser marktorientierten Phase begann auch der Zusammenschluss von Reiseveranstaltern zu integrierten Touristikkonzernen, wie z.B. der TUI. Die Wettbewerbssituation verschärfte sich. Marketing bedeutete v.a. die Entwicklung von Angebotspaketen, die Teilnahme an Messen, die Prospektgestaltung und auch Tourismuswerbung. Man bewegte sich also auf der operativen Ebene des instrumentellen Marketings (vgl. Kap. 5).

Das **konzeptionelle Tourismusmarketing** (ca. 1985-1995) wird als dritte Stufe der Entwicklung gesehen. Die strategische Orientierung am Kunden setzte sich immer mehr durch und führte dazu, bereits vor der Erstellung des Produktes die Wünsche des Kunden zu erforschen. Das war die Abkehr vom Transaktionsmarketing (vgl. Kap. 5). Es ging nun darum, im Rahmen von Marktforschung Zielgruppen zu definieren und den Markt zu segmentieren. Das führte auch zu einer Diversifikation des Angebotes. In den Destinationen ging man dazu über, ein kooperatives Marketing zu betreiben, orientiert an Marketingkonzeptionen und Entwicklungsplänen. Dem operativen Handeln wurde eine Ebene des strategischen Marketings vorgeschaltet (vgl. Kap. 4).

Abb. 7: Entwicklungsstufen des Tourismusmarketing (eigene Darstellung; verändert nach Freyer, 2011, S. 50)

Mitte der 1990er Jahre begann die vierte Stufe des sogenannten **professionellen Tourismusmarketings**. Freyer (2011, S. 50) bezeichnet sie als modern, strategisch, konzeptionell und normativ. Bei Veranstaltern und Airlines spielten strategische Allianzen eine wichtige Rolle und das Marketing wurde zunehmend international bzw. global ausgerichtet. Auch im kommunalen Bereich setzte man mit der Entwicklung von Leitbildern zunehmend ein systematisches Marketing um. In allen Bereichen des Tourismus wurden **gesellschaftliche Werte** in die Planung einbezogen. Besonders bedeutsam war die Sozial- und Umweltverträglichkeit, die sich als Konzept der nachhaltigen Tourismusentwicklung bzw.

später der Corporate Social Responsibility (CSR) immer stärker durchgesetzt hat (vgl. Kap. 5.4.3). Damit entwickelte sich die Ebene des **normativen Marketings** zur Ausgangsbasis für eine marktorientierte Unternehmensführung (vgl. Kap. 4.1).

Seit einiger Zeit bezieht sich das Marketing nicht mehr ausschließlich auf den Markt, das Umfeld und die externen Kunden. Die sehr hohen Anforderungen eines sich ständig verändernden Marktes machen die Übertragung des Marketinggedankens auf die **Zielgruppe der Mitarbeiter** und internen Kunden (z.B. andere Abteilungen oder Partner in der Destination) notwendig. Themen wie Identifikation mit dem Unternehmen, Corporate Identity und Zufriedenheit mit der eigenen Arbeit sind für das Personalmanagement zentrale Stellschrauben für das **interne Marketing** (vgl. Roth & Schrand, 2003, S. 52ff). Diese Aspekte sind besonders im Dienstleistungsmarketing von sehr hoher Relevanz (vgl. Kap. 2.2 und 6.1.1).

Die fünfte Stufe (ab dem Jahr 2000) bezeichnet Freyer (2011, S. 51) als **elektronisches und Netzwerkmarketing**. Und auch Bruhn (2012, S. 18) sieht das Marketing der Gegenwart in einer „Phase der Netzwerkorientierung“ angekommen. Die Entwicklung neuer Informations- und Kommunikationstechnologien stellt das Marketing vor ganz neue Herausforderungen. Das ungebremste Wachstum weltumspannender sozialer Netzwerke und Social-Media Kommunikationsformen ermöglichen dem Konsumenten eine grenzenlose Informationsverbreitung und neuartige Möglichkeiten der Kommunikation. Damit wird dem Kunden – als aktivem Teilnehmer des Marketings – eine immer stärkere Machtposition eingeräumt, z.B. sind nicht mehr die offiziell verliehenen Hotelsterne kaufentscheidend, sondern das sich permanent ändernde Voting im Internet (auf Tripadvisor.com, booking.com etc.) (vgl. Kap. 5.4.4 und 5.4.5).

Aus diesen Vorüberlegungen heraus, ergeben sich einige **Herausforderungen für das Tourismusmarketing**. Kotler et al. (2010, S. 184ff) haben hierzu zehn plakative Leitsätze formuliert, die Marketing und Werte integrieren:

[1] Lieben Sie Ihre **Kunden** und achten Sie Ihre **Konkurrenten**.

[2] Wenn sich die **Zeiten ändern**, ändern Sie sich mit ihnen.

[3] Machen Sie Ihre **Werte** klar und halten Sie daran fest.

[4] Konzentrieren Sie sich auf die **Verbraucher**, denen Sie den **meisten Nutzen** bringen.

[5] Legen Sie **faire Preise** fest, die der Qualität entsprechen.

[6] Helfen Sie **potenziellen Kunden**, Sie zu finden.

[7] Betrachten Sie ihre Kunden als **Kunden fürs Leben**.

[8] Jedes Unternehmen ist ein **Dienstleistungsbetrieb**.

[9] Verbessern Sie Ihre **Geschäftsprozesse** jeden Tag – in jeder Hinsicht.

[10] Kluge Manager berücksichtigen **mehr als nur die finanziellen Auswirkungen** einer Entscheidung.

Um den Besonderheiten des **Tourismus als Querschnittsdisziplin** verschiedener Wissenschaften und dessen ausgesprochener Dienstleistungsorientierung gerecht zu werden, hat Freyer (2011, S. 102ff) einen spezifischen Modellansatz entwickelt. Dieser berücksichtigt auch explizit die Entwicklungen bei den Freizeitaktivitäten, die sowohl innerhalb als auch außerhalb des gewohnten Lebensumfeldes eine Relevanz haben.

Das Modell weist in seiner Konzeption eine sehr hohe Übereinstimmung mit dem nachhaltigen und zukunftsorientierten Konzept der Freizeitwissenschaft auf (vgl. Freericks, Hartmann, & Stecker, 2010). Orientiert an dem Modell des ganzheitlichen Tourismus-Marketings von Freyer können die grundlegenden Ziele eines **nachhaltigen und zukunftsorientierten Tourismus- und Freizeitmarketings** formuliert werden (vgl. Abb. 8).

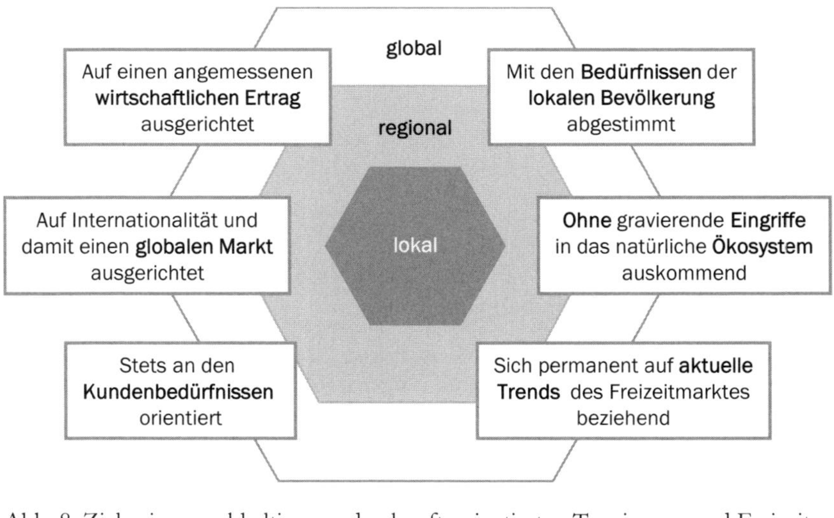

Abb. 8: Ziele eines nachhaltigen und zukunftsorientierten Tourismus- und Freizeitmarketings (eigene Darstellung; nach Hartmann, 2010a, S. 158 und Freyer, 2011, S. 104)

☐ Fallbeispiel

Modell des integrativen Planungs- und Entwicklungskonzepts

Als beispielhafte Übertragung der dargestellten Zielbereiche kann das Modell des integrativen Planungs- und Entwicklungskonzepts für Destinationen betrachtet werden.

Im Zentrum der Konzeptentwicklung steht die **Berücksichtigung der allgemeinen und tourismusspezifischen Entwicklungsziele der betroffenen Region**. Die Leitgedanken dieser Ziele müssen mit den Ergebnissen und Erfahrungen der bisherigen Tourismus- und Freizeitforschung in Einklang gebracht werden, um zu verhindern, dass sich Fehler einschleichen, die andernorts bereits zum Scheitern von Tourismuskonzepten geführt haben. Als übergeordnete Forderung gilt zudem, Tourismus- und Freizeitprojekte als einen Baustein in die wirtschaftliche, soziale, ökologische und politische Entwicklung der Region zu integrieren (**Systemorientierung**). Als Ergebnis dieser Vorüberlegungen können vor dem Beginn weiterer Analyseschritte verschiedene, eng miteinander vernetzte Zielbereiche formuliert werden, die als theoretische Grundlage für ein regionsspezifisches integratives Planungs- und Entwicklungskonzept gelten:

Selbstbestimmung: alle relevanten Akteure in die Erarbeitung eines integrativen Planungs- und Entwicklungskonzepts einbeziehen und insbesondere das Mitbestimmungsrecht der lokalen Gemeinschaften gewährleisten.

Nachhaltigkeit: das Konzept langfristig tragfähig gestalten und eine Expansion von Tourismus- und Freizeitangeboten nur unter Berücksichtigung qualitativer Vorgaben zulassen.

Verbesserung der Lebensverhältnisse: regionales Wirtschaftswachstum induzieren, Arbeits- und Ausbildungsplätze schaffen und ggf. die Grundbedürfnisse befriedigen (Entwicklungsländer).

Zielgruppenorientierung: die Bedürfnisse der Gäste optimal befriedigen, möglichst konzentriert auf das ursprüngliche Angebot, als natürlichem und kulturellem Potenzial eines Landes (vgl. Hartmann, 2011a, S. 39ff).

2.1.2 Aufgaben des Marketing-Managements

Die Ziele eines nachhaltigen und zukunftsorientierten Tourismus- und Freizeitmarketings müssen im Rahmen des Marketing-Managementprozesses in die systematische Erarbeitung eines Leistungsprogramms überführt werden. Bruhn (2012, S. 21ff) beschreibt dazu sieben Aufgabenschwerpunkte des Marketing-

Managements, die je nach Branche und Unternehmen variieren können. Im Folgenden werden diese auf die Bereiche Tourismus und Freizeit bezogen (vgl. auch Hartmann, 2010a, S. 159f):

- **Produktbezogene Aufgaben** betreffen die Anpassung des Leistungsprogramms an die Kundenwünsche:
  - Produktverbesserungen (z.B. die Anpassung von Reiserouten aufgrund von veränderten infrastrukturellen Gegebenheiten in einer Destination)
  - Produktdifferenzierungen (z.B. das Angebot einer individuellen Verlängerung des Reiseprogramms)
  - Produktinnovationen (z.B. jährliche Neuerungen der Fahrgeschäfte in Freizeitparks).
- **Marktbezogene Aufgaben** beziehen sich auf die Bearbeitung unterschiedlicher Marktbereiche:
  - Marktdurchdringung betrifft die bereits vorhandenen Märkte mit vorhandenen Produkten;
  - Markterschließung fokussiert neue Teilmärkte (bei vorhandenen Produkten), z.B. Studienreisen für Singles;
  - Sortimentserweiterung betrifft das Einführen neuer Produkte auf vorhandenen Märkten, z.B. Science Center auf Kreuzfahrtschiffen
  - Diversifikation meint das Anbieten neuer Produkte auf neuen Märkten, z.B. Reisen in die Umlaufbahn der Erde (vgl. Tab. 4).

Märkte / Produkte	Vorhanden	Neu
Vorhanden	Marktdurchdringung	Markterschließung
Neu	Sortimentserweiterung	Diversifikation

Tab. 4: Produkt-Markt-Matrix nach Ansoff (eigene Darstellung; nach Bruhn, 2012, S. 21)

- **Kundenbezogene Aufgaben** betreffen die Verbesserung der Kundenbearbeitung, um deren Zufriedenheit zu steigern und die Kundenbindung zu verbessern. Im Tourismus spielt hier z.B. das Beschwerdemanagement im Rahmen der Qualitätssicherung eine große Rolle. Zudem Bedarf es regelmäßiger Gästebefragungen, um das bestehende Leistungsprogramm permanent an den Kundenwünschen zu messen und ggf. durch Variationen neue Kundensegmente anzusprechen.

- **Absatzmittlerbezogene Aufgaben** weisen auf die Orientierung an wichtigen Absatzmittlern, wie Reisebüros oder Veranstaltern, als prioritäre Aufgabe des Marketings von Tourismus- und Freizeitangeboten hin. Hierbei geht es z.B. um den regelmäßigen Austausch über Veränderungen des Buchungsverhaltens sowie die Optimierung neuer Vertriebskanäle (online und offline).
- **Konkurrenzbezogene Aufgaben** widmen sich der Festlegung des Verhaltens gegenüber Wettbewerbern (Kooperation vs. Konflikt). Das beinhaltet die Profilierung und Suche nach dauerhaften Vorteilen im Vergleich zu den Wettbewerbern sowie die Absicherung der Marktstellung gegenüber neu auf den Markt eintretenden Anbietern. Dazu gehört der Aufbau von Markteintrittsbarrieren, wie z.B. der Zugang zu bestimmten Ressourcen (spezielle Fahrzeuge für Touren) oder ein Know how-Vorsprung (hervorragende einheimische Guides).
- **Lieferantenbezogene Aufgaben** betreffen das sog. Beschaffungsmarketing. Gerade für den Tourismus als pauschales Gesamtpaket komplementärer Einzelleistungen ist es von besonderer Bedeutung, dass die Rechtzeitigkeit und Qualität der Lieferantenleistungen sichergestellt ist. Die kleinsten Störungen in der Leistungskette führen zu Unannehmlichkeiten (Wartezeiten, unfreundlicher Service etc.), die sich sofort auf das Gesamtprodukt auswirken. U.a. um riskanten Abhängigkeiten von Lieferanten aus dem Weg zu gehen, haben große Veranstalter die vertikale Integration vorangetrieben.
- **Unternehmensbezogene Aufgaben** beziehen sich auf das Schaffen von innerbetrieblichen Voraussetzungen für optimale Dienstleistungen. Dazu zählen die Optimierung interner Prozesse und die Motivation der Mitarbeiter (z.B. durch Schulungen oder Anreizsysteme), d.h. die Entwicklung einer intakten, positiven Unternehmenskultur als Voraussetzung für den Gesamterfolg des Marketing-Managements.

Zitat ☐

„Mache das Unmögliche möglich, das Mögliche einfach und das Einfache elegant."

Moshé Feldenkrais (1904-1984), Physiker und Judolehrer

2.2 Besonderheiten des Dienstleistungsmarketings in Tourismus und Freizeit

Marketing ist nicht gleich Marketing! Abhängig von der Beschaffenheit und Komplexität eines Gutes oder einer Leistung und von der jeweiligen Branche variieren auch die institutionellen Besonderheiten des Marketings. Der Tourismus- und Freizeitbereich ist dadurch gekennzeichnet, dass es dort zum allergrößten Teil um Dienstleistungen geht.

Aufgrund der ausgeprägten Heterogenität dieses Wirtschaftsektors gibt es allerdings keine einheitliche Definition von Dienstleistung. Hinzu kommt das Problem der Abgrenzung zum Sachgut, denn die meisten Güter – auch im Tourismus und der Freizeit – stellen eine Kombination beider Leistungsarten dar. Als Ansatz für eine Definition von Dienstleistungen dient daher das Herausarbeiten der **Charakteristika in Abgrenzung zu Sachgütern** (vgl. Meffert & Bruhn, 2012, S. 14ff):

- **Immaterialität:** Dienstleistungen kann man nicht sehen, hören, fühlen, riechen oder schmecken; sie erzeugen lediglich „Nutzen stiftende Wirkungen". Deshalb wird der Kauf von Dienstleistungen als risikoreicher empfunden als der von Sachgütern. Aber die wenigsten Services sind „reine" Dienste, bei den meisten Services besteht die Leistung aus materiellen und immateriellen Komponenten in unterschiedlicher Zusammensetzung (vgl. Abb. 9). Ein Sachgut, das gänzlich ohne Dienste existiert, ist nicht vorstellbar, z.B. hängt an jedem Artikel im Sportgeschäft zumindest ein Minimum an Vertriebsleistungen. Eine Dienstleistung ohne Sachleistung ist jedoch sehr wohl möglich, z.B. eine Stadtführung.
- **Das „uno-actu"-Prinzip:** Die Erstellung und Abgabe von Dienstleistungen sind identisch, d.h. eine Dienstleistung wird in dem Moment konsumiert, in dem sie produziert wird (Synchronisation von Produktion und Absatz). Das impliziert, dass sie in dem Moment vergeht, in dem sie entsteht und damit auch nicht lagerfähig ist. Zudem existiert bei Dienstleistungen kein Transferobjekt (Produkt), welches vom Anbieter zum Nachfrager wechselt. Von der Vorstellung im Theater bleibt nichts greifbares, im Zeitalter des E-Ticketings vielleicht nicht einmal die Eintrittskarte.
- **Integration des externen Faktors:** Die Produktion einer Dienstleistung findet nur statt, wenn entweder der Nachfrager oder ein ihm gehörendes Objekt am Prozess beteiligt ist. Personenbezogene Tourismus- oder Freizeitdienstleistungen sind z.B. ein Restaurantbesuch oder eine Studienreise. Objektbezogen ist z.B. die Reparatur des Mountainbikes oder die Einstellung der Skier. Doch die Objekte bleiben immer im Eigentum des Kunden. Zudem ist

immer zumindest eine geringe Aktivität seitens des Kunden notwendig, woraus eine Abhängigkeit von diesem entsteht. Der Anbieter ist somit nicht mehr allein für die Leistungsqualität verantwortlich, denn die Güte des externen Faktors liegt außerhalb seines Einflussbereichs. Auf die Praxis übertragen: Auch wenn der Guide jeden Tag die gleiche Stadtführung durchführen würde, hinge der Erfolg z.B. maßgeblich davon ab, ob die Gäste gerne mitmachen und gut gelaunt sind. Wenn das nicht der Fall ist und es sind nur Störer in der Gruppe, ist der Erfolg schnell gefährdet. Insofern macht die Integration des externen Faktors die Standardisierung und Qualitätskontrolle von Dienstleistungen erkennbar schwierig (vgl. Hartmann, 2010a, S. 122f).

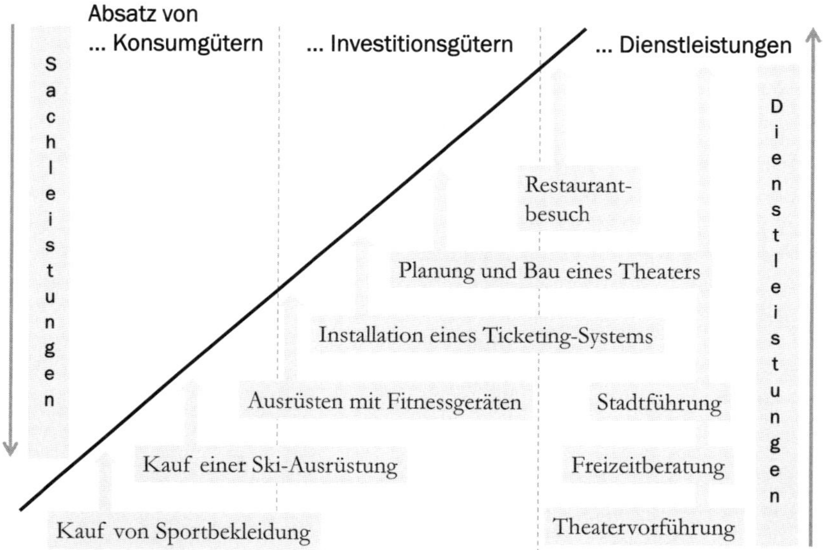

Abb. 9: Grad der Immaterialität von Freizeit- und Tourismus-Dienstleistungen (eigene Darstellung; verändert nach Hartmann, 2010a, S. 123)

Abgeleitet von den Charakteristika der Dienstleistungen und in Bezugnahme auf ihre Prozesshaftigkeit, können Dienstleistungen wie folgt definiert werden:

☐ Definition

Dienstleistungen sind selbständige, marktfähige Leistungen, die mit der Bereitstellung und/oder dem Einsatz von Leistungsfähigkeiten verbunden sind (**Potenzialorientierung**). Interne (z.B. Geschäftsräume, Personal, Ausstattung) und externe Faktoren (die nicht im Einflussbereich des Dienstleistenden liegen) werden im Rahmen des Erstellungsprozesses kombiniert (**Prozessorientierung**). Die Faktorenkombination des Dienstleistenden wird mit dem Ziel eingesetzt, an den externen Faktoren, an Menschen (z.B. Kunden) und deren Objekten Nutzen stiftende Wirkungen zu erzielen (**Ergebnisorientierung**) (vgl. Meffert & Bruhn, 2012, S. 16).

Die Orientierung auf bestimmte Leistungsfähigkeiten lässt sich in einer zeitlichen Betrachtung auf drei Phasen des Dienstleistungsprozesses übertragen. Die Merkmale der einzelnen **Dienstleistungsphasen** sind gut an einem Beispiel aus der Freizeit, z.B. dem Besuch eines Science Centers, zu verdeutlichen (vgl. Abb. 10).

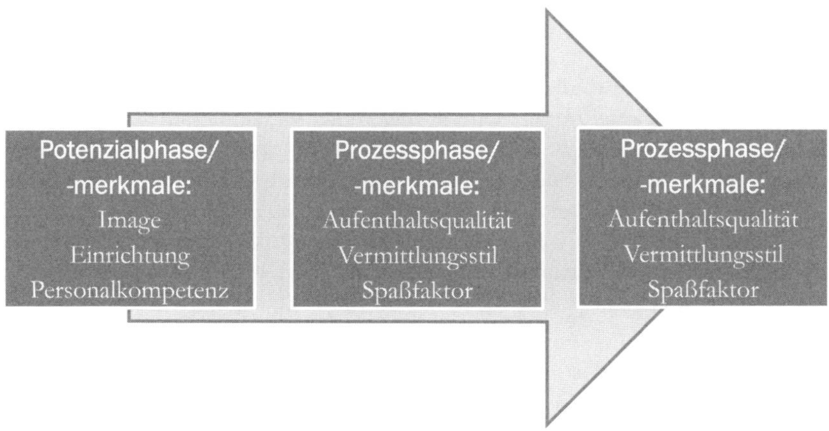

Abb. 10: Phasen und Merkmale der Dienstleistung (eigene Darstellung)

In der **Potenzialphase** wird die Fähigkeit und Bereitschaft zur Erbringung einer Dienstleistung deutlich gemacht: Wie modern und technisch einwandfrei ist mein Angebot, mache ich attraktive Werbung, sind schon die richtigen Gäste im Haus, strahlen meine Mitarbeiter Vertrauen und Kompetenz aus? Wenn ja, entscheidet sich der Kunde evtl. für mein Angebot. Es kommt zur **Prozessphase**: Die Dienstleistung wird vollzogen, der Kunde tritt ein und hantiert mit den Exponaten. Jetzt geht es darum, ob alles so funktioniert und wirkt wie es der Kunde aufgrund meiner „Leistungsversprechen" erwartet. Sind meine Mitarbeiter freundlich, klappt technisch alles, ist das Angebot beeindruckend, fühlt sich der Kunde rundum wohl? Nach der Beendigung des Besuchs kennzeichnet die **Ergebnisphase** den Nachklang der Tätigkeit, d.h. die Frage, ob es dem Gast gefallen hat oder nicht. Spricht er von einem positiven Erlebnis oder ist ihm die Begeisterung anzusehen?

Die besondere **Problematik von Dienstleistungen** für den Anbieter derselben erschließt sich, wenn man sich die verschiedenen Betrachtungsebenen deutlich macht. Vor allem die Tatsache der weitgehenden Immaterialität von Dienstleistungen im Tourismus- und Freizeitbereich macht die Bedeutung eines differenzierten Marketings gegenüber der Vermarktung von Sachleistungen deutlich. Je höher der Grad der Immaterialität desto höher ist die **Verhaltensunsicherheit** beim Kunden: Was bekommt er für sein Geld und wie kann er die zu erwartende Leistung bewerten? Doch die Konsequenzen der Immaterialität sind weitreichender. Sie hängen mit den **Bewertungsunsicherheiten** beider Marktseiten zusammen. Nicht nur der Kunde, auch der Anbieter selbst hat häufig zu wenige Informationen (über den Kunden). Diese unterschiedlichen Informationsstände sind ein latentes Problem.

Auch die **Integration des Kunden** als (unkalkulierbarer) und individueller „externer Faktor" muss in alle Überlegungen des Marketing-Managements einbezogen werden. Wird z.B. eine individuelle Stadtführung für eine kleine Gruppe angeboten, auf deren Sonderwünsche explizit eingegangen werden soll, dann muss dem Anbieter klar sein, dass seine Dienstleistung durch die Interaktion mit der Gruppe und die Individualisierung des Programms extrem störanfällig sein wird. Das Risiko des Scheiterns kann in diesem Fall dadurch minimiert werden, dass sich z.B. an einer Standardroute orientiert wird (Hartmann, 2010a, S. 124f).

Im operativen Marketing bzw. beim Marketing-Mix haben diese Besonderheiten von Dienstleistungen zu einer Erweiterung von vier auf sieben Instrumenten-Kategorien geführt. Aus den „4 P`s" des Marketing wurde der 7 P-Ansatz des Dienstleistungsmarketings entwickelt, der die Bereiche People (Personal), Process (Prozess) und Physical Facilities (Ausstattung) inkludiert (vgl. Meffert & Bruhn, 2012, S. 175ff und vgl. Kap. 5).

2.3 Nonprofit-Marketing in Tourismus und Freizeit

Eine weitere Differenzierung des Marketings ist notwendig, wenn sich Angebot und Nachfrage nicht mehr (nur) im kommerziellen Bereich bewegen, d.h. im Rahmen von „schlüssigen Austauschbeziehungen" (Leistung und direkte Gegenleistung), sondern im nicht-kommerziellen oder auch Nonprofit-Bereich. Der Tourismus- und Freizeitmarkt beinhaltet beide Phänomene. Auf der einen Seite finden wir börsennotierte Konzerne wie die TUI AG und auf der anderen Seite soziokulturelle Zentren wie z.B. den Schlachthof e.V. in Bremen. Diese Bandbreite des Marktes impliziert, dass eine differenzierte Betrachtung der Marketingobjekte notwendig ist.

Die entsprechende Ausweitung des Marketinggedankens wurde seit Ende der 1960er Jahre maßgeblich durch die sogenannte **Broadening-Deepening-Diskussion** angestoßen. Dabei geht es um die Ausweitung des Objektbereichs des Marketings auf alle Austauschprozesse im nicht-kommerziellen Bereich. Kotler hat diesen Ansatz als **Generic Concept of Marketing** bezeichnet. Als Vertiefung (Deepening) des kommerziellen Marketings gelten z.B. nachhaltiges Marketing, ökologieorientiertes Marketing oder sozial-verantwortliches Marketing. Die Ausweitung (Broadening) des Marketings bezeichnet z.B. das Marketing öffentlicher Betriebe, das Relationship-Marketing oder das Nonprofit-Marketing (vgl. Bruhn, 2011, S. 53ff).

Im Tourismus- und vor allem Freizeitbereich können dementsprechend das Kulturmarketing, (Sport-)Vereinsmarketing, Gesundheitsmarketing und übergeordnet auch das Stadt-, City- und Regionalmarketing als spezifische Varianten einer Ausweitung des Marketings gesehen werden.

2.3.1 Nonprofit-Organisationen (NPO)

Vor der Klärung, was NPO ausmacht, sei kurz betrachtet, warum es Nonprofit-Organisationen überhaupt gibt. Aus ökonomischer Sicht ist die Entstehung einer Nonprofit-Organisation die Folge eines Staats- bzw. Marktversagens (als erster bzw. zweiter Sektor). Nur wenn eine Leistung nicht in dem Umfang, nicht in der Qualität, nicht zu dem Zeitpunkt, nicht an einem Ort, nicht für jede Person bereit gestellt werden kann, wie dies als notwendig bzw. wünschenswert erachtet wird, d.h. die Institutionen der beiden ersten Sektoren „versagen", entsteht Bedarf für eine NPO als „drittem Sektor". Dieser grenzt sich damit von erwerbswirtschaftlichen Organisationen und vom Staat ab (vgl. Abb. 11).

Als zentrales Abgrenzungskriterium zu profitorientierten Unternehmen verfolgen NPO das Gewinnziel nicht explizit oder zumindest spielt es eine deutlich untergeordnete Rolle. **Die Primärziele von NPO sind bedarfswirtschaftlich,**

sozial oder gesellschaftlich orientiert. Sie liegen in der nicht-gewinnorientierten Bedürfnisbefriedigung und Versorgung verschiedener Anspruchsgruppen. Das Verfolgen zuvor definierter Interessen und Missionen steht im Vordergrund ihrer Arbeit. Meist gibt es dafür keine direkten Gegenleistungen (Marktpreise oder Entgelte), sondern es erfolgt eine Finanzierung über Steuern, Zuschüsse, Spenden oder Mitgliedsbeiträge.

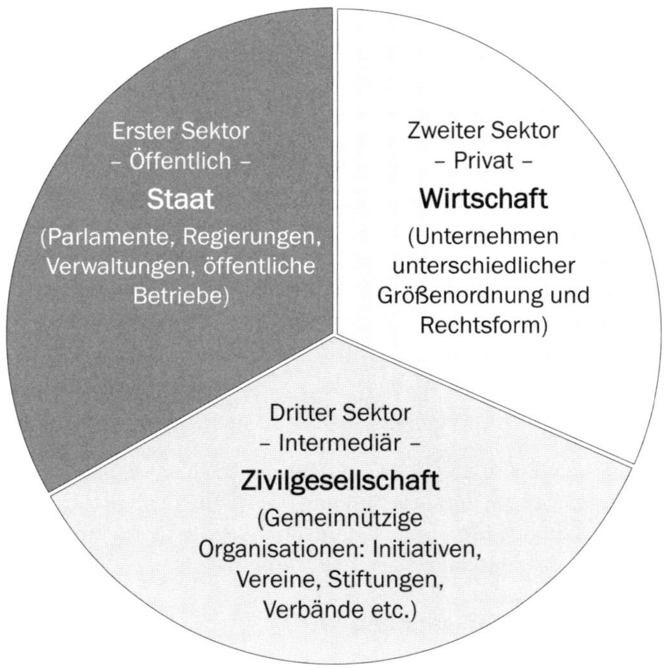

Abb. 11: Drei Sektoren-Modell (eigene Darstellung; verändert nach Weckerle & Söndermann, 2003, S. 3)

Die dem „Johns Hopkins Comparative Nonprofit Sector Project" entstammende struktural-operationale Definition von Salamon (1999) benennt **fünf Charakteristika von NPO**, die sich auf grundlegende Strukturen und Arbeitsweisen beziehen. Erst wenn alle fünf Kennzeichen wenigstens in einem Mindestausmaß erfüllt sind, ist eine Organisation als NPO zu bezeichnen, unabhängig von ihren Zwecken oder ihrer Finanzierung:

- **Formal organisiert**: Im Gegensatz zu formlosen und temporären Organisationen sind NPO gewissermaßen institutionalisiert (formale Satzung, regelmäßige Sitzungen und langfristige Beständigkeit).
- **Institutionell vom Staat getrennt**: NPO sind private, also nicht-staatliche Organisationen, die sich selbst verwalten.
- **Nicht gewinnorientiert**: Gewinne werden nicht an die Mitglieder oder Eigentümer der Organisation ausgeschüttet. Erwirtschaftete Gewinne müssen in die Zwecke der Organisation investiert werden.
- **Institutionell unabhängig**: NPO sind autonom selbstverwaltend. Sie entscheiden selbst über ihr eigenes Schicksal und werden nicht von Organisationen anderer Sektoren kontrolliert.
- **Kein Zwangsverband**, d.h. freiwillige Mitgliedschaft: Die ehrenamtliche Arbeit, die Einbeziehung und Partizipation von Freiwilligen in die tatsächliche Arbeit oder in das Management der Organisation ist ein wesentlicher Bestandteil der NPO.

Die **wirtschaftliche Bedeutung** des sog. „**Dritten Sektors**" neben staatlichen und privatwirtschaftlichen, gewinnorientierten Unternehmen ist enorm. Im Unternehmensregister des Statistischen Bundesamtes waren im Jahr 2007 insgesamt 104.855 wirtschaftlich aktive Organisationen des Dritten Sektors registriert. Ihre Bruttowertschöpfung betrug fast 90 Mrd. €. Das entsprach 4,1% der gesamtwirtschaftlichen Wertschöpfung in Deutschland. 2007 arbeiteten 2,3 Mio. sozialversicherungspflichtig und 300.000 geringfügig Beschäftigte im Dritten Sektor. Die Organisationen waren v.a. in den Bereichen „Interessenvertretungen sowie kirchliche und sonstige Vereinigungen" (mit 37.198 Organisationen am stärksten vertreten), „Gesundheits- und Sozialwesen" (mit 1,4 Mio. die meisten Arbeitnehmer), „Erziehung und Unterricht", „Kultur, Sport und Unterhaltung" und „Forschung und Entwicklung" aktiv. Innerhalb des Bereichs „Kultur, Sport und Unterhaltung" machte der Anteil der Organisationen des Dritten Sektors immerhin 12,6% aus (vgl. Fritsch, et al., 2011).

Weitere **Besonderheiten von NPO** gegenüber kommerziellen Organisationen, die eine differenzierte Herangehensweise an das Marketing derselben implizieren, lassen sich wie folgt darstellen (vgl. Bruhn, 2011, S. 28ff):

- Inhalte der Zielsetzungen: Es besteht eine große Heterogenität und Komplexität der angestrebten Ziele, die zumeist qualitativ sind. Globale Ziele wie „Bewahrung der biologischen Vielfalt" oder „Sport für alle" sind schwer umzusetzen und zu kontrollieren.

- Definition des Produktes bzw. der Leistung: Häufig sind es Beratungen oder andere Dienstleistungen, die zur Bedürfnisbefriedigung bei den Zielgruppen der NPO führen. Bei einigen Organisationen geht es auch um die Vermittlung bestimmter Werte, Interessen oder Ideen. Die Komplexität und Vielschichtigkeit des Angebotes erschweren es oft, die aus Marketingsicht relevanten Produkte einer NPO klar herauszustellen.
- Berücksichtigung unterschiedlicher Anspruchsgruppen: Im Zentrum der NPO steht eine umfassende Anspruchsgruppenorientierung, d.h. eine konsequente Ausrichtung sämtlicher Aktivitäten an den Erwartungen der verschiedenen internen und externen Beziehungspartner (Stakeholder).
- Finanzierung der Marketingausgaben: NPO verfügen oft nur über sehr beschränkte Ressourcen für das Marketing. Spender, Mitglieder und andere Geldgeber betrachten großzügige Marketingbudgets häufig mit Missfallen.
- Mitarbeiter- und Organisationsstrukturen: Häufig weisen NPO kaum formalisierte Organisationsstrukturen auf und es fehlen schriftlich festgelegte Regelungen. Aufgrund des Egalitätsprinzips ist das Zulassen formaler Macht oft schwer durchsetzbar. Das kann einfachste Entscheidungsfindungen erschweren. Neben hauptberuflichen Mitarbeitern gibt es zumeist eine Vielzahl ehrenamtliche Mitarbeiter oder geringfügig Beschäftigter.
- Konsequenz der Nachfrageorientierung: Es geht bei NPO nicht unbedingt um eine Erhöhung der Nachfrage durch eine konsequente Zielgruppenausrichtung, sondern um die Beeinflussung von Zielgruppen, so dass diese – auch gegen ihren Widerstand – bestimmte Verhaltensweisen oder Ideen verändern (z.B. Gesundheitsförderung, Integration durch Sport, politische oder religiöse Ideen).

2.3.2 Nonprofit-Marketing als Beziehungsmarketing

Aus den Abgrenzungen der NPO wird klar deutlich, dass der spezielle Fokus beim Nonprofit-Marketing auf der **Anspruchsgruppenorientierung** liegen muss. Diese Ausrichtung des Marketings wird auch als Beziehungs- oder Relationship-Marketing bezeichnet. Anhand eines integrativen Marketing-Managementprozesses sollen Beziehungsnetzwerke gesteuert und sich am Nutzen und den Erwartungen der Anspruchsgruppen ausgerichtet werden. Aufgrund der immer stärkeren Marktmacht des Käufers hat dieses Grundprinzip (Outside-in-Perspektive) inzwischen auch im Zuge eines Paradigmenwechsels im gewinnorientierten Marketing Fuß gefasst (vgl. Kap. 5).

Die Bandbreite der Anspruchsgruppen von NPO ist sehr groß: Leistungsempfänger, Mitarbeiter, Geldgeber (Spender, Sponsoren, Mitglieder u.a.) sowie die allgemeine Öffentlichkeit und die Medien. Angelehnt an den Grundgedanken des modernen Marketing-Managements ist das Nonprofit-Marketing ein umfassendes Leitkonzept des Managements und somit eine ganzheitliche Organisationsphilosophie:

☐ Definition

„**Nonprofit-Marketing** ist eine spezifische Denkhaltung. Sie konkretisiert sich in der Analyse, Planung, Umsetzung und Kontrolle sämtlicher interner und externer Aktivitäten, die durch eine Ausrichtung am Nutzen und den Erwartungen der Anspruchsgruppen darauf abzielen, die finanziellen, mitarbeiterbezogenen und insbesondere aufgabenbezogenen Ziele der Nonprofit-Organisation zu erreichen" (Bruhn, 2011, S. 55).

Die Kunst einer anspruchsgruppenorientierten Organisationsführung ist es, möglichst allen divergierenden Interessen der Stakeholder gerecht zu werden. Dazu bedarf es – vielleicht mehr als im kommerziellen Sektor – der Entwicklung von **kreativen und innovativen Problemlösungen** auf der Suche nach einer Alleinstellung auf dem relevanten Markt der NPO. Nur mit ungewöhnlichen und einzigartigen Lösungen ist es möglich, sich z.B. auf dem sich schnell wandelnden Markt der Sportvereine zu behaupten. Eine besondere Herausforderung stellt dabei die Koordination sämtlicher Mitarbeiter und ggf. Abteilungen einer Organisation dar, um alle Synergieeffekte auszuschöpfen. Dabei geht es vor allem auch um das Ausbalancieren der verschiedenen Zielkategorien: finanziell muss die Bilanz ausgeglichen sein, Mitarbeiter bezogen müssen alle zufrieden sein und sich verwirklichen können, aufgabenbezogen sollen die Bedürfnisse und Erwartungen der Mitglieder, Gäste, Kunden etc. erfüllt werden. An dieser Stelle wird deutlich wie zentral die Bedeutung der Mitarbeiter für eine Organisation/ein Unternehmen ist. Ohne kompetente und motivierte Mitarbeiter können Nonprofit-Ziele nicht erreicht werden (vgl. Kapitel 4.1, Unternehmenskultur) (vgl. Bruhn, 2011, S. 28ff).

Ohne ein professionelles Marketing kommen NPO, die sich häufig genau wie kommerzielle Unternehmen auf einem hart umkämpften Markt bewegen (vgl. die Spendenkampagnen karitativer Organisationen vor Weihnachten), heute nicht mehr aus. Zumindest nicht dann, wenn sie ihre Arbeit langfristig und mit ausreichenden personellen und finanziellen Ressourcen weiterführen möchten. In der Praxis des dritten Sektors besteht für das Marketing nach wie vor eine deutliche **Legitimationsproblematik**. Gerade in kleineren NPO müssen sich die Führungskräfte gegenüber Anspruchsgruppen dafür rechtfertigen, modernes Marketing einzusetzen, besonders wenn dies mit höheren Kosten verbunden ist. Dahinter verbirgt sich häufig eine diffuse Angst vor den Begriffen „Markt",

„Kunde" oder „Marketing" und negative Assoziationen oder Vorurteile („Kommerzialisierung") rufen entsprechende Widerstände hervor. Die Ablehnung von Marketing von Seiten der NPO ist meist auf ein reduziertes Marketingverständnis zurückzuführen. Es scheitert somit bereits an Begrifflichkeiten. Die Lösung dieser Probleme obliegt dem „Marketing-Manager". Er muss die Bereitschaft erwecken, dass die Zweifler sich mit den Inhalten des Marketinggedankens für NPO auseinandersetzen. Die Vorteile des Nonprofit-Marketings können sehr gut anhand von best practices aus der Branche und den damit verbundenen Chancen für die eigene Organisation verdeutlicht werden (vgl. Kapitel 3.2.3). Es gilt, Missverständnisse aufzudecken und die Abgrenzung zum kommerziellen Marketing zu verdeutlichen (vgl. Bruhn, 2011, S. 57ff und Hartmann, 2010a, S. 192).

2.4 Marketing-Management als Prozess

Das Marketing ist, im Sinne einer **unternehmerischen Denkhaltung**, in ein ganzheitliches Managementkonzept eingebettet. Ein wichtiger Grundgedanke ist dabei die integrative Ausgestaltung der normativen, strategischen und operativen Management-Ebenen (vgl. Ulrich, 2009, S. 23ff):

Das **normative Management** beschäftigt sich mit den generellen Zielen der Unternehmen, mit Prinzipien, Normen und Spielregeln, die darauf ausgerichtet sind, die Lebens- und Entwicklungsfähigkeit der Unternehmen sicherzustellen. Hier geht es um die ethische Legitimation der unternehmerischen Tätigkeit angesichts unterschiedlicher Anliegen und Interessen der verschiedenen Anspruchsgruppen (Stakeholder). Das geschieht mit der Erarbeitung einer **Vision** (Leitidee), der Ausgestaltung der **Unternehmenspolitik** (generelle Ziele und Verhaltensnormen), der Festlegung einer **Unternehmensverfassung** (formale Rahmenordnung) sowie der Entwicklung einer spezifischen **Unternehmenskultur** (verhaltensbezogene Werte und Normen).

Auf der Ebene des **strategischen Managements** entwickelt eine Organisation Vorgehensweisen, um ihre im normativen Management definierten Leitsätze zu verfolgen und Ziele zu erreichen. Es werden **strategische Programme** (Strategie, Konzept) entwickelt, **Organisationsstrukturen** geschaffen und **Managementsysteme** sowie das **Problemverhalten** werden formuliert. Das Ziel ist die Etablierung langfristiger Wettbewerbsvorteile durch eine im Vergleich zur Konkurrenz überlegene Grundkonfiguration der Unternehmen. Auf dieser Ebene wird auch ein marketingspezifisches Konzept erarbeitet (Marketing als Managementfunktion).

Im **operativen Management** erfolgt schließlich die Umsetzung der Strategien. Es befasst sich mit der Bestimmung und Kontrolle der laufenden und konkreten **Aktivitäten** eines Unternehmens. Auf der operativen Managementebene einer Organisation erfolgen die **Führung** der Mitarbeiter und/oder der Nachunternehmen, die Bereitstellung der Mittel (Ressourcen) sowie die Planung, Steuerung und Überwachung der **Geschäftsprozesse**. Die operative Planung setzt bestimmte Vorgaben um, sie ist kurzfristig angelegt (bis zu einem Jahr) und sie ist detailliert, relativ genau und enthält alle Einzelziele (vgl. Abb. 12).

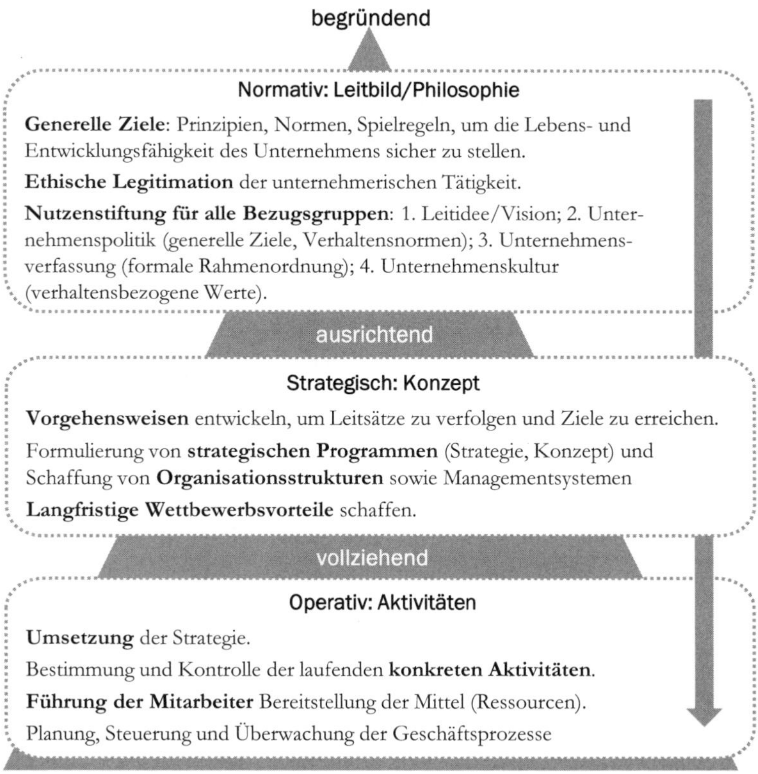

Abb. 12: Konzept des integrierten Managements (eigene Darstellung; Entwurf: M.-L. Berger)

Betrachtet man Marketing im engeren Sinne als **Managementfunktion**, so wird dieses vorwiegend auf der strategischen und der operativen Ebene eingesetzt.

Die Entwicklung eines Marketingplans als strategischem Programm impliziert dabei ein systematisches Entscheidungsverhalten. „Der **Marketingplan** ist das Kernstück des Marketing-Managementprozesses und Ausdruck eines entscheidungsorientierten Vorgehens“ (vgl. Bruhn, 2012, S. 39). In der praktischen Umsetzung hat sich hierfür ein klassischer Ablauf von Marketing-Managementprozessen etabliert. Beispielhaft dafür ist z.B. das Phasenschema von Freyer (2011, S. 109ff):

[1] Informations- oder Analysephase (Wo stehen wir?)

[2] Strategie- oder Zielphase (Wo wollen wir hin?)

[3] Gestaltungsphase (Was können wir unternehmen?)

[4] Realisierungsphase (Welche Maßnahmen ergreifen wir?)

[5] Kontrollphase (Sind wir angekommen?) (vgl. Abb. 13).

Diese prozessuale Abfolge ist auch als Vorgehensweise bzw. Instrument für die gesamte Unternehmensplanung in Bezug auf das Marketing zu verstehen. Zugleich dient sie als Grundlage für die weitere Gliederung dieses Buches. Bruhn (2012, S. 37ff) hat eine Reihe von **Anforderungen an eine erfolgreiche Marketingplanung** formuliert:

- Die Planung muss **frühzeitig** erfolgen und umfasst in der Regel einen Planungshorizont von einem Jahr. Entsprechende Planungszyklen sollten festgelegt und fest etabliert werden.
- Um die inhaltliche Vollständigkeit des Marketingplans sicherzustellen, sollte dieser anhand einer **festgelegten Struktur** verfasst werden.
- Die Planung muss einen gewissen **Grad an Flexibilität** aufweisen, um auf unerwartete Veränderungen innerhalb und außerhalb des Unternehmens reagieren zu können.
- Der Marketingplan ist unbedingt **schriftlich zu fixieren**! Er kann damit den Anspruch der Verbindlichkeit erfüllen und als Grundlage für die interne Kommunikation dienen.
- Abschließend sind die aus dem Marketingplan resultierenden **Aufgabenbereiche** („Pakete“) und Verantwortlichkeiten eindeutig festzulegen (wer macht was bis wann mit wem?).

Zitat ☐

„Die Kunst ist, einmal mehr aufzustehen, als man umgeworfen wird.“

Winston Churchill (1874-1965), brit. Staatsmann

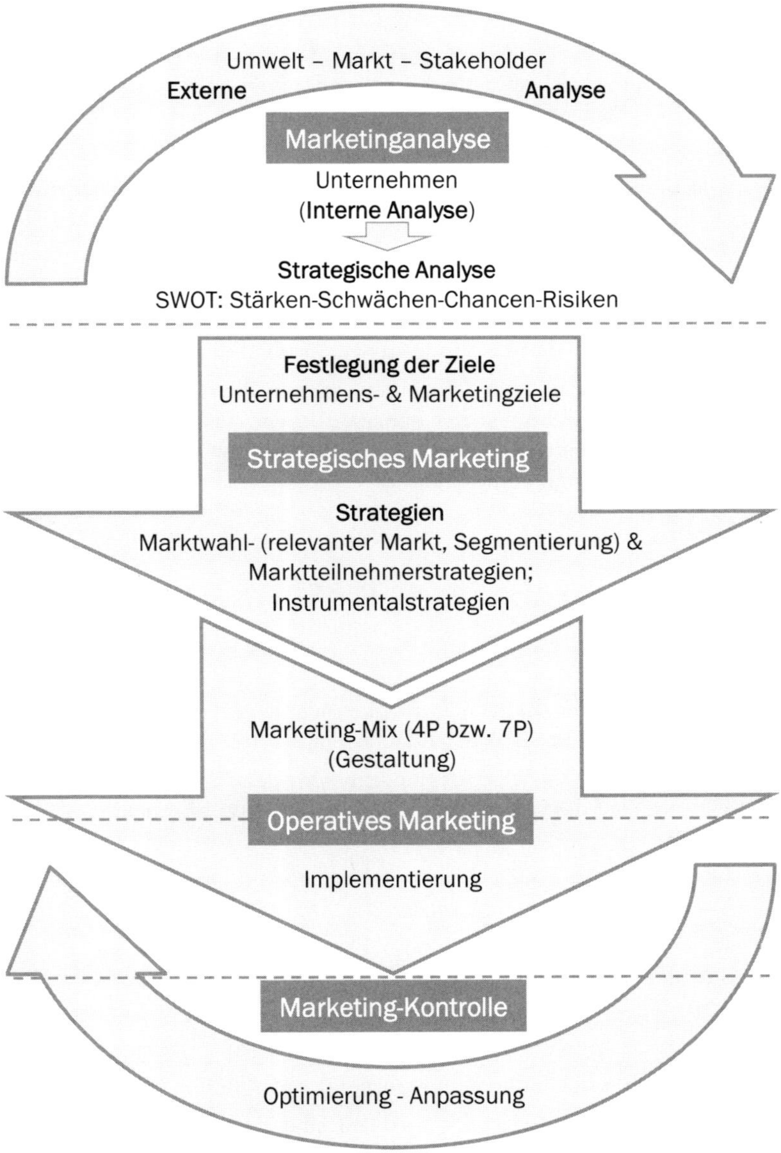

Abb. 13: Marketing-Managementprozess (eigene Darstellung; angelehnt an Bruhn, 2012, S. 38)

☐ Kernaussagen Kapitel 2

- ✓ Marketing ist nicht nur Werbung, sondern ein umfassendes Leitkonzept des Managements, das den Menschen und den Wettbewerb in den Fokus aller Unternehmensentscheidungen rückt.
- ✓ Die Besonderheiten von Dienstleistungen, aus denen der Tourismus- und Freizeitmarkt weitgehend besteht, erfordern eine spezifische Herangehensweise an das Marketing.
- ✓ Das Angebot von Nonprofit-Organisationen verlangt eine weitere Differenzierung des Marketings, hin zu einer stärkeren Orientierung am Nutzen und den Erwartungen der Anspruchsgruppen.
- ✓ Marketing-Management ist ein integrierter Prozess, der durch die normative, strategische und operative Ebene ausgestaltet wird. Der klassische Ablauf beinhaltet eine Analyse-, Strategie-, Gestaltungs-, Realisierungs- und Kontrollphase.

☐ Fragen und Aufgaben zum Kapitel

[1] Was bedeutet es, Marketing als unternehmerische Denkhaltung und als duales Führungskonzept aufzufassen?

[2] Skizzieren Sie die Entwicklungsphasen des Tourismusmarketing! Welches sind die Unterschiede im Vergleich zum allgemeinen Marketing?

[3] Beschreiben Sie die Ziele eines nachhaltigen und zukunftsorientierten Tourismus- und Freizeitmarketings!

[4] Welches sind die Merkmale von Dienstleistungen? Wie lassen sich diese auf die einzelnen Phasen eines Dienstleistungsprozesses beziehen?

[5] Wie unterscheiden sich NPO von kommerziellen Unternehmen?

[6] Was verbirgt sich hinter dem Konzept des integrierten Managements?

[7] Skizzieren Sie den klassischen Ablauf eines Marketing-Managementprozesses!

3 Marketinganalyse

Bregenzer Festspiele, Österreich (© Rainer Hartmann)

☐ Lernziele

Die Inhalte dieses Kapitels ermöglichen Ihnen, …

- die Bedeutung und Qualität von Informationen für das Marketing ein- bzw. abzuschätzen.
- die Komplexität der Zusammenhänge für eine Marketingentscheidung zu erfassen und die Bedeutung der internen und externen Betrachtungsweise zu verstehen.
- Ansätze zur Analyse des eigenen Unternehmens kennenzulernen.
- Grundlagen des Qualitätsmanagements zu erwerben.
- die Bedeutung der Marktabgrenzung und Segmentierung zu erfassen.
- einen breiten Überblick von Marktforschungsmethoden der Primär- und der Sekundärforschung zu bekommen.
- sich mit den Anforderungen an Auswahlverfahren, Stichproben und Erhebungsmethoden vertraut zu machen.
- verschiedene Ansätze von strategischen Analysemethoden wie der SWOT-, Lebenszyklus- oder Portfolioanalyse zu durchdenken.

☐ Definition

Die **Marketinganalyse oder -forschung** beinhaltet die systematische Erhebung, Auswertung und Interpretation von Informationen über Gegebenheiten und Entwicklungen auf dem Markt, die zur Identifikation und Lösung von Marketing-Problemen von Bedeutung sind (vgl. Weis & Steinmetz, 2008, S. 16).

Informationen sind die wesentlichen Grundlagen unternehmerischer Entscheidungen. Als Informationen gelten Nachrichten, die für den Empfänger neu, also bisher unbekannt sind. Sie bieten dem Unternehmen **zweckorientiertes Wissen**. Die Qualität gewonnener Informationen lässt sich anhand verschiedener Kriterien überprüfen (vgl. Berekoven, Eckert, & Ellenrieder, 2009, S. 24f):

- **Nützlichkeit** als Entscheidungsgrundlage (unter Berücksichtigung von Kosten-Nutzen-Abwägungen)
- **Vollständigkeit** (für Entscheidungen notwendiges Wissen ist aus dem Sachverstand des Entscheidungsträgers komplett)
- **Aktualität** (je neueren Datums desto wertvoller; je schneller die Märkte desto höher der Bedarf an aktuellsten Informationen)
- **Wahrheit** (meist nur schwer zu prüfen, v.a. bei komplexen Informationen; abhängig von der Glaubwürdigkeit des Informanten)
- **Effizienz** (Kosten für Informationen sind geringer als die durch ihre Verwendung verursachten Erträge; Prognose der direkten Ertragswirkung von Informationen ist jedoch schwierig).

Die **Aufgaben der Marketingforschung** leiten sich aus der Unterstützungsfunktion zur Entscheidungsfindung ab:

Funktion	Bedeutung
Selektion	Selektion und Aufbereitung der relevanten Informationen
Frühwarnung	Frühzeitiges Erkennen und Abschätzen von Risiken
Innovation	Aufdeckung, Antizipation und Nutzung von Chancen
Strukturierung	Förderung des Verständnisses bei den Lernprozessen der Unternehmens-/ Marketingplanung
Unsicherheitsreduktion	Präzisierung und Objektivierung der Sachverhalte für die Entscheidungsfindung
Kontrolle	Erforschen der Ursachen von Erfolg und Misserfolg
Intelligenzverstärkung	Unterstützung der Willensbildung in der Unternehmensführung

Tab. 5: Funktionen der Marketingforschung (eigene Darstellung; nach Meffert, Burmann, & Kirchgeorg, 2012, S. 95)

Die im Folgenden dargestellten Informationsanalysen erfolgen aus **zwei Perspektiven**, mit dem Fokus auf das Unternehmen selbst (interne Analyse) und mit dem Fokus auf die Umwelt (externe Analyse). Die Marketinganalyse findet schließlich auf **drei Ebenen** statt:

- das Unternehmen = Betriebsanalyse
- der relevante Markt (Mikroumwelt) = Marktanalyse
- die allgemeine Umwelt (Makroumwelt) = Umfeldanalyse.

Bei der **internen Analyse** stehen die Überprüfung der eigenen Ressourcen und die Benennung der Kernkompetenzen im Mittelpunkt. Die **externe Analyse** beschäftigt sich mit der Abgrenzung des relevanten Marktes, indem potenzielle Kunden und Konkurrenten betrachtet werden, sowie mit der Erfassung übergeordneter Einflüsse auf das relevante Marktgeschehen (gesellschaftliche, ökonomische, politische, technologische und ökologische Rahmenbedingungen).

Im Zuge der Marketinganalyse werden verschiedenste Daten und Informationen verwendet. Intern können diese z.B. durch Kennzahlen aller Art (Rechnungswesen, Controlling), von den Mitarbeitern (Gespräche, Vorschläge, Qualitätszirkel u.a.) oder von den Kunden (Befragungen, Reklamationen, Qualitätskontrolle u.a.) gewonnen werden.

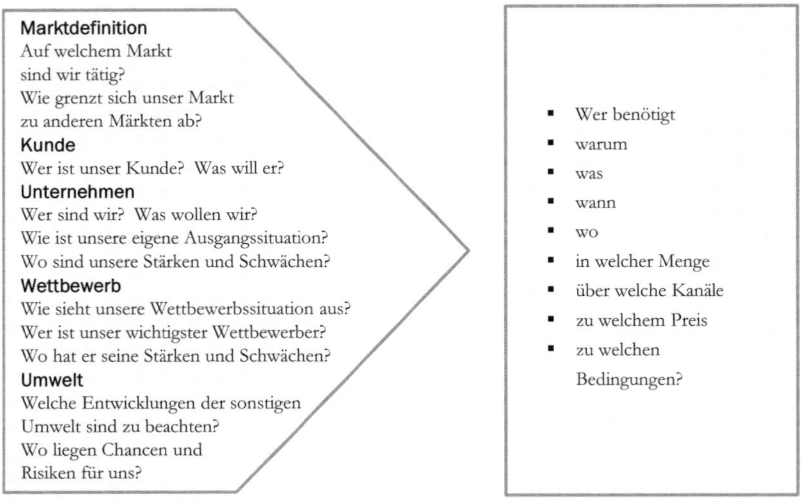

Abb. 14: Fragen der Marketingforschung (eigene Darstellung; verändert nach Ziegenbein 2005)

Externe Daten und Informationen stammen z.B. aus Statistiken, Untersuchungen oder Studien, die von Kommunen, Verbänden und anderen Organisationen zur Verfügung gestellt werden. In der Forschung wird an dieser Stelle auch zwischen eigens für eine Problemstellung erhobenen **Primärdaten** und bereits vorhandenen **Sekundärdaten** gesprochen (vgl. Kap. 3.2.2).

3.1 Unternehmensanalyse

Im Rahmen der Unternehmensanalyse (oder auch internen Analyse) soll aufgezeigt werden, über welche Fähigkeiten und Potenziale der eigene Betrieb bzw. die Organisation verfügt. Sie stellt den engsten Betrachtungsbereich der Marketinganalyse dar. Freyer (2011, S. 248f) betont, dass für die marketingbezogene Analyse keine umfassende Betriebsanalyse notwendig ist. Es müssten nur die marketingrelevanten Aspekte untersucht werden, d.h. es gilt Stärken und Schwächen zu erkennen, die im Rahmen der Strategieentwicklung eingesetzt werden könnten.

Da eine Bewertung der erhobenen betriebsinternen Daten und Informationen meist nur im Vergleich mit anderen Betrieben möglich ist, werden diese mit den Ergebnissen aus der externen Analyse abgeglichen. Dieser Arbeitsschritt erfolgt im Rahmen der strategischen Diagnose (vgl. Kap. 3.4) und liefert entscheidende Erkenntnisse für die anschließende Strategieentwicklung.

Grundsätzlich sind zwei Ansätze zur Analyse eines Unternehmens relevant für die weitere Betrachtung. Zum einen die Bewertung nach Funktionen und Funktionsbereichen, als sog. **Ressourcenanalyse**, zum anderen die prozessorientierte Bewertung, als sog. **Wertkettenanalyse** (vgl. Freyer, 2011, S. 259ff und Runia, Wahl, Geyer, & Thewißen, 2011, S. 11ff).

3.1.1 Ressourcenanalyse

Im Zuge der Ressourcenanalyse wird anhand eines **Stärken-Schwächen-Profils** die Position des Unternehmens im Verhältnis zum Wettbewerb ermittelt. Die Vorgehensweise ist in drei Schritte unterteilt (vgl. Meffert, Burmann, & Kirchgeorg, 2012, S. 234):

[1] **Erstellung eines Ressourcenprofils**: Erfassung der vorhandenen finanziellen, physischen, organisatorischen und technologischen Ressourcen (z.B. mit Checklisten). Bei großen Unternehmen zunächst auf der Ebene strategischer Geschäftseinheiten und dann für das gesamte Unternehmen.

[2] **Ermittlung der Stärken und Schwächen**: Hier erfolgt die Gegenüberstellung mit den Schlüsselanforderungen des Marktes (vgl. externe Analyse).

[3] **Identifikation spezifischer Kompetenzen**: Identifikation der Hauptstärken und Synergien im Vergleich mit denen der Hauptkonkurrenten. Diese dienen zur Schaffung von Wettbewerbsvorteilen.

Der dritte Schritt erfolgt somit im Abgleich mit den Chancen und Risiken, die der relevante Markt bietet. D.h. er ist bereits Bestandteil der strategischen Diagnose (vgl. Kap. 3.4).

Die Ermittlung, Auswertung und Darstellung von relevanten Informationen kann je nach Betrachtungsgegenstand ganz unterschiedlich aussehen. In komplexen sozialen Zusammenhängen lassen sich bestimmte Ressourcen oder Funktionsbereiche häufig nicht objektiv beziffern. Ihre Bewertung wird dann mit Hilfe von Befragungen vorgenommen und z.B. in entsprechenden Imageprofilen festgehalten. Hier entscheidet der Befragte, welches die „Schlüsselanforderungen des Marktes" sind (vgl. Abb. 15).

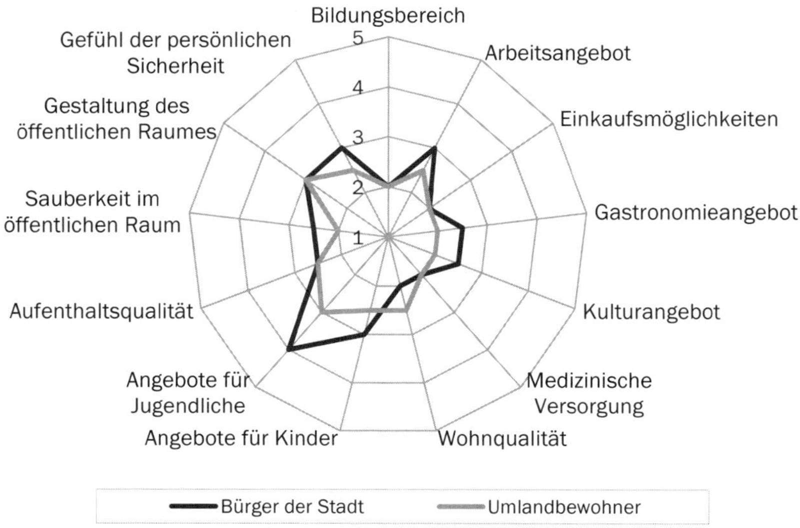

Abb. 15: Stärken-Schwächen-Profil als Ergebnis einer repräsentativen Befragung in einer Mittelstadt (nach Schulnoten; eigene Darstellung)

Im Bereich des Tourismus werden zur Bewertung von Betrieben häufig **Kennziffern** und **Kennzahlensysteme** verwendet. Das gilt vor allem für die Hotellerie (Hotelbetriebsvergleiche) und für Reisebüros (DRV-Reisebürobarometer).

☐ Fallbeispiel

Der **Hotelbetriebsvergleich** des Deutschen Wirtschaftswissenschaftlichen Instituts für Fremdenverkehr e.V. an der Universität München (DWIF) weist bereits eine 50jährige Kontinuität der Datenerhebung auf. Dort werden Kennzahlen in den folgenden Bereichen erhoben (Auswahl) (vgl. dwif-Consulting, 2013):

- Betriebsstatistische Angaben (Eigentumsverhältnisse, Personal)
- Angaben zum Gastronomiebereich (Sitzplatzkapazität, abgegebene Gedecke)
- Angaben zum Beherbergungsbereich (Kapazität, Gästestruktur)
- Gewinn- und Verlustrechnung (Ertrag und Aufwand nach Betriebsbereichen) sowie Bilanzwerte (Aktiva und Passiva).

3.1.2 Prozessorientierte Betriebsanalyse

Während bei der Ressourcenanalyse eine statische Aufnahme von Daten und Informationen zum Zeitpunkt X vorgenommen wird, geht es bei der prozessorientierten Analyse um eine zeit- und phasenorientierte Bewertung. Diese eignet sich, aufgrund des ausgesprochenen Dienstleistungscharakters der Branche, besonders für Tourismus- und Freizeitunternehmen. Denn hier ist eine objektive, mit Kennzahlen zu belegende Bewertung der Leistungen zumeist nicht möglich. Sehr wohl können Dienstleistungsprozesse jedoch einer qualitätsbezogenen Analyse und Bewertung unterzogen werden. Ein Ansatz, der in diesem Zusammenhang bereits sehr hohe Verbreitung und Akzeptanz im Tourismus- und Freizeitbereich erlangt hat, ist das Qualitätsmanagement.

Exkurs: Qualitätsmanagement in Tourismus und Freizeit

Das Qualitätsmanagement wird an dieser Stelle zwar im Zusammenhang mit der internen Analyse eines Unternehmens dargestellt. Jedoch ist es als ein **ganzheitlich orientierter Ansatz** zu verstehen, der zu den Kernaufgaben des Managements zählt.

Zitat ☐

„Qualität heißt, Erwartungen erfüllen"

*Hansruedi Müller (*1947), schweizer. Tourismuswissenschaftler*

Der Siegeszug des Qualitätsmanagements steht in engem Zusammenhang mit den allgemeinen Trends auf dem Tourismus- und Freizeitmarkt: zunehmender Konkurrenzdruck, Übersättigung der Märkte mit sich gleichenden Angeboten, Orientierung an der Masse und damit verbundene abnehmende Attraktivität sowie der Bedarf an einer verstärkten Orientierung an den anspruchsvollen Gästebedürfnissen (vgl. Müller H. , 2004, S. 12f).

In der Tourismus- und Freizeitwirtschaft geht es dabei überwiegend um Dienstleistungen. Diese haben im Rahmen der Qualitätsdiskussion inzwischen große Bedeutung erlangt.

☐ Definition

„**Dienstleistungsqualität** ist die Fähigkeit eines Anbieters, die Beschaffenheit einer primär intangiblen und der Kundenbeteiligung bedürfenden Leistung gemäß den Kundenerwartungen auf einem bestimmten Anforderungsniveau zu erstellen" (Bruhn, 2008, S. 38).

Die Definition berücksichtigt alle Merkmale von Dienstleistungen (Integration des externen Faktors, Immaterialität, Uno-actu-Prinzip). Denn diese stellen sich als besondere **Herausforderungen für ein Qualitätsmanagement** dar:

[1] Eine Endkontrolle der Leistung vor „Auslieferung" an den Kunden ist bei Services nicht möglich.

[2] Das Kundenverhalten stellt eine mögliche zusätzliche Fehlerquelle bei der Leistungserstellung dar.

[3] Ein einmal aufgetretener Fehler ist nachträglich schwer zu beseitigen.

[4] Das wahrgenommene Risiko bei Dienstleistungen erhöht die Bedeutung der *Experience Qualities*, d.h. der eigenen Erfahrungen mit den angebotenen Leistungen.

Für den **Kunden** vollzieht sich die Beurteilung von Qualität meistens nach denselben Kriterien. Gute Servicequalität bedeutet für sie, die **eigenen Erwartungen zu übertreffen**, d.h. es geht um die Differenz zwischen erwarteter und tatsächlich erbrachter oder wahrgenommener Leistung. Beeinflusst werden die Erwartungen der Kunden dabei von verschiedenen Aspekten (vgl. Müller H., 2004, S. 23f):

- Mund-zu-Mund-Empfehlungen
- persönliche Situation und Bedürfnisse der Kunden
- vergangene Erfahrungen mit dem Anbieter
- Kommunikation des Anbieters.

Zeithaml, Parasuraman & Berry (1992, S. 202) haben auf der Basis vielfältiger Untersuchungen **fünf Schlüsseldimensionen** der Servicequalität herausgearbeitet, verbunden mit entsprechenden Eigenschaften, die erfüllt sein müssen, um hervorragende Qualität zu kennzeichnen. Dieser Erklärungsansatz zur Messung der Dienstleistungsqualität wird auch als **SERVQUAL-Modell** (Kunstwort aus Service und Qualität) bezeichnet:

- Die **Zuverlässigkeit** (Reliability) eines Betriebes, die versprochenen Leistungen zeitlich und qualitativ erfüllen zu können.
- **Leistungs- und Fachkompetenz** (Competence) als Versicherung, dass die in Aussicht gestellte Leistung fachgerecht und rasch erbracht werden kann.
- **Freundlichkeit und Entgegenkommen** (Responsiveness) als Fähigkeit der Mitarbeiter eines Betriebes, auf Kundenwünsche einzugehen und diese zuvorkommend erfüllen zu können.

- **Einfühlungsvermögen** (Empathy) als Fähigkeit der Mitarbeiter eines Betriebes, sich in die Kunden einzufühlen und die Erwartungen und Bedürfnisse zu erkennen.
- **Das materielle Umfeld** (Tangibles) des Betriebes, bezüglich der technischen Ausstattung, angenehmer Einrichtung, der Kleidung der Mitarbeiter bis zur Gestaltung der Kommunikationsmedien.

Das **GAP-Modell**, das ebenfalls von Zeithaml, Parasuraman und Berry entwickelt wurde, eignet sich in besonderer Weise für die qualitätsbezogene Analyse und Bewertung von Dienstleistungsprozessen. Es erfasst und erklärt die möglichen Ursachen für nicht zufriedenstellende Qualität, d.h. an welcher Stelle des Serviceprozesses eine Differenz (engl.: *gap*) zwischen der erwarteten und der wahrgenommenen Leistung entsteht (vgl. Abb. 16).

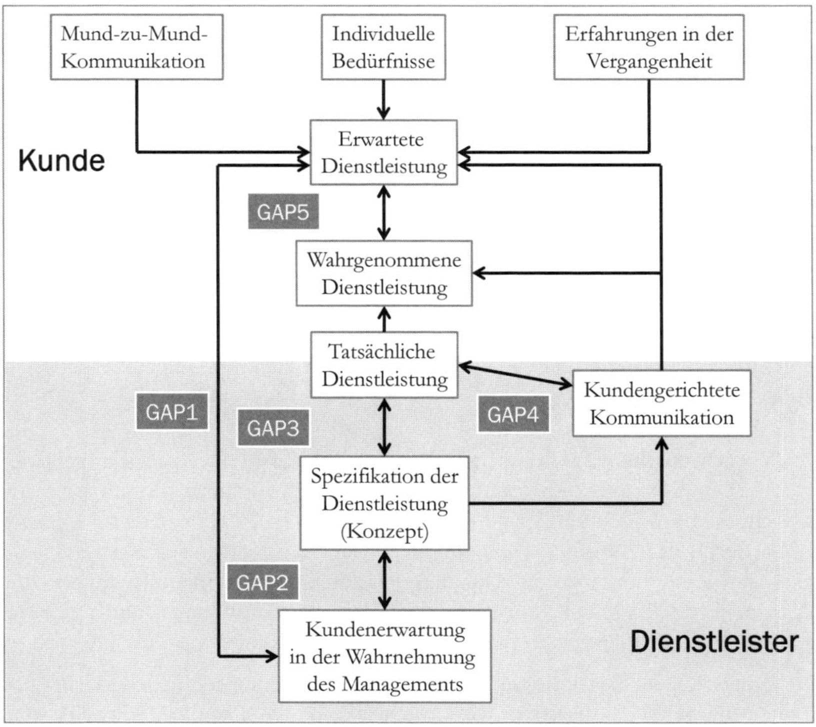

Abb. 16: GAP-Modell (Hartmann, 2010a, S. 149; nach Zeithaml, Parasuraman, & Berry, 1992, S. 62)

Grundlegend für das GAP-Modell ist eine Zweiteilung in die Ebene des Unternehmens und die des Kunden sowie die Darstellung von Konfliktbereichen in der Interaktionsbeziehung zwischen Unternehmen und Kunde bzw. innerhalb des Unternehmens. Die einzelnen Gaps, oder „Erwartungslücken", in den gegenseitigen Beziehungen zwischen Anbieter und Kunde stellen sich wie folgt dar (vgl. Zeithaml, Parasuraman, & Berry, 1992):

- GAP 1: Tatsächliche und durch das Management wahrgenommene Kundenerwartungen weisen eine Diskrepanz auf. Die Ursachen können mangelnder Kundenkontakt oder ungenügende Marktforschung sein.
- GAP 2: Wahrgenommene Gästeerwartungen und anschließende Umsetzung in der Beschreibung der Leistungsqualität differieren. In diesem Fall ist ggf. die interne Kommunikation mangelhaft.
- GAP 3: Beschreibungen der Leistungsqualität und die tatsächliche Leistungserstellung weisen Diskrepanzen auf. Hier kann es an der mangelnden Qualifikation und/oder Motivation der Mitarbeiter liegen, oder die technische Ausstattung ist nicht ausreichend.
- GAP 4: Tatsächlich erbrachte Leistung und kundengerichtete Kommunikation weichen voneinander ab. Mangelhafte unternehmensinterne Kommunikation oder missverständliche Werbeaussagen können hier die Ursache sein.
- GAP 5: Kundenerwartungen und tatsächlich erbrachte Leistungen weisen aus der subjektiven Wahrnehmung / dem Erleben des Kunden Unterschiede auf.

Eine weitere Lücke, die im Modell nicht beschrieben ist, kann theoretisch auch zwischen der vermeintlich objektiv erbrachten Leistung und der vom Kunden subjektiv wahrgenommenen/erlebten Leistung auftreten (Kühn 1998 zitiert in Müller H. , 2004, S. 31).

Das **Verfahren des Qualitätsmanagements** ist auf die gesamte Organisation bezogen, im Bemühen um ständige Verbesserung, orientiert an den legitimen Bedürfnissen der Kunden. Es gibt formale Verfahren, bei denen sich Organisationen durch das Zertifikat einer unabhängigen und hierfür autorisierten Stelle bestätigen lassen, dass sie ein Qualitätssicherungssystem eingeführt haben und alles zur Erreichung der Qualitätsziele Notwendige tun und dokumentieren. Diesem Konzept folgt die Normenreihe DIN-EN 9000 ff.

Ein umfassendes Qualitätsmanagement, das alle Unternehmensbereiche und jeden Mitarbeiter einbezieht, wird auch als **Total Quality Management (TQM)** bezeichnet. Es ist ein langfristiges, integriertes Konzept, das die Qualität von Produkten und Dienstleistungen eines Unternehmens durch die Mitwirkung aller Mitarbeiter termingerecht und zu günstigen Kosten gewährleistet sowie kontinuierlich verbessert, um eine optimale Bedürfnisbefriedigung der Konsumenten zu ermöglichen. Müller, H. (2004, S. 43f) hat einige Grundsätze festgehalten, an denen sich das TQM orientiert:

- **Gästeorientierung**: Optimales Erfüllen der Gästebedürfnisse als zentrales Motiv.
- **Führungsverantwortung**: TQM-Philosophie muss von der Unternehmensleitung initiiert, vorgelebt und am Laufen gehalten werden.
- **Mitarbeiterorientierung**: Motivation und Qualifikation der Mitarbeiter als Schlüsselfaktor, denn nur zufriedene Mitarbeiter können dauerhaft qualitativ hochwertige Leistungen erbringen.
- **Umweltorientierung**: TQM leistet aktiven Beitrag zur Verbesserung der Umweltsituation und Lebensqualität.
- **Prozessdenken**: Dienstleistung als Leistungsprozess, der aus vielen Arbeitsvorgängen besteht. Die Qualität der Einzelprozesse bildet somit die Qualität des Ganzen.
- **Verbesserungsprozess**: Auftretende Fehler als Chance für Verbesserungen erkennen und nutzen. Damit können Arbeitsprozesse Schritt für Schritt optimiert werden.
- **Systematisches Vorgehen**: TQM ist als geplantes und systematisches Projektmanagement mit entsprechenden Instrumenten, Organisationsstrukturen, Kompetenzen und Verantwortlichkeiten umzusetzen.

Im Bereich des Tourismus und der Freizeit gibt es inzwischen sehr viele Beispiele für die Umsetzung des Qualitätsmanagements. Der Deutsche Tourismusverband hat eine Aufstellung zahlreicher **Qualitätsinitiativen** im Deutschlandtourismus vorgenommen (vgl. DTV, 2013) (vgl. Tab. 6).

Kategorien von Qualitätsinitiativen	Beispiele
Klassifizierung	Klassifizierungssystem zur Qualitätsverbesserung und -sicherung des Infrastruktur-, Dienstleistungs- und Serviceangebotes auf **Camping- und Freizeitanlagen.**
Zertifizierung	Die **DTV i-Marke** ist eine Zertifizierung für **Touristinformationen** mit dem Ziel der neutralen Vor-Ort-Prüfung der Ausstattung und Infrastruktur, des Angebots- und Leistungsspektrums sowie der Informations- und Beratungsqualität.
Qualifizierung	**„Q" – ServiceQualität Deutschland:** Bundesweites Siegel, das ursprünglich für den Tourismus erarbeitet wurde, sich aber zu einem Qualitätsmanagement für alle Dienstleister entwickelt hat.
Informationssysteme	**DTV Sterneferien**: Deutschlandweit das einzige Portal, das ausnahmslos vom Deutschen Tourismusverband geprüfte Ferienunterkünfte präsentiert.

Tab. 6: Beispiele für Qualitätsinitiativen (eigene Darstellung; nach DTV, 2013)

3.2 Marktanalyse

Unter Berücksichtigung der Erkenntnisse aus der Unternehmensanalyse und der Umweltanalyse, als dritter Säule der Marketinganalyse, nimmt die Marktanalyse (mikroökonomische Analyse) eine zentrale Rolle ein. Sie richtet den Blick auf alle marketingrelevanten Faktoren des Tourismus- und Freizeitmarktes, sowohl auf das Angebot als auch die Nachfrage bezogen. Hierzu bedarf es als erstem Schritt einer Abgrenzung des für das jeweilige Unternehmen relevanten Marktes.

3.2.1 Marktabgrenzung

Die Marktabgrenzung stellt den Ausgangspunkt aller darauf folgenden strategischen Marketingentscheidungen wie der Marktsegmentierung (als Marktwahlstrategie) oder der Festlegung strategischer Geschäftseinheiten dar. Deshalb soll dieses Thema als Auftakt zu allen marktbezogenen Überlegungen der Marketingplanung weiter vertieft werden.

Bei der Abgrenzung des Marktes geht es generell darum, festzulegen anhand welcher Kriterien der relevante Markt von nicht relevanten Bereichen des Marktes gefiltert werden kann. Dazu ist es notwendig zu wissen, was für die Kauf- und Verkaufsentscheidung von Produkten und Dienstleistungen bedeutsam ist. Jeder Anbieter muss aus der Fülle der Angebote im Tourismus- und Freizeitmarkt diejenigen herausfiltern, die für das Unternehmen oder die aktuelle Aufgabe von Bedeutung sind – **es gilt den Markt zu verkleinern!**

Meffert et al. (2012, S. 185) unterscheiden grundsätzlich drei sich überlagernde **Abgrenzungskriterien**:

- **Sachlich:** Mit welchen Produkten/Leistungen trete ich in den Wettbewerb? – Z.B. im Markt für Freizeitbäder, für Lern- und Erlebniswelten oder für Freizeitparks?
- **Zeitlich:** Wann biete ich meine Leistungen an? – Ganzjährig, nur saisonal oder am Wochenende?
- **Räumlich:** Sollen meine Produkte/Leistungen auf einem lokalen, regionalen, internationalen oder globalen Markt angeboten werden? – Welches ist mein potenzielles Einzugsgebiet?

Andere Ansätze zur Abgrenzung des relevanten Marktes basieren zumeist auf einer objektbezogenen Untergliederung (Anbieter, Güter/Dienstleistungen, Nachfrager). Hier ist folgender Ansatz auch für den Tourismus- und Freizeitmarkt denkbar (vgl. Bruhn, 2012, S. 20):

- **Anbieterbezogen**: Unternehmen einer bestimmten Angebotsgruppe oder Branche (z.B. mittelständische Reiseveranstalter, neue Erlebniswelten, Nonprofit-Sportanbieter)
- **Produkt- und leistungsbezogen**: Produkte oder Produktgruppen als relevante Merkmale (z.B. Heimatkunde-Sammlungen, Studienreisen, Fitnessangebote)
- **Bedürfnisorientiert bzw. auf den Kundennutzen bezogen:** Mit Produkten verbundene kundenseitige Bedürfnisse (z.B. Bildung, Unterhaltung, Gesundheitspflege)
- **Kundenbezogen:** soziodemographische Merkmale der Nachfrager, wie Alter, Familiensituation, Einkommen (z.B. Billig- vs. Luxusmarkt, Kinder- vs. Seniorenmarkt oder im B2B-Bereich Großkunden- vs. Gelegenheitskundenmarkt).

Den Vorgang der Marktabgrenzung, bei dem eine Verkleinerung oder Eingrenzung des gesamten Marktes erfolgt, indem nicht-relevante Marktbereiche „aussortiert“ werden, bezeichnet Freyer (2011, S. 177) auch als **Makro*abgrenzung*** oder **-segmentierung**. Hier wird der Markt bestimmt und es geht um die Identifizierung von Gemeinsamkeiten. Das Ergebnis, der relevante Markt, stellt die „Rohmasse“ dar, die im weiteren Prozess des strategischen Marketings weiter bearbeitet werden muss (**Mikroabgrenzung** oder ***-segmentierung***). Bei diesem Arbeitsschritt geht es um die zielgruppenbezogene Aufteilung des relevanten Marktes nach bestimmten Unterscheidungskriterien (vgl. Kap. 4.2.2 und Abb. 17).

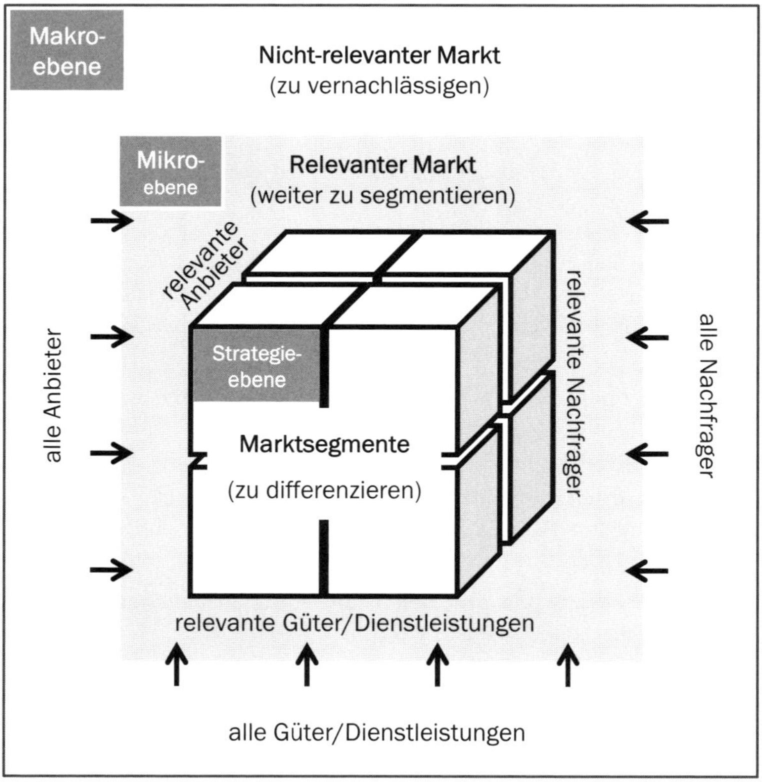

Abb. 17: Marktabgrenzung und Segmentierung (eigene Darstellung; angelehnt an Freyer, 2011, S. 179)

3.2.2 Konsumenten-Marktforschung

Im Bereich der touristischen Marktforschung, die weitgehend auch für den Freizeitmarkt relevant ist, gibt es eine Fülle von Formen und Methoden, die je nach Untersuchungsobjekt und -raum, Branche, zeitlichen Anforderungen etc. zur Anwendung kommen können (vgl. Abb. 18).

☐ Definition

> „Unter **Marktforschung** soll die systematische Erhebung, Analyse und Interpretation von Informationen über Gegebenheiten und Entwicklungen auf Märkten verstanden werden, um relevante Informationen für Marketing-Entscheidungen bereitzustellen“ (Weis & Steinmetz, 2008, S. 16).

Grundsätzlich lassen sich in Bezug auf die Form der Informationsgewinnung Methoden der **Sekundärforschung**, die auf bereits existierende Informationsquellen zurückgreifen, von denen der **Primärforschung**, die mit der Erhebung von neuen Informationen verbunden sind, unterscheiden.

Bezogen auf das Erhebungsziel bzw. die Art der Messung können die quantitative und die qualitative Marktforschung unterschieden werden:

- Bei der **quantitativen Marktforschung** geht es um Zählbares, das sich auf einen abgeschlossenen Zeitraum bezieht, z.B. Häufigkeitsverteilungen. Die Nutzbarkeit der gewonnenen Informationen ist tendenziell kurz- bis mittelfristig angelegt. Hier werden überwiegend standardisierte Verfahren angewendet und auf die Repräsentativität (für eine bestimmte Bevölkerungsgruppe) geachtet.
- Die **qualitative Marktforschung** wird auch als psychologische Marktforschung bezeichnet und untersucht Einstellungen, Meinungen und Motive von Reisenden und Freizeitnutzern. Methodisch werden hier spezifische, nicht-standardisierte Verfahren angewendet.

Weitere Untergliederungen und Varianten der Marktforschungsmethoden sind der Abb. 18 zu entnehmen.

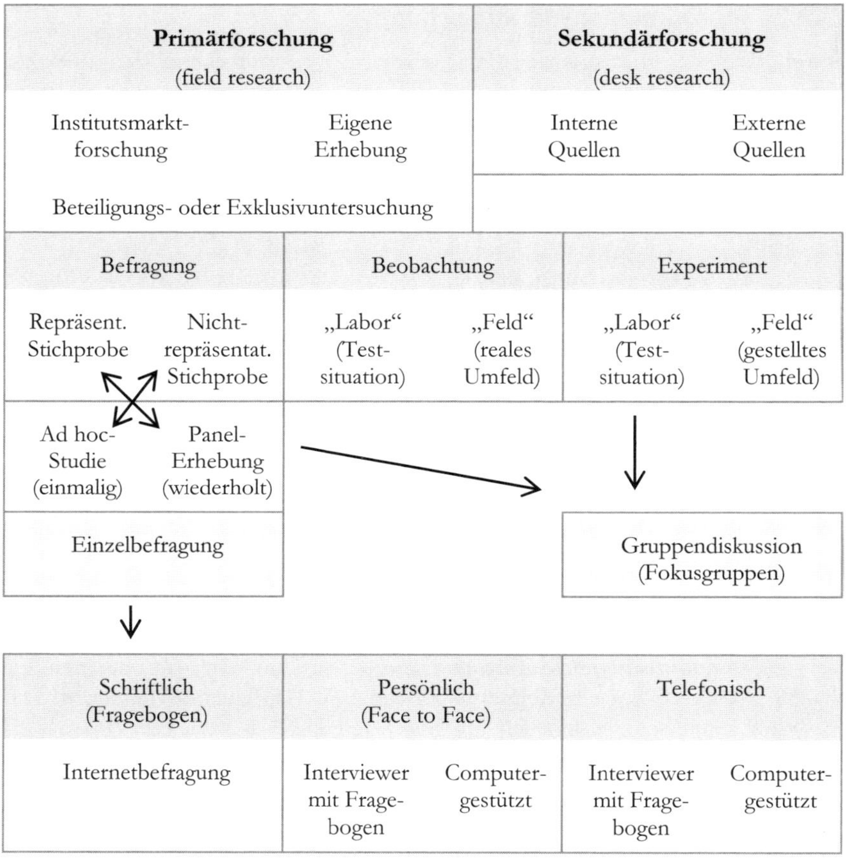

Abb. 18: Methoden der Marktforschung (eigene Darstellung; nach Seitz & Meyer, 2006, S. 9)

Gütekriterien von Messungen

Völlig unabhängig von der Erhebungsmethode und der Anzahl der zu beschaffenden Informationen unterliegt die Gewinnung von Informationen im Rahmen der Marktforschung immer den drei folgenden Gütekriterien für die Qualität von Messvorgängen: Reliabilität, Objektivität und Validität.

Reliabilität beschreibt den Grad der **Zuverlässigkeit**, mit dem ein bestimmtes Merkmal gemessen wird, bzw. die Unabhängigkeit eines Ergebnisses von einem einzelnen Messvorgang. Eine Messung ist als reliabel zu bezeichnen, wenn sie bei nicht veränderten Messbedingungen wiederholbar ist. D.h. die Ergebnisse bleiben bei wiederholten Messungen des gleichen Merkmals konstant, vorausgesetzt die reale Merkmalsausprägung bleibt ebenfalls unverändert.

Validität (Gültigkeit) bezieht sich auf die materielle Genauigkeit einer Messung. Sie ist dann valide, wenn sie das Merkmal misst, welches sie messen soll (oder welches sie zu messen scheint).

Objektivität einer Information bedeutet, dass diese frei von subjektiven Einflüssen ist. Sie ist gegeben, wenn unterschiedliche Personen unter Verwendung des gleichen Messinstrumentes zu den gleichen Ergebnissen gelangen. Das gilt sowohl für die Durchführung einer Untersuchung, als auch die Auswertung der erhobenen Daten und die Interpretation der Ergebnisse.

Die Qualität von Informationen bzw. Analyseergebnissen ist von allen drei Kriterien abhängig, denn sie sind auch untereinander verbunden (vgl. Weis & Steinmetz, 2008, S. 28 und Seitz & Meyer, 2006, S. 94f).

Marktforschungsprozess

Genau wie das Marketing als Ganzes einen bestimmten Prozesscharakter aufweist, kann auch der Ablauf einer empirischen Untersuchung im Rahmen der Marktforschung prozesshaft dargestellt werden (vgl. Abb. 19).

Ausgangsbasis ist immer die Formulierung des **Marketingproblems** und einer entsprechenden **Zielsetzung** der Forschung. Im nächsten Schritt muss der genaue Umfang und die Art des Informationsbedarfs festgelegt werden, um dann zu entscheiden wie die weitere Vorgehensweise aussieht: Wer führt die Untersuchung durch? – Welche sind die Informationsquellen?

Es folgt die Erarbeitung des **Untersuchungsdesigns**, mit der Art der Erhebung (z.B. Befragung), der Gestaltung des Erhebungsrahmens (z.B. Größe der Stichprobe, einmalige Befragung) sowie der Erhebungsmethode (z.B. mündliche Einzelbefragung).

Schließlich werden die **Daten erhoben, aufbereitet** und **ausgewertet**. Hier bedarf es genauer Überlegungen bezüglich des Zeitpunktes (ggf. zu verschiedenen Saisonzeiten), der Dauer (z.B. Tage, Wochen) und des Vorgehens (Orte der Befragung, Auswahl der Probanden etc.). Auch die Analyse- und Auswertungsverfahren (einfache Auszählung, Korrelationen, Clusterbildung etc.) müssen an die Zielsetzungen der Untersuchung angepasst werden. Am Ende des Prozesses steht ein **Marktforschungsbericht** und der Abgleich der gewonnenen Informationen mit dem Informationsbedarf.

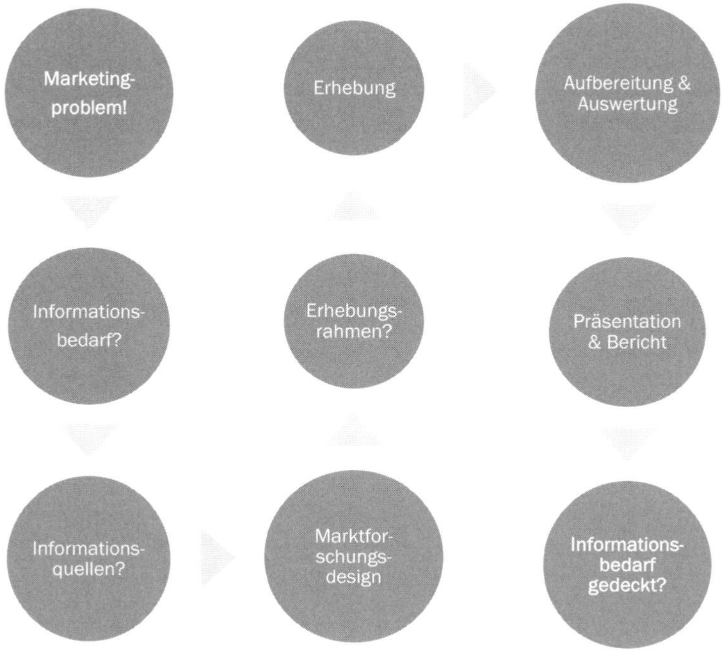

Abb. 19: Ablauf eines Marktforschungsprozesses (eigene Darstellung; nach (Berekoven, Eckert, & Ellenrieder, 2009, S. 32)

Sekundärforschung

Im Rahmen der Sekundärforschung (auch *Desk Research*) beginnt man, sich systematisch mit bereits vorhandenen Informationen, statistischen Daten, Gutachten und anderen Unterlagen zu beschäftigen, die eine Relevanz für die Ziele der eigenen touristischen Marketingforschung besitzen. Diese Informationen sind entweder **intern** im eigenen Unternehmen verfügbar oder müssen **extern** beschafft werden. War man bis in die 1990er Jahre allein auf gedruckte Quellen angewiesen, so findet die Suche heute vermehrt online als **Internet-Research** statt. Das hat Vor- und Nachteile: Auf der einen Seite gibt es online eine unendliche Fülle und große Verfügbarkeit von Informationen, auf der anderen Seite erfordert diese Angebotsfülle eine sehr akribische und kritische Auswahl von spezifisch relevanten und vor allem glaubwürdigen, d.h. nutzbaren Daten.

Für viele wissenschaftliche bzw. marketingbezogene Fragestellungen kann es bereits ausreichen, eine intensive Sekundärforschung zu betreiben. In der Regel erfolgt diese auch im Unternehmen selbst. Folgende Vor- und Nachteile sind dabei zu berücksichtigen:

Vorteile	Sekundärforschung Nachteile
+ kostengünstiger als Primärerhebungen + Beschaffung von Daten geht i.d.R. schneller + ermöglicht das generelle Einarbeiten in eine Untersuchungsfrage + dient der Vorbereitung und Unterstützung der Primärforschung	- Daten sind oft nicht mehr aktuell und schwer miteinander vergleichbar - Passgenauigkeit der Daten ist ggf. gering, da diese für andere Zwecke erhoben wurden - Informationen sind ggf. zu wenig aussagekräftig und detailliert - kein Informationsvorsprung, da potenziell alle Zugriff zu den Informationen haben

Tab. 7: Vor- und Nachteile der Sekundärforschung (eigene Darstellung; nach Seitz & Meyer, 2006, S. 12)

Neben den **internen Informationsquellen**, wie z.B. Umsatzstatistiken, Auslastungszahlen, Kundendaten, haben die **externen Informationsquellen** eine besondere Bedeutung für marketingrelevante Fragestellungen. Aufgrund der unendlichen Fülle zur Verfügung stehender Daten – v.a. im Internet – ist es wichtig, sich vor der eigentlichen Recherche genau über die entsprechende Fragestellung und Zielsetzung der jeweiligen Marketingforschung klar zu sein. Nur dann kann eine systematische Suche nach geeigneten Daten und Informationen erfolgen.

Daher ist die **Verwendbarkeit** gefundener Sekundärdaten immer kritisch zu hinterfragen. Das betrifft auch die Datenquelle bzw. den Urheber einer Information: Aus welchen Motiven heraus wurden die Daten erhoben? Und verfolgt der Urheber mit der Publikation der Daten bestimmte Zwecke? Diese Fragen sollten bei jeder Informationsrecherche egal ob online oder offline mitschwingen!

Zitat ☐

„Traue keiner Statistik, die du nicht selbst gefälscht hast."

Urheber unbekannt

Als externe Informationsquellen, die i.d.R. gedruckt und online vorliegen, sind für den Tourismus- und Freizeitbereich folgende von Bedeutung (Auswahl):

- **Amtliche Statistiken** auf verschiedenen Ebenen: Städte und Gemeinden, Länder (statistische Landesämter), Bund (Statistisches Bundesamt), Europa (Eurostat), Global (UNWTO) u.a.
- **Privatwirtschaftlich erhobene Daten**: z.B. Deutsche Veranstalter in Zahlen (FVW Medien), Statistiken des DEHOGA, DTV und DRV, Statistiken der Industrie- und Handelskammern (IHK) oder Marktforschungen wie z.B. die Reiseanalyse der FUR, die Deutsche Tourismusanalyse und Freizeit-Monitor der Stiftung für Zukunftsfragen und das Sparkassen-Tourismusbarometer
- **Fachzeitschriften**: z.B. FVW, Touristik aktuell, Travel One
- **Wissenschaftliche Fachjournale und Periodika**: TW Zeitschrift für Tourismuswissenschaft (seit 2009), Schriften zu Tourismus und Freizeit (DGT-Reihe), Studien zur Freizeit- und Tourismusforschung, Spektrum Freizeit u.a.
- **Internationale Fachjournale:** Annals of Tourism Research, Tourism Management, Tourism Geographies, Journal of Leisure Studies, Journal of Leisure Research u.v.m.
- **Medienforschung**: z.B. Allensbacher Werbeträger-Analyse (AWA), ARD-ZDF-Onlinestudie, G+J Media Sales, F.A.Z.-Institut für Management-, Markt- und Medieninformationen.

Darüber hinaus gibt es je nach Fragestellung und Anforderungen an die entsprechenden Daten und Informationen eine Vielzahl von weiteren amtlichen Stellen, Verbänden, Organisationen und privaten Unternehmen, bei denen Marktforscher in Bezug auf Konsumenten- aber auch vergleichenden Unternehmensdaten fündig werden können. Diese Daten werden teilweise auch auf (kostenpflichtigen) Datenbanken zur Verfügung gestellt (vgl. Seitz & Meyer, 2006, S. 16ff). Abschlussarbeiten (Bachelor-, Masterthesis oder Doktorarbeiten) sowie Projektberichte von Universitäten und Hochschulen sind als zusätzliche Quellen der Sekundärforschung zu betrachten.

Um die Vielfalt der gewonnenen Sekundärdaten für die eigentliche Informationsgewinnung nutzbar zu machen, bedarf es der **empirischen Inhaltsanalyse**. Diese Auswertungsmethode beinhaltet die vorherige Festlegung von Merkmalskategorien, die in gefundenen Quellen identifiziert und für die weitere Analyse codiert werden. Das kann in verschiedener Weise erfolgen (vgl. Kromrey, 2009, S. 320f):

- **Frequenzanalyse**: einfache Klassifikation der Textelemente und Auswertung der Häufigkeit des Auftauchens
- **Valenzanalyse**: Frequenz + Berücksichtigung der Bewertungstendenzen im Text

- **Intensitätsanalyse**: Frequenz + Valenz + Stärke der Bewertungstendenzen wird auf einer Intensitätsskala nachvollziehbar dargestellt
- **Kontingenzanalyse**: Auftauchen von Textelementen wird im Zusammenhang mit anderen Elementen untersucht.

Das Verfahren der empirischen Inhaltsanalyse wird sowohl in der Sekundär- als auch der Primärforschung zur Auswertung von Informationen verwendet.

Primärforschung

Die Primärforschung – auch als **Feldforschung** bezeichnet – wird erst dann notwendig, wenn eine gegebene Fragestellung zu einem Marketingproblem nicht mittels vorhandener oder erreichbarer Sekundärdaten beantwortet werden kann. Die Methoden der Primärforschung im Tourismus- und Freizeitbereich sind weitgehend aus der **empirischen Sozialforschung** entlehnt (vgl. Kromrey, 2009 und Lamnek, 2010).

Make-or-buy-Entscheidung: Grundsätzlich stellt sich bei der Primärforschung zunächst die Frage, ob eine **unternehmenseigene Marktforschung** erfolgen kann oder auf eine **Institutsmarktforschung** zurückgegriffen werden soll. Eine weitere Differenzierung erfolgt dann ggf. nach dem Kriterium, ob eine Untersuchung exklusiv oder in Form einer Beteiligung erfolgt (vgl. Abb. 18). Häufig werden für die Primärforschung auch Marktforschungsberater hinzugezogen oder die Untersuchungen laufen in Kooperation mit Berufsorganisationen/-verbänden.

Beim Ablauf einer Primärforschung sind drei wesentliche Arbeitsschritte zu unterscheiden, die im folgenden Abschnitt näher erläutert werden:

[1] das Auswahlverfahren,

[2] die Wahl der Erhebungsmethode und

[3] das Auswertungsverfahren.

Auswahlverfahren und Stichproben

Bei jeder Untersuchung muss zunächst die Frage beantwortet werden, ob es möglich bzw. gewünscht ist, alle Elemente einer Grundgesamtheit (**Vollerhebung**) oder nur eine Teilmenge der Grundgesamtheit (**Teilerhebung**) einzubeziehen. In der Marktforschungspraxis werden fast ausschließlich Teilerhebungen durchgeführt, weil die Grundgesamtheit entweder nicht exakt zu identifizieren ist oder eine Vollerhebung zu umfangreich bzw. kostenintensiv wäre.

☐ Definition

Als **Grundgesamtheit** gilt die „Menge aller potenziellen Zielpersonen für eine Untersuchung“. Sie bedarf einer exakten sachlichen, räumlichen und zeitlichen Abgrenzung. Bei Stichprobenverfahren ist die Grundgesamtheit der Gegenbegriff zur **Stichprobe** (Teilerhebung); die Resultate der Stichprobe werden auf die Grundgesamtheit übertragen (vgl. Kamps, 2013).

Entscheidet man sich für eine Teilerhebung, so geht es im nächsten Schritt darum, eine möglichst **repräsentative Stichprobe** aus der Grundgesamtheit zu ziehen. Das ist notwendig, um die Ergebnisse der Teilerhebung „hochrechnen“ bzw. mit einer hohen Sicherheit auf die Verhältnisse in der Gesamtpopulation übertragen zu können (quantitative und qualitative Übertragung).

☐ Definition

Repräsentativität: „Eine Teilmasse ist repräsentativ, wenn sie in der Verteilung aller interessierenden Merkmale der Gesamtmasse entspricht, d.h. ein zwar verkleinertes, aber sonst wirklichkeitsgetreues Abbild der Gesamtheit darstellt“ (Berekoven, Eckert, & Ellenrieder, 2009, S. 45).

Die **Fehlerwahrscheinlichkeit** einer Erhebung kann durch einen großen Umfang der Stichprobe und das Erreichen einer hohen Repräsentativität gesenkt werden. Bei quantitativen Untersuchungen mit bekannter Grundgesamtheit ist die Fehlertoleranz sogar berechenbar. Der notwendige Umfang einer Stichprobe ist dabei jedoch unabhängig vom Umfang der Grundgesamtheit. Die Tatsache, dass bundesweit repräsentative Umfragen schon mit einer Stichprobengröße von etwas über 1.000 Probanden möglich sind, ist nicht übertragbar auf Befragungen in kleineren Einheiten. Denn dann würde für repräsentative Befragungen in einer Mittelstadt mit 80.000 Einwohnern schon ein Interview ausreichen! (vgl. Seitz & Meyer, 2006, S. 94f und Weis & Steinmetz, 2008, S. 84ff).

„Die **Güte einer Stichprobe** wird also nicht von ihrer Relation zur Grundgesamtheit, sondern von ihrem absoluten Umfang bestimmt“ (Berekoven, Eckert, & Ellenrieder, 2009, S. 57f).

Im Rahmen der weiteren **Stichprobenplanung** ist zwischen zufallsorientierten und nicht-zufallsorientierten Auswahlverfahren zu unterscheiden (vgl. Weis & Steinmetz, 2008, S. 79ff):

Bei der **Zufallsauswahl** werden die in die Stichprobe aufzunehmenden Einheiten nach dem Zufallsprinzip bestimmt. D.h. jede Erhebungseinheit hat eine berechenbare Wahrscheinlichkeit, in die Stichprobe zu gelangen. Je höher die Zahl der zufällig ausgewählten Einheiten, desto höher ist die Wahrscheinlichkeit, dass die Genauigkeit der Teilerhebung der einer Vollerhebung entspricht.

- Bei der **einfachen Zufallsauswahl** müssen alle Elemente der Grundgesamtheit die gleiche Chance haben, in die Stichprobe aufgenommen zu werden.
- Die **geschichtete Zufallsauswahl** wird angewendet, wenn die Grundgesamtheit verschiedene unterschiedliche Teilgesamtheiten (“Schichten“) enthält (z.B. Altersgruppen). Aus jeder Schicht werden dann unabhängig voneinander Stichproben gezogen.
- Die **Klumpenauswahl** ist ein mehrstufiges Verfahren, bei dem die Grundgesamtheit in sog. „Klumpen“ aufgeteilt wird (z.B. Betriebe, Haushalte). Diese Klumpen werden dann, anstatt ihrer einzelnen Elemente, zur Auswahleinheit.

Bei den **nicht-zufallsorientierten Verfahren** erfolgt die Auswahl der Erhebungseinheiten nach logischen Erwägungen auf Basis sachlich-relevanter Merkmale. Das Vorgehen ist damit **subjektiv** und es kann keine Fehlerwahrscheinlichkeit errechnet werden.

- Bei der **willkürlichen Auswahl** (Auswahl auf´s Geratewohl) werden irgendwelche Personen aus der Grundgesamtheit befragt (z.B. Passantenbefragung). Es handelt sich hierbei <u>nicht</u> um eine Zufallsstichprobe, sondern eben eine willkürliche Befragung von nicht-repräsentativen Teilgruppen, die zum Zeitpunkt X am Ort Y verfügbar sind. Die leichte Durchführbarkeit macht dieses Vorgehen jedoch zu einer beliebten Methode von Laien in der Praxis.
- Beim **Konzentrationsverfahren** wird nur ein zahlenmäßig kleiner Anteil der Grundgesamtheit untersucht, der einen sehr großen Anteil der Grundgesamtheit auf sich vereint. Der Rest der Grundgesamtheit wird vernachlässigt (z.B. bei klassischen „Frauenprodukten“).
- Bei der **typischen Auswahl** werden repräsentativ erscheinende Erhebungseinheiten ausgewählt (z.B. Musiktrends erforschen → Diskobesucher befragen).
- Die **Quotenauswahl** ist dadurch gekennzeichnet, dass für bestimmte Merkmale in der Stichprobe die Struktur der Grundgesamtheit nachgeahmt wird (z.B. wird bei einer Befragung eine bestimmte Anzahl von weiblichen Personen zwischen 20 und 30 Jahren, die in einem abgesteckten Areal wohnen, interviewt). Dieses Verfahren ist nur bei einer bekannten Grundgesamtheit möglich.

Erhebungsmethoden

Grundsätzlich können drei Methoden unterschieden werden, die bei Marktforschungen in Tourismus und Freizeit zum Einsatz kommen: die Befragung, die Beobachtung und das Experiment – als Variante der beiden ersten Formen.

[1] Befragung

Die Befragung stellt die **am häufigsten eingesetzte Methode** dar. Analog zu den geschilderten Auswahlmethoden gibt es die Möglichkeit, Befragungen einer repräsentativen oder einer nicht-repräsentativen Stichprobe vorzunehmen.

- **Repräsentativbefragungen** haben zumeist einen **quantitativen Charakter**, d.h. es werden große Stichproben befragt und die Ergebnisse können mit einer relativ geringen Fehlerquote auf die Grundgesamtheit bezogen werden (z.B. FUR Reiseanalyse).
- Die **nicht-repräsentative Auswahl** von Probanden bringt i.d.R. **qualitativ orientierte Ergebnisse** hervor. Es ist demnach kein sicherer Rückschluss auf die Grundgesamtheit möglich.

Eine weitere Differenzierung von Befragungen ist die nach der Häufigkeit. Hier können **Einmalbefragungen** (ad hoc-Studien) von **Mehrfachbefragungen** und – als Spezialform – **Panelbefragungen** unterschieden werden. „Unter einem Panel versteht man eine Erhebung bei einem bestimmten, gleichbleibenden Kreis von Personen über einen längeren Zeitraum bzw. in regelmäßigen zeitlichen Abständen über im Prinzip den gleichen Untersuchungsgegenstand" (Weis & Steinmetz, 2008, S. 175).

Die klassische Form der Befragung im Tourismus- und Freizeitbereich ist die **Einzelbefragung**. Daneben werden **Gruppenbefragungen** oder Gruppendiskussionen eher selten angewendet.

Als Kommunikationsformen haben sich das **schriftliche, mündliche** und das **telefonische Interview** herausgebildet. Diese können sowohl auf konventionellem Weg, d.h. mit einem persönlichen Interviewer und Fragebogen, als auch computergestützt (z.B. CATI = Computer Assisted Telephone Interviews) oder internetbasiert durchgeführt werden.

Meist werden telefonische Befragungen in „Telefonlabors" durchgeführt. Das Internet ermöglicht es inzwischen, von jedem Internetanschluss auf der Welt aus Interviews durchzuführen und potenziell jeden anderen Internetuser zu befragen.

[2] Beobachtung

In diesem Abschnitt geht es nicht um die Beobachtung von Marktgeschehnissen im Sinne eines Monitoring-Systems. Als Methode der empirischen Sozialforschung bzw. Datenerhebungsmethode versteht man unter Beobachtung, die **Erfassung der sinnlich wahrnehmbaren aktuellen Umwelt**. Im Tourismus- und Freizeitbereich geht es dabei zumeist um die Beobachtung von Personen, deren Verhaltensweisen und ggf. auch psychologische Prozesse, die durch bestimmte Aktivierungen ausgelöst werden.

Die naive Beobachtung ist zumeist unsystematisch, planlos und ohne klar definiertes Erkenntnisziel. Dagegen weist die **wissenschaftliche Beobachtung** folgende Kennzeichen auf (vgl. Weis & Steinmetz, 2008, S. 151):

- genau umschriebener Untersuchungsbereich
- planmäßiges Vorgehen
- bestimmtes Erkenntnisziel
- sinnlich wahrnehmbare Objekte bzw. Ereignisse als Beobachtungsgegenstand
- rezeptive Haltung bei der Beobachtung
- Registrierung des aktuellen Geschehens (z.B. Ton- oder Videoaufnahme).

In der Praxis werden einige **methodische Varianten** der Beobachtung unterschieden (vgl. Meffert, Burmann, & Kirchgeorg, 2012, S. 156f):

- **Fremd- vs. Selbstbeobachtung**
- **Persönliche vs. unpersönliche Beobachtung** (Erfassung durch einen Beobachter oder durch Geräte)
- **Teilnehmende vs. nicht teilnehmende Beobachtung** (sich auf einer Ebene mit der zu beobachteten Person bewegen oder auf die Wahrnehmung der Aktion derselben beschränken)
- **Offene bzw. verdeckte Beobachtung** (Versuchsperson kennt den Zweck und Gegenstand der Beobachtung oder wird – in lebensechten Situationen – im Ungewissen gelassen. Hier sind noch verschiedene Bewusstseinsgrade der Beobachtung möglich)
- **Feld- vs. Laborbeobachtung** (gewohnte Umgebung des Probanden vs. künstlich geschaffene Situationen).

[3] Experiment

Das Experiment stellt genau genommen kein eigenständiges Erhebungsverfahren dar, es ist nur eine bestimmte Gestaltungsform der (experimentellen) Befragung oder Beobachtung.

Mit einem Experiment soll überprüft werden, ob ein **Kausalzusammenhang** zwischen mindestens **zwei Faktoren** vorliegt. Um den Einfluss eines Faktors auf einen anderen zu ermitteln, wird dieser **Testfaktor** isoliert verändert, um seine Auswirkung auf den **Wirkfaktor** zu analysieren. Diese Experimente können unter Laborbedingungen oder im „Feld" erfolgen (vgl. Weis & Steinmetz, 2008, S. 67).

Im Tourismus- und Freizeitbereich werden Experimente als Marktforschungsmethoden nur vereinzelt genutzt. Das größte Problem bei Experimenten in sozialen Systemen ist es, alle Umweltfaktoren weitgehend auszuschließen und damit kontrollierte Bedingungen herzustellen.

Ein tourismusrelevanter Bereich, in dem experimentelle Verfahren im Feld eingesetzt werden, sind die sogenannten Testkäufe oder -beratungen z.B. in Reisebüros. Diese auch als **Mystery Shopping** oder Mystery Test bezeichnete Methode wurde primär für den Einzelhandel entwickelt, lässt sich aber problemlos auf jede Verkaufssituation übertragen. Es handelt sich um eine verdeckte, von Kriterien geleitete Beobachtung.

Mystery Shopper sind Testkunden, die für Mitarbeiter nicht erkennbar Dienstleistungssituationen simulieren, um so das tatsächliche Leistungsniveau einer Unternehmung zu bewerten. Durch die verdeckte, aber teilnehmende Beobachtung werden die subjektiv erlebten Sachverhalte auf eine möglichst objektive Ebene gebracht. Die Daten werden an der Kundenschnittstelle erhoben und dienen als Basis für inner- und außerbetriebliche Leistungsvergleiche, Schulungsmaßnahmen oder zur Messung der Service- oder Beratungsqualität als Ausgangspunkt der Qualitätsentwicklung (vgl. Bruhn, 2008, S. 133f).

☐ Fallbeispiel

FVW-Rubrik „Mystery Shopper"

Im fvw magazin, dem Branchenführer unter den Touristik-Fachzeitschriften, findet sich alle zwei Wochen eine Rubrik „Mystery Shopper". Diese erhebt zwar keinen Anspruch auf strenge Wissenschaftlichkeit, stellt jedoch ein sehr gutes Beispiel für die plakative Nutzbarkeit dieser Erhebungsmethode dar. Wechselweise werden dort in einem nicht-zufallsorientierten Verfahren willkürlich Reisebüros oder auch andere Dienstleister aus dem Tourismusbereich einem Mystery Check unterzogen. Der fvw-Mystery Shopper hat einen Kriterienkatalog und urteilt und gewichtet aus der Kundensicht. Im Fall der Untersuchung von Reisebüros beziehen sich die Kriterien auf die Verkaufssituation, das Produktwissen der Mitarbeiter, die Angebotspalette des Reisebüros, den Empfang sowie den Gesamteindruck des Shoppers. Dieser geht mit jeweils demselben Auftrag in die ausgewählten Reisebüros (z.B. Finca-Urlaub auf Mallorca zu Dritt mit Mietwagen). Die Ergebnisse des Checks werden – zumindest von den Testsiegern – gerne für die Werbung und PR genutzt! (vgl. fvw magazin, 2013).

Auswertungsverfahren

Die **Aufgabe** der Datenauswertung ist es, die erhobenen Daten bzw. Informationen zu ordnen, prüfen, analysieren und auf ein für die Entscheidungsfindung notwendiges und überschaubares Maß zu verdichten (aussagekräftige und informative Kenngrößen). Die **Methoden** der modernen Statistik ermöglichen dem Entscheidungsträger, die Daten auf verschiedenen Wegen zu analysieren. Die übliche Zweiteilung in der Statistik unterscheidet die **deskriptive** (beschreibende) von der **induktiven** (schließende bzw. auf Repräsentanz prüfende) Statistik.

Die **deskriptive Statistik** umfasst alle jene statistischen Verfahren, die sich mit der Aufbereitung und Auswertung der untersuchten Datenmenge befassen. Sie findet in der Tourismus- und Freizeitforschung vorwiegend Verwendung. Als Haupteinteilungskriterium dient die Anzahl der untersuchten Variablen (vgl. Meffert, Burmann, & Kirchgeorg, 2012, S. 168ff):

- Bei einer **univariaten Analyse** wird die Verteilung einer einzelnen Variable über alle Messelemente (Objekte) untersucht (z.B. absolute und relative Häufigkeit, Mittelwert, Standardabweichung).
- Bei einer **bivariaten Analyse** werden die Beziehungen zwischen zwei Variablen untersucht (z.B. Korrelationsanalyse oder Regressionsanalyse mit einer abhängigen und einer unabhängigen Variable, um Ursache-Wirkungsbeziehungen aufzudecken).
- **Bei multivariaten Verfahren** geht es um eine komplexere Analyse von Zusammenhängen zwischen mehr als zwei Variablen (z.B. Mehrfachregressionen, Clusteranalysen).

3.2.3 Konkurrenz-Marktforschung

Der Wettbewerb im Tourismus- und Freizeitbereich nimmt im Zuge der fortschreitenden Globalisierung und der rasanten Entwicklung der Informationstechnologien stetig zu. Um auf den stark übersättigten Märkten bestehen zu können sind neben genauen Kenntnissen über den potenziellen und tatsächlichen Kunden auch spezifische Kenntnisse über die **Konkurrenzsituation** notwendig. Das bezieht sich v.a. auf Branchenkenntnisse, d.h. Unternehmen, die gleiche oder ähnliche Produkte anbieten (relevanter Markt). Damit werden gleichzeitig Informationen über den gesamten Markt bzw. das entsprechende Kundenpotenzial gewonnen.

Indem die Aktivitäten, Strategien und die Strukturen der Mitbewerber auf dem relevanten Markt analysiert werden, kann das Unternehmen Hinweise auf eigene Stärken und Schwächen erhalten. Dabei geht es nicht darum, bei den erfolgreichen Mitbewerbern abzukupfern, sondern von den Konkurrenten zu lernen! Problematisch ist es häufig, ausreichend nützliche und aktuelle Informationen über seine Mitbewerber zu bekommen (vgl. Freyer, 2011, S. 214ff).

Benchmarking

Das Benchmarking ist ein im Tourismus inzwischen weit verbreitetes Instrument zur Analyse der Marktposition. Es wird auf verschiedenen Ebenen der strategischen Marketingplanung eingesetzt, von der anfänglichen Konkurrenzanalyse bis zum strategischen Controlling. Dabei sollen spezifische Kenntnisse über das Angebot oder die Performance in einem bestimmten Marktsegment erlangt werden. Die Ergebnisse dienen als Grundlage zur strategischen Weiterentwicklung des eigenen Leistungsprofils. Das Ziel eines Benchmarking-Prozesses ist es, durch den **Vergleich mit den „Klassenbesten"** der Branche, eigene Leistungslücken systematisch zu schließen. Im Vergleichsverfahren werden entsprechende Unterschiede sowie deren Ursachen festgestellt und gleichzeitig nach bestehenden Verbesserungsmöglichkeiten gesucht. **Es geht um das Lernen von anderen**, die besser aufgestellt sind als man selbst, und die Nutzung des erlernten Wissens für seine eigenen Bedarfe (vgl. Camp, 1994 und Töpfer, 1997).

Die Identifizierung der ***Best Practices*** auf dem Markt bietet auch für die Entscheidungsträger in Tourismus- und Freizeitinstitutionen praktikable Lösungsansätze für eine fundamentale **Verbesserung der eigenen Wettbewerbssituation**. Das Wissen um die Verfahren der Besten kann als Initialzündung genutzt werden, um damit eine Aufbruchsstimmung zu erzeugen. Natürlich müssen die anderswo erfolgreich umgesetzten Ideen und Strategien den Besonderheiten der eigenen Organisation angepasst und in das eigene Konzept integriert werden. Durch die extern gewonnenen Erkenntnisse sollen interne Lernprozesse in Gang gesetzt werden.

In der Praxis können verschiedene Typen von Benchmarking unterschieden werden: **Internes Benchmarking** stellt einen Vergleich innerhalb von Abteilungen, Geschäftseinheiten oder Filialbetrieben eines Unternehmens an. Beim **externen Benchmarking** werden Produkte oder Prozesse zwischen direkten oder indirekten Wettbewerbern verglichen. Bei der Verfahrensweise kann zwischen dem offenen Benchmarking (Bildung von Benchmarking-Pools) und dem verdeckten Benchmarking („heimliches" untersuchen der Vergleichspartner) unterschieden werden. Wobei die erste Variante zu fundierten und weniger lückenhaften Ergebnissen führt. Entscheidend ist es, **adäquate Vergleichspartner** auszuwählen, um im Ergebnis realistische Zielwerte zu erarbeiten.

Beim Benchmarking mit anderen Betrieben oder Destinationen steht immer die Frage der Informationsbeschaffung im Raum. Doch gerade in Tourismus und Freizeit werden die eigenen Wettbewerbsvorteile allzu gern kommuniziert, und die benötigten Informationsquellen sind oft frei zugänglich: Geschäftsbericht, Angebotsverzeichnis, Imagebroschüre, Internetauftritt, Anzeigenwerbung, Lokalpresse, Beiträge in Fachzeitschriften und Statistiken, um nur einige Quellen zu nennen. Des Weiteren liefern natürlich Expertengespräche vor Ort wichtige Daten für ein fundiertes Benchmarking (vgl. Hartmann, Schmidt, & Seibold, 2003). Im Zeitalter des Web 2.0 dienen auch Kundenbewertungen auf Online-Portalen oder die Präsenzen in Social Media als Informationsquellen für das Benchmarking.

Mit der einmaligen, zeitlich begrenzten Durchführung einer Benchmarking-Analyse und der nachgeschalteten Anpassung der eigenen Strategien und Maßnahmen darf der Prozess allerdings nicht als abgeschlossen betrachtet werden. Der Markt und demzufolge der Wettbewerb ist dynamisch. Benchmarking ist ein Prozess der Selbstverbesserung, der andauern muss, um effektiv zu sein. Er ist als kontinuierlicher Prozess anzulegen, denn die Praktiken der Branche ändern sich ständig (vgl. Hartmann, 2010a, S. 164f und Mertins & Kohl, 2011).

Zitat ☐

„In einer Umgebung ständiger Veränderung ist Selbstzufriedenheit tödlich."

Robert C. Camp, US-amerik. Ökonom

3.3 Umweltanalyse

Aus einer ganzheitlichen Perspektive betrachtet bewegen sich das Unternehmen und seine Kunden, Lieferanten, Absatzmittler, Wettbewerber (als Mikroumwelt) in einem noch weiteren Umfeld, der **Makroumwelt**. Diese beinhaltet Strukturen, Prozesse und Menschen, die zumeist nicht vom Unternehmen gesteuert werden können. Doch durch die zunehmende Komplexität und Dynamik der Weltwirtschaft und -gesellschaft sowie weiterer Umweltkomponenten, ist es von großer Bedeutung, deren Chancen und Risiken frühzeitig zu erkennen und in das Marketing-Management einfließen zu lassen (vgl. Kap. 6.2, Marketing-Controlling).

Das **St. Galler Management-Konzept** stellt eine gute Grundlage für die Betrachtung der unternehmerischen Umwelt dar. Es sind drei Kernthesen, die dem Modell zugrunde liegen: Das Plädoyer für ein ganzheitliches Denken und Handeln im Umgang mit der zunehmenden Komplexität unserer Welt, die Bedeutung einer anwendungsorientierten Managementlehre für die Führungspraxis und -weiterbildung sowie die integrative Ausgestaltung der normativen, strategischen und operativen Management-Ebenen im Rahmen eines umfassenden Gesamtkonzepts (vgl. Kap. 2.4). Das grundlegende Ziel der Systemtheorie ist es, komplexe Zusammenhänge sinnvoll zu strukturieren und sie damit auch handhabbar für ein erfolgreiches Marketing-Management zu machen. Als **Umweltsphären** werden alle relevanten Bezugsfelder außerhalb des eigenen Unternehmens bezeichnet (vgl. Dubs, 2009, S. 239ff).

Bieger (2010, S. 83f) hat das St. Galler Management-Konzept auf den Tourismus übertragen und ein entsprechendes Systemmodell des Tourismus entwickelt. Es enthält als Umweltsphären **Wirtschaft, Gesellschaft, Politik, Ökologie und Technologie** (vgl. Abb. 20).

Jedes Unternehmen steht in ständiger Wechselwirkung und damit auch Abhängigkeit zu seiner Umwelt. Im Rahmen der Marketinganalyse sind die Umweltsphären genau auf ihre Strukturen (statische Betrachtung), sowie auf Trends und Veränderungen (dynamische Betrachtung) hin zu beobachten und erforschen. Das bezieht sich auf gesellschaftliche Trends, wie z.B. die Individualisierung oder Erlebnisorientierung, technologische Entwicklungen, z.B. für neue Exponate von Wissenswelten, wirtschaftliche Entwicklungen zur Abwägung von Investitionen und ökologische Rahmenbedingungen, die eine verstärkte Sensibilität gegenüber Naturfaktoren erfordern, wenn es z.B. um Flächenexpansionen von Tourismusbetrieben geht (vgl. Hartmann, 2010a, S. 128).

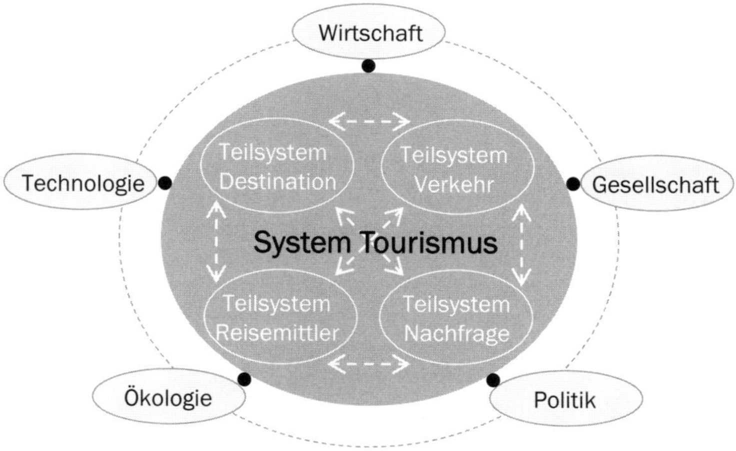

Abb. 20: System Tourismus (eigene Darstellung; nach Bieger, 2010, S. 84)

Die **touristische Umfeldanalyse** konzentriert sich vor allem auf die zeitliche Entwicklung folgender Faktoren (vgl. Freyer, 2011, S. 127ff):

- lokale Gegebenheiten (ursprüngliches Angebot; vgl. Kap. 1.2.4)
- gesamtwirtschaftliche Entwicklung (Konjunktur, Einkommen etc.)
- allgemeine Reisetrends
- technische Entwicklung (z.B. Verkehr, Fahrgeschäfte, Reservierungssysteme)
- Ressourcenentwicklung (ökologische Gegebenheiten, Bevölkerungsentwicklung etc.)
- politische und juristische Bedingungen (z.B. veränderte Gesetze und politische Strukturen).

Zur Erfassung der marketingrelevanten Umfeldtrends können zwei methodische Ansätze unterschieden werden: systematische Verfahren (Trendexpolation, Regressionsanalyse u.a.) und kreative Verfahren (Expertenbefragung, Delphi-Befragung, demoskopische Marktforschung oder die Szenario-Technik).

☐ Fallbeispiel

Trendstudie „Neue chinesische Touristen in Europa 2017+"
(TUI AG & Z_punkt GmbH, 2012; gekürzte Version)

China ist im Begriff, sich zu einem der weltgrößten Quellmärkte für den Tourismus zu entwickeln. Europa steht dabei als beliebtes Reiseziel für viele Chinesen im Fokus. So reisten allein 2010 schätzungsweise 3,8 Mio. Chinesen nach Europa und es wird angenommen, dass sich diese Zahl bis zum Jahr 2020 vervierfachen wird. Neben dem Mainstream der Gruppenreise differenziert sich das Reiseverhalten der chinesischen Touristen dabei immer stärker aus. Die neuen Reisebedürfnisse chinesischer Touristen zu erkunden, ist das Ziel der Studie. Sie soll eine Perspektive für das wachsende Marktsegment chinesischer Touristen in Europa aufzeigen und beruht auf einem Methodenmix aus Primär- und Sekundärforschung (u.a. Befragung ausgewiesener China-Experten, Expertenworkshops).

Status Quo und Treiber des Wandels

Europa wird in China vor allem für seine Landschaft, Kultur und Geschichte geschätzt. Insbesondere Stätten, die für die chinesische Geschichte bedeutsam sind, erfreuen sich großen Interesses. Neben kulturellen Motiven ist aber vor allem das hohe Ansehen, das eine Europareise in der Heimat bringt, für viele Chinesen der Hauptgrund. In letzter Zeit wächst neben der Gruppe von Chinesen, die Europa zum ersten Mal bereisen, auch die Zahl derjenigen Touristen, die bereits mehrmals im Ausland waren, sei es geschäftlich, zum Studium oder im Urlaub. Solche reiseerfahrenen Chinesen buchen immer häufiger Individualreisen bzw. reisen ohne Gruppe und Reiseleiter, da für sie Verständigung und Orientierung zunehmend kein Problem mehr darstellen.

Es werden die sechs Megatrends vorgestellt, die aus Sicht der Autoren den größten Einfluss auf den chinesischen Tourismus nach Europa haben werden: Globalisierung (gehobener Lebensstil, Bildungsnachfrage etc.), Demografischer Wandel (z.B. Alterung durch Ein-Kind-Politik), Urbanisierung (u.a. zunehmende Verstädterung), zunehmende Individualisierung (Angleichung an westliche Werte u.a.), neue Konsummuster (z.B. nachholender Luxuskonsum der Oberschicht) und Digitale Kultur (zunehmende Digitalisierung).

Reisebedürfnisse und Typen neuer chinesischer Reisender

Die chinesischen Europareisenden der Jahre 2017+ werden sich in ihren Ansprüchen und Bedürfnissen signifikant von den heutigen unterscheiden. Europa ist aus Sicht vieler Chinesen die einzige Region auf der Welt, die China kulturell und historisch ebenbürtig ist. Daher werden Europas Kultur und Geschichte auch über das Jahr 2017 hinaus eine große allgemeine Anziehungskraft auf chinesische Touristen ausüben. Aufgrund ihres hohen kulturellen Ansehens werden die aktuell berühmten Sehenswürdigkeiten wie der Eiffelturm, das Kolosseum oder der Tower of London nicht nur für Erstreisende, sondern für die neue Generation chinesischer Touristen insgesamt Magneten bleiben.

Aufgrund des erwarteten absoluten Marktwachstums wird die Nachfrage nach den zurzeit vorherrschenden Gruppenreisen für Erstreisende mit acht oder mehr Zielen in zehn Tagen weiter zunehmen. Mit steigender Reiseerfahrung wird sich jedoch die Liste der besuchten Sehenswürdigkeiten weiter ausdifferenzieren und Gruppenreisende zunehmend verlangen, dass sie individuelle Elemente auf ihrer Rundreise separat hinzu buchen können. Es wird in den nächsten Jahren zu einer stärkeren Ausdifferenzierung und Segmentierung der Reisebedürfnisse kommen. Diese wird sich v.a. in Abhängigkeit von zwei Faktoren vollziehen: der Höhe des verfügbaren Einkommens und der eigenen Reiseerfahrung.

Chinesische Reisetypen der Zukunft

Der Abenteurer: Dieser Archetyp charakterisiert die wachsende Gruppe von jungen Angehörigen der aufstrebenden chinesischen Mittelklasse, die auf Reisen vor allem das Abenteuer in der Ferne sucht.

Der Kenner: Dem Typus des chinesischen Kenners geht es auf seiner Europareise nicht um die Befriedigung jugendlicher Abenteuerlust, sondern um eine Bereicherung des eigenen Wissens.

Der Träumer: Nach dem Motto „lebe deinen Traum" verstehen sie das Reisen als Ausbruch aus der Konformität des Alltags bzw. als eine Form der Selbstverwirklichung.

Der Erholungssuchende: Umweltverschmutzung, beengte Lebensräume sowie die soziale Kontrolle in dichtbesiedelten urbanen Räumen führen zur Sehnsucht nach Natur, frischer Luft und Weite. Gerade Angehörige der mittleren und oberen Mittelschicht suchen auf einer Europareise vermehrt eine Auszeit von diesen Bedingungen.

Die aufgezeigten Trends und Entwicklungen in den Bedürfnissen chinesischer Reisender zeigen wie wichtig es ist, diesen mit differenzierten Angeboten zu begegnen. Dabei ist die Implikation der sich wandelnden soziokulturellen und politischen Rahmenbedingungen in China von entscheidender Bedeutung.

Stakeholderkonzept

Das ganzheitliche Denken und Handeln, welches Grundlage für das St. Galler Management-Konzept ist, impliziert, dass alle relevanten Interessens- und Anspruchsgruppen in die Überlegungen des Marketing-Managements einbezogen werden müssen.

☐ Definition

Als **Anspruchsgruppen** oder **Stakeholder** werden alle Gruppen und Individuen bezeichnet, die von der Wert- oder auch Schadschöpfung des Unternehmens betroffen sind (Wilbers, 2009, S. 331ff).

Die Ziele und Ergebnisse eines Unternehmens müssen für diese Stakeholder einen gewissen Wert und/oder Nutzen haben, erst daraus ergibt sich der Zweck eines Unternehmens. Stakeholder sind zugleich Bestandteile der Umweltsphären und, z.B. als Mitarbeiter, Teile des Unternehmens selbst.

Abb. 21: Stakeholder am Beispiel eines Kulturbetriebs (eigene Darstellung)

Die Bedeutung eines Stakeholders ist für ein Unternehmen desto größer, je weniger es sich dessen Ansprüchen entziehen kann (Abhängigkeitsgrad) und je größer sein Sanktionspotenzial (Einflussgrad) ist. Zur Ermittlung aller potenziellen Stakeholder eignet sich ein „Schneeballverfahren": Ausgangspunkt sind bereits bekannte Stakeholder. Mithilfe eines systematischen Verfahrens (u.a. Einsatz von Checklisten und Expertengesprächen) wird dann der Kreis sukzessiv erweitert (vgl. Runia, Wahl, Geyer, & Thewißen, 2011, S. 60f). Ein Beispiel für die Matrix von Stakeholdern eines Kulturbetriebs ist in Abbildung 21 dargestellt. Dabei werden drei Perspektiven unterschieden, aus denen Anspruchsgruppen auf einen Betrieb einwirken.

3.4 Strategische Analyse

Die vorangegangenen Abschnitte haben sich ausführlich mit der Informationsanalyse aus der internen und der externen Perspektive beschäftigt. Die gewonnenen Daten aus der Betriebs-, Markt- und Umfeldanalyse müssen anschließend in einem finalen Schritt miteinander in Beziehung gebracht und wichtige Schlüsselgrößen definiert werden. Eine sorgfältige Analyse und daraus abgeleitete Prognosen stellen den Ausgangspunkt für alle weiteren strategischen Entscheidungen dar. Dazu muss eine systematische Aufbereitung, Verdichtung und Verzahnung aller zur Verfügung stehenden Informationen erfolgen, um die Ist- und die Soll-Position des Unternehmens im Markt- und Wettbewerbsumfeld zu bestimmen (vgl. Meffert, Burmann, & Kirchgeorg, 2012, S. 231ff).

Damit hat die strategische Analyse eine **Übergangsfunktion**: Sie stellt den Abschluss der Marketinganalyse-Phase dar und ist durch die Ableitung erster strategischer Optionen bereits (vorbereitender) Teil der Phase des strategischen Marketings. Becker (2013, S. 103) bezeichnet diesen Arbeitsschritt als „**konzeptionellen Kristallisationspunkt**". Die grundlegenden strategischen Analyseinstrumente für den Tourismus- und Freizeitbereich sind neben der SWOT-Analyse die Lebenszyklus-, Portfolio- und Positionierungsanalyse.

3.4.1 SWOT-Analyse

Die **SWOT-Analyse** (engl.: **S**trength, **W**eakness, **O**pportunities, **T**hreats) ist ein Ansatz zur integrierten Betrachtung aller relevanten Unternehmens- und Umweltfaktoren, der in drei Schritten durchgeführt wird (vgl. Runia, Wahl, Geyer, & Thewißen, 2011, S. 62ff).

Der erste Arbeitsschritt dafür wurde bereits im Kapitel 3.1.1 als Bestandteil der internen Analyse beschrieben. Im Rahmen der Ressourcenanalyse wird anhand eines **Stärken-Schwächen-Profils** die gegenwärtige Position des Unternehmens im Verhältnis zum Wettbewerb ermittelt.

Als zweiter Schritt werden die Ergebnisse der externen Analyse unter der Fragestellung gefiltert, welche **Chancen** die Umwelt bietet, die es aufgrund der eigenen Stärken wahrzunehmen gilt. Aber auch bestehende **Risiken**, die im Auge zu behalten sind, sollen aufgespürt werden. Chancen und Risiken resultieren dabei aus schwer vorhersagbaren Ereignissen allgemeiner Art (ökonomische, soziale oder ökologische Umwelt) oder Veränderungen auf dem relevanten Markt (steigende Nachfrage, zunehmender Wettbewerb u.a.) (vgl. Tab. 8).

Interne Analyse	Externe Analyse
Stärken	**Chancen**
▪ Lage am Naturschutzgebiet ▪ Natur-Badesee mit Strandbereich neben dem Campingplatz (CP) ▪ gute Erreichbarkeit: Nähe zu Großstadt, Autobahn, Bahnhof (auch zu Fuß erreichbar) ▪ Aktivitäten in der Natur gut möglich: Optionen zum Rad- und Kanufahren ▪ Versorgungsangebote im nahe gelegenen Ort ▪ engagierte Pächterin und Dauercamper mit hoher Identifikation ▪ Preisstruktur des CP ist relativ günstig	▪ Camping ist ein stabiler Markt ▪ Camper suchen landschaftlich schöne, ruhige Umgebung und Seenähe ▪ Trend zu Mietunterkünften auf CP ▪ Ausrichtung auf Wohnmobilisten (großes Segment mit hoher Kaufkraft) ▪ Modernisierung: Standards an gestiegene Gästewünsche anpassen ▪ Kooperationen ausbauen (Anbieter von Dienstleistungen, Plattformen online/offline, Destinationen) ▪ DK, NL, B als sekundäre Quellmärkte „anzapfen“
Schwächen	**Risiken**
▪ hohes Defizit, sinkende Einnahmen ▪ Rückgang der Nachfrage bei Dauercampern, sehr wenig Touristikcamper ▪ marode Infrastruktur, mangelhafter baulicher Zustand, ungepflegter Eindruck ▪ wenig (intakte) Zusatzangebote ▪ keine Mietunterkünfte	▪ vergleichbare CP sind meist besser ausgestattet und bieten mehr Zusatznutzen (relativ hoher Investitionsbedarf) ▪ eigene Gemeinde hat für Touristen wenig „Sehenswürdigkeiten“ zu bieten ▪ Dauercamping ist ein tendenziell schrumpfender Markt

Tab. 8: Exemplarische Stärken-, Schwächen-, Chancen-, Risiken-Analyse (Campingplatz) (eigene Darstellung; interner Projektbericht)

Im dritten Schritt werden die zentralen Stärken und Schwächen sowie Chancen und Risiken zueinander in Beziehung gesetzt. Die daraus entstehende SWOT- oder **Key-Issue-Matrix** enthält vier Gruppen von strategischen Optionen (vgl. Tab. 9). Ein zentrales Ziel ist dabei, strategische Erfolgspositionen, die zugleich eine Stärke und eine Chance darstellen, herauszufiltern. Sie bezeichnen überdurchschnittliche Fähigkeiten (Potenziale) gegenüber der Konkurrenz und münden schließlich in die Definition von strategischen Geschäftsfeldern.

SWOT	Stärken	Schwächen
Chancen	Stärken des Unternehmens verwenden, um Chancen im Umfeld wahrzunehmen.	An Chancen partizipieren, um Schwächen zu beseitigen oder zu mildern.
Risiken	Interne Stärken einsetzen, um externe Bedrohungen zu neutralisieren oder mildern.	Interne Schwächen abbauen, um Gefahren im Umfeld zu reduzieren.

Tab. 9: SWOT-/Key-Issue-Matrix (eigene Darstellung; angelehnt an Runia, Wahl, Geyer, & Thewißen, 2011, S. 63)

Insgesamt ermöglicht die SWOT-Analyse eine deutliche **Reduktion der Komplexität** vorhandener Informationen und eine übersichtliche Darstellung derselben. Sie legt jedoch die Abhängigkeiten zwischen den untersuchten Einflussfaktoren nicht offen. Das kann zu **Widersprüchen** führen, die ggf. schwer aufzulösen sind. Zudem bereitet die Zuordnung einzelner Faktoren zu den Rubriken Probleme, wenn sie z.B. eine Marktsituation beschreiben.

3.4.2 Lebenszyklusanalyse

Das Konzept des Lebenszyklus stellt eine der gängigsten Erklärungen für die idealtypische Entwicklung von Produkten, Marken, Branchen oder Märkten dar. Als **Tourist Area Cycle of Evolution** hat der kanadische Geograph Butler das Modell auch auf touristische Räume übertragen und damit für das Destinationsmanagement nutzbar gemacht (vgl. Butler, 1980). Es versucht auf der Basis zeitlicher Entwicklungsprozesse strategische Grundsatzentscheidungen zu fundieren und Schlussfolgerungen für den Einsatz von Marketinginstrumenten zu ziehen.

Das Konzept geht davon aus, dass Lebenszyklen von Produkten etc. genau wie natürliche Organismen nur eine begrenzte Lebensdauer besitzen und sich während dieser nach **bestimmten Gesetzmäßigkeiten** entwickeln. Dieser quasinatürliche Ablauf ermöglicht es aus der Marketingperspektive, das eigene Analyseobjekt in den Lebenszyklus einzuordnen und daraus Schlussfolgerungen für die strategische Marktbearbeitung zu ziehen. Der Phasenablauf stellt sich folgendermaßen dar (vgl. Runia, Wahl, Geyer, & Thewißen, 2011, S. 152ff):

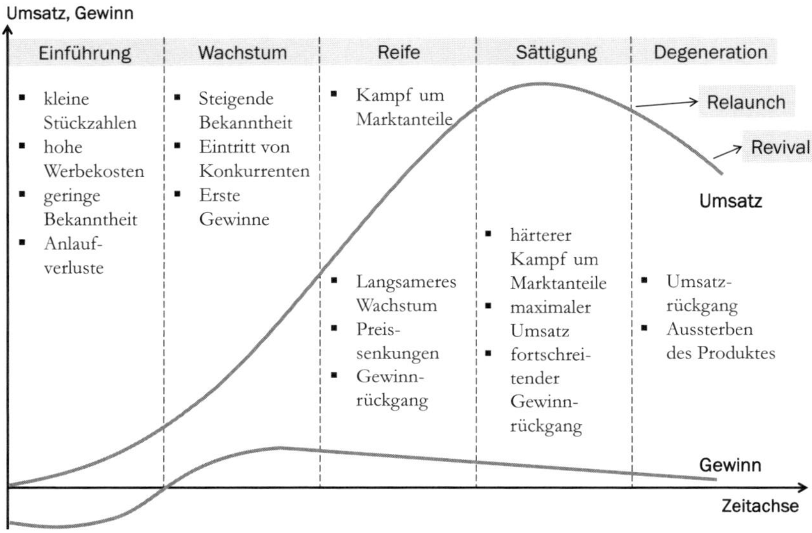

Abb. 22: Produktlebenszyklus (Hartmann, 2010a, S. 162; nach Runia, Wahl, Geyer, & Thewißen, 2011, S. 152)

[1] **Einführung in den Markt**: Hohe Anfangsinvestitionen, langsam steigende Umsatzkurve durch Marketingaktivitäten und Neugierkäufe, noch keine Gewinne;

[2] **Wachstumsphase**: Steile Umsatzkurve, Gewinnschwelle wird erreicht und auch höchste Gewinne erzielt, steigende Bekanntheit, zunehmende Konkurrenz möchte an Marktexpansion partizipieren – ggf. erste Produktvariationen, um die Marktposition zu stärken;

[3] **Reifephase**: Absolute Umsatzsteigerung und gleichzeitiges Absinken der Zuwachsraten, am Anfang der Phase höchster Gewinn, dann Gewinnrückgang, sehr starker Wettbewerb – ggf. Preissenkungen oder Produktdifferenzierungen;

[4] **Sättigungsphase**: Umsatzmaximum überschritten, Gewinne nehmen weiter ab, harter Wettbewerb – Phase kann durch intensives Marketing (v.a. in der Preis- und Produktpolitik) verlängert werden – ggf. Investitionsstopp;

[5] **Degeneration**: Umsatz bricht ein, Verluste, Produkt wird vom Markt genommen.

Als mögliche Rettung eines Produktes kann in der fünften Phase ein **Relaunch** (Wiedereinführung) oder ein **Revival** (Belebung) erfolgen. Das Produkt wird dann mit leichten Veränderungen „runderneuert" wieder auf den Markt gebracht, verbunden mit einer veränderten Kommunikationspolitik (z.B. Imagewandel oder Namensänderung).

So einfach und einleuchtend das Lebenszyklus-Konzept erscheint, so sehr steht es auch in der **Kritik**. Auch wenn es Anregungen gibt, sich über die eigene Produktpalette und Altersstruktur der angebotenen Leistungen Gedanken zu machen, darf der empirisch nachgewiesene Erklärungswert nicht überschätzt werden. Auch wenn Produkte etc. einen individuellen Lebenszyklus aufweisen, so ist zu bezweifeln, dass dieser einen idealtypischen Verlauf nimmt. Zudem werden auch die Umweltfaktoren nicht berücksichtigt und die Phasendauer kann durch entsprechende Marketing-Maßnahmen deutlich beeinflusst werden. Zur Fundierung strategischer Entscheidungen ist die Lebenszyklusanalyse somit nur sehr bedingt geeignet (vgl. Bruhn, 2012, S. 63ff und Freyer, 2011, S. 326ff).

3.4.3 Portfolioanalysen

Als weitere strategische Analyseinstrumente, die besonders häufig eingesetzt werden, gelten die Portfolioanalysen. Sie geben einen Überblick über die **Marktsituation** von Produkten, strategischen Geschäftseinheiten, Wettbewerbern etc., um daraus Schlussfolgerungen für eine mögliche strategische Neuorientierung zu ziehen.

Anhand bestimmter Erfolgsfaktoren werden hierbei z.B. Produkte auf einer zumeist **zweidimensionalen Matrix** dargestellt. Die Dimensionen des Portfolios beziehen sich dabei auf eine unternehmensinterne (beeinflussbare) Variable sowie eine externe (nur bedingt beeinflussbare) Variable. Damit erhält man einen Einblick in die aktuelle Produktsituation und kann überprüfen, ob das gegenwärtige Produktportfolio ausgewogen ist.

Die meisten Portfolioanalysen basieren auf dem **Marktanteils-Marktwachstums-Portfolio**. Je höher die beiden Variablen einzustufen sind, desto höher ist auch die anzunehmende Rentabilität der jeweiligen Produkte. Aus der Position der Produkte im Portfolio ergeben sich zu empfehlende „**Normstrategien**". Am bekanntesten sind hier die sogenannten **Cash-Cows**, Erfolgsprodukte, die bei hohem Marktanteil und geringem Marktwachstum dazu dienen, sichere Gewinn abzuschöpfen. **Stars** sind Produkte, die in wachsenden Märkten über eine gute Marktposition verfügen und in die deshalb investiert werden sollte. Die **armen Hunde** sind als Problemprodukte genau in der gegenteiligen Situation: geringes Marktwachstum, schwache Marktposition. Hier empfiehlt sich die Desinvestition, d.h. der Verkauf oder Marktaustritt. Die vierte Variante sind Nachwuchsprodukte, die als **Fragezeichen** eine Chance haben, in einem stark wachsenden Markt einen deutlich höheren Marktanteil zu erreichen, wenn eine offensive Markterschließungsstrategie eingeschlagen wird. Da die Erfolgschancen noch vage sind, könnten weitere Marktbeobachtungen aber auch zum Rückzug des Produktes führen (vgl. Abb. 23).

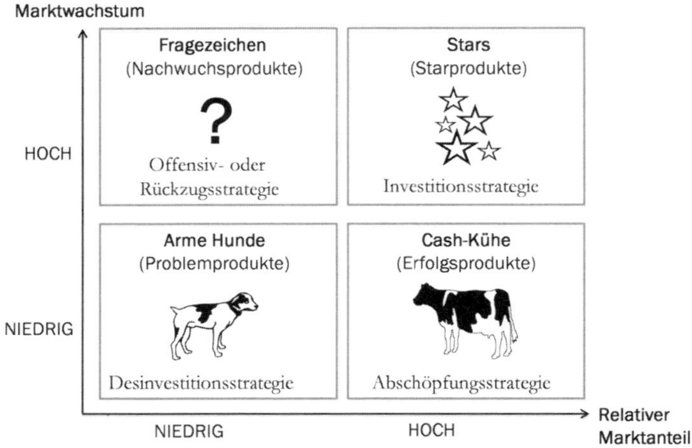

Abb. 23: Produkt-Portfolioanalyse (Hartmann, 2010a, S. 163; nach Bruhn, 2012, S. 71)

Auch bei dieser strategischen Analysemethode sind die entsprechenden **Vor- und Nachteile** zu beachten. Als Vorteile gelten die leichte Anfertigung, der geringe Informationsbedarf und die gute Anschaulichkeit. Jedoch wird die Analyse auf nur zwei Faktoren beschränkt, was für weitreichende strategische Entscheidungen nicht ausreicht. Auch hier wird idealtypisch mit allgemeingültigen Normstrategien gearbeitet und z.B. die Möglichkeit von schrumpfenden Märkten komplett ausgeblendet (vgl. Bruhn, 2012, S. 70ff).

☐ Fallbeispiel

Im Tourismusbereich werden Portfolios sowohl bei Betriebsvergleichen in der Hotellerie und Gastronomie eingesetzt als auch im Destinationsmanagement. Die Abbildung 24 zeigt einen Ausschnitt aus einer vergleichenden Städtetourismus-Studie (nur europäische Hauptstädte), bei dem die Faktoren der durchschnittlichen Zimmerpreise mit der durchschnittlichen Auslastungsrate der Zimmer in Beziehung gesetzt werden. Paris und London liegen hier mit den höchsten Einnahmen pro verfügbarem Zimmer ganz vorne. Berlin bewegt sich mit Madrid und Prag nur im unteren Drittel.

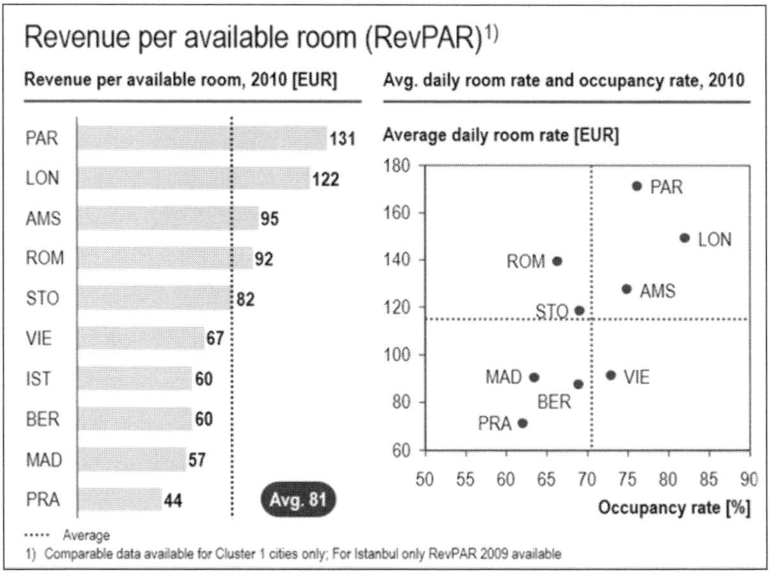

Abb. 24: Portfolioanalyse im Städtetourismus (Roland Berger Strategy Consultants, 2012)

3.4.4 Positionierungsanalysen

Eine weitere Form von strategischen Analyseinstrumenten sind die Positionierungsanalysen. Hierbei handelt es sich um ein psychologisches Marktmodell, das sich an der **subjektiven Wahrnehmung** von bestimmten Kunden- oder Zielgruppen orientiert. Auch bei diesem Instrument geht es um die mehrdimensionale Darstellung der unterschiedlichen Leistungen oder Marken eines relevanten Marktes. Aus der Position der eigenen Produkte oder Marken gegenüber den anderen Marktteilnehmern können wertvolle Erkenntnisse für die zukünftige Produktentwicklung oder strategische Positionierung gezogen werden (vgl. Bruhn, 2012, S. 67f). Die Positionierungsanalyse ermöglicht eine Momentaufnahme über die Marktsituation in Bezug auf ein bestimmtes Marktsegment aus der Wahrnehmungsperspektive des Kunden. Da die Erkenntnisse aus dem Vergleich zu einer Anpassung der Marketingaktivitäten aller teilnehmenden Konkurrenten führt, bleibt als Konsequenz nur ein reaktives Handeln. Daher kann die Positionierungsanalyse immer nur ein Baustein von vielen im Rahmen der strategischen Analyse sein.

☐ Fallbeispiel

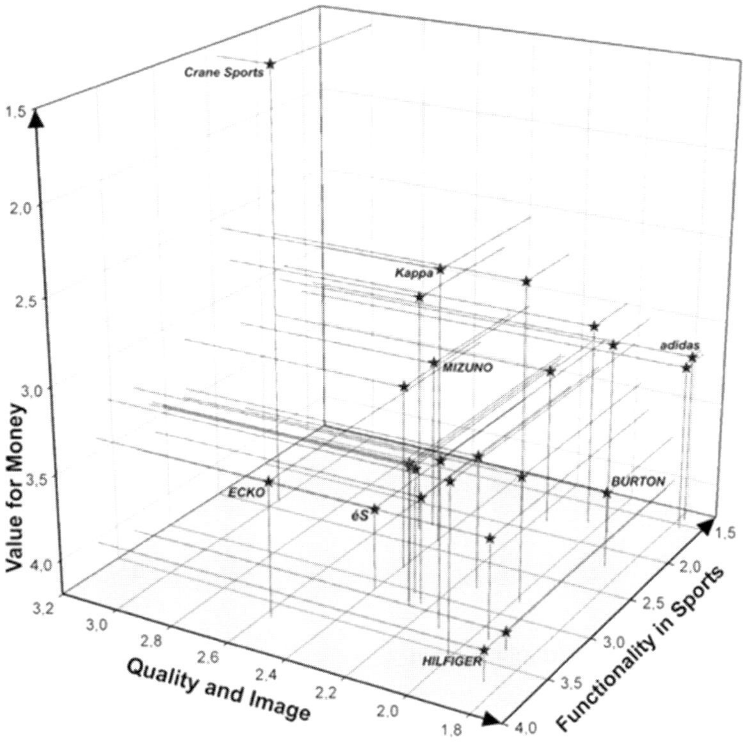

Abb. 25: Markenpositionierung von Sportbekleidungsherstellern (Access Marketing Management, 2012)

Als Beispiel aus dem Freizeitbereich zeigt Abbildung 25 die dreidimensionale Positionierung von Sportbekleidungsmarken nach den Kriterien „Preis-Leistungs-Verhältnis“, „Qualität und Image“ und „Funktionalität“. Deutlich zu erkennen ist die Position von Adidas: nur die vertikale Ebene lässt zu wünschen übrig. Crane Sports dagegen hat Aufholbedarf beim Image.

☐ Kernaussagen Kapitel 3

- ✓ Die Marketinganalyse fußt auf einer internen Betriebsanalyse und den externen Markt- und Umfeldanalysen. Dafür werden eigens erhobene Primärdaten oder bereits vorhandene Sekundärdaten genutzt.
- ✓ Die Marktabgrenzung ist Grundlage für alle weiteren strategischen Marktentscheidungen. Durch sie verkleinert sich der Gesamtmarkt auf eine relevante Größe für bestimmte Produkte/Leistungen.
- ✓ Bei der Marktforschung unterscheiden sich quantitative von qualitativen Verfahren. Je nach Informationsbedarf werden in der Primärforschung die Methoden Befragung, Beobachtung oder Experiment für Erhebungen angewendet.
- ✓ Bei der Marktforschung sind immer die Gütekriterien und sorgfältige Auswahlverfahren (Stichproben aus Grundgesamtheit) zu beachten, um repräsentative Ergebnisse zu erhalten.
- ✓ Benchmarking und systematische Umfeldanalysen bringen Erkenntnisse über die Konkurrenzsituation sowie Entwicklungen und Trends auf dem Markt.
- ✓ Die strategische Analyse stellt den Übergang zum strategischen Marketing dar: Aus der SWOT-Analyse und anderen Instrumenten gehen bereits erste strategische Optionen hervor.

☐ Fragen und Aufgaben zum Kapitel

[1] Welche Funktionen erfüllt die Marktforschung?

[2] Skizzieren Sie die Möglichkeiten der (internen) Unternehmensanalyse!

[3] Wozu eignet sich das GAP-Modell und welches sind die möglichen „Erwartungslücken“?

[4] Wie kann der relevante Markt für ein Produkt abgegrenzt werden? Was bedeutet Makro- bzw. Mikroabgrenzung?

[5] Skizzieren Sie die unterschiedlichen Methoden der Marktforschung und stellen dabei jeweils die Vor- und Nachteile der einzelnen Varianten heraus!

[6] Welches sind die drei allgemeinen Gütekriterien von Messungen?

[7] Welche Stellung nimmt die Sekundärforschung im Marktforschungsprozess ein, und was sind ihre Vor- und Nachteile?

[8] Was bedeutet es, eine repräsentative Stichprobe aus der Grundgesamtheit zu ziehen? Erläutern Sie dabei auch die Begrifflichkeiten!

[9] Sie wollen eine möglichst repräsentative Befragung von Wochenendurlaubern in Ihrer Heimatstadt durchführen. Wie gehen Sie vor und welche Befragungsart wählen Sie aus?

[10] Worauf bezieht sich die Umfeldanalyse im Bereich des Tourismus?

[11] Skizzieren Sie den idealtypischen Ablauf eines Produktlebenszyklus!

4 Strategisches Marketing

Seilbahn zum Tafelberg in Kapstadt, Südafrika (© Rainer Hartmann)

☐ Lernziele

Die Inhalte dieses Kapitels ermöglichen Ihnen, …

- sich in die Hierarchie der unterschiedlichen Zielebenen eines Marketing-Managementprozesses hineinzudenken.
- die Bedeutung des normativen Managements – auch für den Tourismus- und Freizeitbereich – zu reflektieren und in Zusammenhang mit der Marketingstrategie zu bringen.
- Unternehmensziele und Marketingziele voneinander abzugrenzen.
- die grundlegenden Strategieoptionen des Marketings systematisch kennenzulernen und auf Tourismus- und Freizeitunternehmen anzuwenden.
- Marktwahl- und Marktbearbeitungsstrategien zu unterscheiden und deren gegenseitige Bedingtheit zu erfassen.
- den Zusammenhang zwischen den strategischen Analyseinstrumenten und daraus resultierenden Strategie-Entscheidungen zu erkennen.
- einen Einblick in die Bedeutung und die Optionen des Markenmanagements zu erlangen.

Der erste Schritt des Marketing-Managementprozesses, die Marketinganalyse, stellt die Grundlage für die nun folgende Festlegung der Unternehmens- und Marketingziele dar. Die Formulierung von klaren und langfristig orientierten Zielen ist Voraussetzung für die daran anschließende Definition von Marketingstrategien. Im zeitlichen Ablauf wiederholt sich der Prozess der Zielformulierung immer wieder, besonders dann, wenn aufgrund veränderter Rahmenbedingungen die IST-Situation irgendwann zu stark von den Zielvorgaben (als SOLL) abweicht (vgl. Kapitel 2.4 und Abb. 13). Der Planungshorizont auf der Zielebene ist im Vergleich zu den Strategien langfristig anzusetzen (mind. 5-10 Jahre).

4.1 Festlegung der Ziele

Die Zielplanung ist als ein **hierarchischer** und **mehrstufiger Entscheidungsprozess** zu sehen. Dabei können übergeordnete Ziele, die das gesamte Unternehmen betreffen, von den Handlungszielen, die nur auf einzelne Funktionsbereiche bezogen sind, unterschieden werden (vgl. Meffert, Burmann, & Kirchgeorg, 2012, S. 239ff). Dementsprechend werden die **Unternehmensziele** von den **Marketingzielen** unterschieden. Bezogen auf das Konzept des integrierten Managements werden die Unternehmensziele auf der Ebene des normativen Managements definiert und die Marketingziele auf den Ebenen des strategischen und operativen Managements.

Auch wenn der Prozess der Zielfindung in einer hierarchischen Abfolge verläuft, bedeutet das nicht, dass es einen Standard oder eine Musterstruktur für ein solches mehrstufiges Zielsystem in Unternehmen gibt. Jedes Unternehmen entwickelt, abhängig von den spezifischen internen und externen Gegebenheiten, eine eigene Struktur. Damit wird aus der theoretischen Sicht zwar die Vergleichbarkeit von Unternehmensleitbildern erschwert, aber in der Praxis sind die Leitbilder ohnehin als Ausdruck einer strukturierten Auseinandersetzung des Unternehmens mit normativen und strategischen Managementfragen zu verstehen. Die Hierarchie von Zielebenen kann in einer Pyramide visualisiert werden (vgl. Abb. 26):

Abb. 26: Hierarchie von Zielebenen (eigene Darstellung; nach Meffert, Burmann, & Kirchgeorg, 2012, S. 240 und Freyer, 2011, S. 354)

Die Spitze der Pyramide bildet die Vision, als *Business Mission* und damit Grundrichtung des Unternehmens, die das gesamte Denken und Handeln lenken soll. Hier wird der eigentliche **Unternehmenszweck** definiert und die Fragen „Was ist der Gegenstand unseres Unternehmens?“ und „Warum machen wir das überhaupt?“ beantwortet. Zwei Beispiele aus der Tourismus-Praxis verdeutlichen, auf welcher Ebene der Abstraktion der Unternehmenszweck formuliert wird:

„Wir schaffen außergewöhnliche Reiseerlebnisse, um unsere Mission zu erfüllen: *„More than a smile“* – mehr als ein Lächeln“ (TUI Deutschland, 2013).

„Wir gestalten den Aufenthalt unserer Urlaubsgäste auf Sylt zum einzigartigen und leidenschaftlichen Genuss“ (Sylt Marketing, 2010).

Die unternehmerische Vision zeichnet ein **konkretes Zukunftsbild**, nahe genug, dass die Realisierung noch sichtbar ist, aber schon fern genug, um die Begeisterung der Organisatoren für eine neue Wirklichkeit zu erwecken. Klare Visionen lenken als Leitidee oder Leitstern bewusst und unbewusst das Verhalten des Managements und der Mitarbeiter. Bei der Entwicklung von Visionen bedarf es sowohl eines guten Realitätssinns und der Aufgeschlossenheit gegenüber dem Zeitgeist bzw. den echten Bedürfnissen der Menschen als auch der Kreativität und Erfahrung (vgl. Hartmann, 2010a, S. 130).

Auch hier übernimmt die Insel Sylt eine Vorreiterrolle, sowohl als Tourismus-Destination als auch Unternehmen (Sylt Marketing GmbH). Ihre Vision:

„Sylt wird als Genuss-Urlaubsinsel die Nr. 1 der deutschen Premium-Reisedestinationen. Auf diesem Fundament avancieren wir zu einem der beliebtesten europäischen Urlaubsziele in dieser Klasse“ (Sylt Marketing, 2010).

Zitat ☐

„Wenn Du ein Schiff bauen willst, dann trommle nicht Männer zusammen um Holz zu beschaffen, Aufgaben zu vergeben und die Arbeit einzuteilen, sondern lehre die Männer die Sehnsucht nach dem weiten, endlosen Meer.“

Antoine de Saint-Exupery (1900-44), frz. Schriftsteller

Auf Basis der Vision als Leitidee und der Definition des Unternehmenszwecks geht es bei der Festlegung von **Unternehmensgrundsätzen** um die generellen Ziele und Verhaltensnormen zur Sicherung der Lebens- und Entwicklungsfähigkeit der Unternehmen. Diese Ebene des normativen Managements wird auch als **Unternehmenspolitik** bezeichnet. Hier wird der **allgemeine Kurs** festgelegt, auf welchem sich das Unternehmen künftig entwickeln soll. Ziel ist, dass alle Unternehmensmitglieder am selben Strang in eine Richtung ziehen. Auch hier gilt als wesentliche Voraussetzung für den Erfolg: In den Augen der Stakeholder muss ein echter Nutzen erbracht werden. Dieser Stakeholder-Ansatz entspricht dem unternehmerischen Grundsatz einer pluralistisch gesellschaftsorientierten Zielausrichtung (sozial- und umweltverträglich) mit langfristiger Nutzenstiftung (regional- und lokalwirtschaftlicher Ansatz). Im Gegensatz dazu ist der Shareholder-Ansatz durch eine kurzfristig eindimensionale Ausrichtung auf die Interessen der Eigentümer bzw. Anteilseigner ausgerichtet (vgl. Hartmann, 2010a, S. 130).

☐ Fallbeispiel

Als Beispiel seien hier die **Grundwerte der REWE Group** (inklusive der DER Touristik) angeführt (REWE Group, 2008):

- Wir handeln eigenverantwortlich im Sinne der Gemeinschaft!
- Wir handeln für den Kunden – wir sind mitten im Markt!
- Wir haben Mut für Neues, Stillstand ist Rückschritt!
- Wir begegnen einander offen, mit Vertrauen und Respekt.
  Unser Wort gilt!
- Wir ringen um die beste Lösung, entscheiden wohlüberlegt und handeln konsequent!
- Wir sind uns unserer Verantwortung bewusst und handeln nachhaltig!

Das Unternehmen hat diese Grundsätze anschließend auf die nächste Ebene der strategischen Geschäftseinheiten übertragen. Entsprechend beruht das **Leitbild der DER Touristik** auf fünf Leitsätzen:

- Vielfalt: Wir setzen auf Vielfalt
- Verantwortung: Wir bauen auf den Einzelnen
- Respekt: Wir respektieren einander
- Fortschritt: Wir setzen auf Fortschritt
- Nachhaltigkeit: Wir denken über das Jetzt hinaus.

Das Leitbild verbindet alle Sparten der DER Touristik, vom Reiseveranstaltergeschäft (…), bis zum Reisebürovertrieb und der Business Travel Sparte.

Es dient allen Mitarbeitern als Identifikationsplattform, schafft Orientierung, repräsentiert die gemeinsamen Werte und bildet so die Basis für den gemeinsamen Erfolg.

Es ist eine Gemeinschaftsarbeit, denn Mitarbeiter aller Ebenen aus allen Bereichen der DER Touristik waren an der Entwicklung beteiligt.

Entstanden ist ein Leitbild der Mitarbeiter der DER Touristik, das die Gemeinsamkeiten greifbar macht und als Wegweiser für das tägliche Miteinander dient (DER Touristik, 2013).

Der gesamte Prozess der Zielfindung wird sehr stark von der spezifischen Unternehmenskultur geprägt.

☐ Definition

Die **Unternehmenskultur** beinhaltet die Gesamtheit von Normen, Wertvorstellungen und Denkhaltungen, die das Verhalten der Mitarbeiter aller Stufen und somit das Erscheinungsbild bzw. den Geist und die Persönlichkeit eines Unternehmens prägen (Doppler & Lauterburg, 2008, S. 472).

Sie ist als „weicher Faktor" im Rahmen des normativen Managements zu verstehen und hat eine äußerst hohe Bedeutung für die **Unternehmensidentität** und das **Unternehmensimage**.

Als Ergebnis eines komplexen und lang währenden sozialen Geschehens, lässt sich die Unternehmenskultur nur schwer fassen. Man kann diese „**emotionalen Qualitäten**" eines Unternehmens nur an bestimmten Ausdrucksformen erkennen (vgl. Doppler & Lauterburg, 2008, S. 473ff):

- **Kommunikation**: schriftliche und mündliche Kommunikation, Inhalte, Sprachstil, Tabuthemen
- **Verhalten**: Führungsverhalten, Entscheidungswege, Kooperationsverhalten, geförderte Mitarbeiter
- **Strukturen**: Gebäude, Anlagen, Raumgestaltung, Organisationsformen, Führungsinstrumente
- **Soziale Ereignisse**: Veranstaltungen und Rituale abseits des Alltags, Formen von Zusammenkünften, Erlebniswerte.

Demnach ist die Unternehmenskultur darauf ausgerichtet, das **Mitarbeiterpotenzial** so gut wie möglich in Wert zu setzen. In einer Zeit höchster Wettbewerbsintensität hat jenes Unternehmen Vorteile, das begeisterte, motivierte Mitarbeiter einsetzen kann, die aus einer eigenen unternehmerischen Verantwortung heraus handeln. Gleichzeitig werden auch die Funktionen der Unternehmenskultur deutlich: Es geht um Identitätsstiftung (Erzeugen eines Wir-Gefühls), um Sinnvermittlung (Motivation nach innen, Legitimation nach außen), um Konsenssicherung (Basiskonsens über normative Grundfragen), um Orientierung für alle Stakeholder (klare Handlungsweisen) und nicht zuletzt um das Angebot von Lern- und Entwicklungsmöglichkeiten (Förderung des innovativen Potenzials) (vgl. Doppler & Lauterburg, 2008, S. 68ff).

Der sichtbare Ausdruck der Unternehmenskultur ist die **Corporate Identity** (CI). Über sie werden die Charaktereigenschaften des Unternehmens und damit alle unverwechselbaren Elemente des Denkens und Handelns, die das Selbstbild der Unternehmen prägen, nach außen kommuniziert. Die CI kann sich z.B. in der Architektur und Innengestaltung von Gebäuden (Theater, Restaurants etc.), im kommunikativen Auftritt (**Corporate Design** und **Corporate Communications**), in der Kleidung der Mitarbeiter, in Ritualen, Symbolen oder spezifischen Strukturen (**Corporate Behaviour**) äußern. Das Ergebnis aus der Sicht der Stakeholder ist das **Corporate Image**. Es bezeichnet das Fremdbild des Unternehmens, d.h. seine Wahrnehmung in der Öffentlichkeit oder aus der Sicht anderer Anspruchsgruppen (vgl. Runia, Wahl, Geyer, & Thewißen, 2011, S. 310f).

Die **Unternehmensziele** sind schließlich die Basis für jede unternehmerische Tätigkeit und bilden damit in der Zielhierarchie als **Oberziele** den Übergang zu den jetzt konkret werdenden Handlungszielen.

☐ Definition

Unternehmensziele „stellen Orientierungs- und Richtgrößen für unternehmerisches Handeln dar" und „sind zugleich Aussagen über anzustrebende Zustände, die mithilfe unternehmerischer Maßnahmen erreicht werden sollen" (Meffert, Burmann, & Kirchgeorg, 2012, S. 241).

In der Regel verfolgen Unternehmen eine Vielzahl von Zielen gleichzeitig, die zunächst in zwei Kategorien eingeteilt werden können: **ökonomische** und **nicht-ökonomische Ziele**. Diese Unterteilung macht v.a. im Tourismus- und Freizeitbereich Sinn, da diese Branchen zu einem großen Teil aus Nonprofit-Leistungen bestehen (vgl. Kap. 2.3). Ökonomische Ziele sind monetär und quantitativ ausgerichtet, nicht-ökonomische Ziele sozial, ökologisch oder psychographisch und qualitativ (vgl. Freyer, 2011, S. 361f).

Eine weitere Unterteilung von möglichen Unternehmenszielen umfasst folgende **Basiskategorien** (vgl. Meffert, Burmann, & Kirchgeorg, 2012, S. 242):

- Marktleistungsziele: z.B. Produkt- oder Servicequalität
- Marktstellungsziele: z.B. Umsatz, Marktanteil, Marktgeltung
- Rentabilitätsziele: z.B. Gewinn, Umsatzrentabilität, Unternehmenswert
- Finanzielle Ziele: z.B. Kreditwürdigkeit, Liquidität, Kapitalstruktur

- Macht- und Prestigeziele: z.B. Unabhängigkeit, Image, politischer und gesellschaftlicher Einfluss
- Soziale Ziele: z.B. Arbeitszufriedenheit, Einkommen und soziale Sicherheit, persönliche Entwicklung
- Umweltschutzziele: z.B. Reduzierung von Emissionen und des Verbrauchs natürlicher Ressourcen, Recyclingquoten.

Die Reihenfolge der Auflistung stellt keinen Anspruch auf die mögliche **Priorität** der einzelnen Ziele dar. Welche Ziele ein Unternehmen überhaupt verfolgen möchte und nach welcher Priorität, ist ein individueller Entscheidungsprozess. Aus der empirischen Zielforschung ist bekannt, dass vor allem die Sicherung der Wettbewerbsfähigkeit, die langfristige Gewinnerzielung und die Produktivität zu den wichtigsten Unternehmenszielen zählen (vgl. Meffert, Burmann, & Kirchgeorg, 2012, S. 244).

Das **Unternehmensleitbild** kann als finale Komponente des normativen Managements bezeichnet werden. Es beinhaltet die unternehmenspolitischen Ziel- und Grundsatzentscheidungen in **wenigen konzentrierten Aussagen**. Gleichzeitig erhebt es den Anspruch, eine grundlegende Willensbekundung der Unternehmensleitung und damit eine allgemeine Führungsvorgabe für alle Mitarbeiter darzustellen. Im Leitbild soll die Identität des Unternehmens (Wer sind wir?), seine Ziele (Was wollen wir?) sowie seine Werthaltungen (Wofür stehen wir?) geklärt werden. Gleichzeitig sollen mögliche Perspektiven der Entwicklung (Wie kommen wir dorthin?) aufgezeigt werden (vgl. Hartmann, 2010a, S. 132).

Als Beispiel aus dem Tourismusbereich werden im Folgenden Auszüge aus dem Leitbild des Studienreiseveranstalters Studiosus angeführt. Das Unternehmen spiegelt darin die Grundstrukturen des normativen Managements vorbildhaft wider. Als weitere Komponenten, die an dieser Stelle nicht vertieft werden, enthält das Unternehmensleitbild von Studiosus detaillierte Aussagen über den Markt, das Produkt, Verhaltensgrundsätze, eine Selbstverpflichtungserklärung und Führungsleitlinien (Studiosus Reisen, o.J.).

☐ Fallbeispiel

Unternehmensleitbild der Studiosus Reisen München GmbH

(Studiosus Reisen, o.J.; gekürzte Version)

Im Unternehmensleitbild von Studiosus sind die Richtlinien für das Handeln nach außen und innen festgeschrieben. Diese „inneren Werte" des Unternehmens besitzen für die Mitarbeiterinnen und Mitarbeiter eine hohe Verbindlichkeit.

©Studiosus Reisen München GmbH

Unternehmensvision

„Wir wollen mit unserer Arbeit nicht nur die tagtäglichen Anforderungen erfüllen, sondern die Zukunft aktiv mitgestalten. Deshalb brauchen wir eine Vision, die unserer Arbeit einen tieferen Sinn gibt:

Studiosus will als unabhängiges Wirtschaftsunternehmen zum Kennen- und Verstehenlernen anderer Länder, Menschen und Kulturen beitragen. Wir sehen unsere Aufgabe darin, im Sinne einer echten Völkerverständigung Brücken zu schlagen über innere und äußere Grenzen hinweg.

Das können wir nur zusammen mit unseren Kunden, die wir als Partner betrachten. Ihnen möchten wir die kulturelle Vielfalt in ihrer ständigen Veränderung und die natürliche Schönheit unserer Erde als für alle Menschen und deren Nachkommen erhaltenswerte Güter verständlich machen.

Mit unseren Reisen wollen wir Vorbehalte, Vorurteile und Ablehnung gegenüber allem Fremden abbauen, das Miteinander der Menschen fördern und damit als Botschafter von Toleranz und Offenheit einen Beitrag zum Abbau von Fremdenfeindlichkeit und Diskriminierung auch im eigenen Land leisten.

Wir wollen durch Innovation und Qualität wachsen und unsere Stellung als Marktführer ausbauen sowie in den Bereichen Sicherheit und nachhaltiges Wirtschaften Maßstäbe setzen.

Alle Studiosus-Angebote müssen den hohen Erwartungen unserer Kunden gerecht werden.

Wir wollen die Achtung der Menschenrechte in den von uns bereisten Ländern fördern. Durch unsere Reisen schaffen wir Austausch, Begegnungen, Information und Öffentlichkeit. Wir glauben daher, dass verantwortungsvoller und nachhaltiger Tourismus langfristig zu einer positiven Veränderung der Menschenrechtssituation beiträgt."

Unternehmensziele

„Unser Unternehmen strebt fünf übergeordnete unternehmenspolitische Ziele an:

[1] Zufriedene Kunden

[2] Zufriedene Mitarbeiter

[3] Faire Beziehungen mit unseren Geschäftspartnern

[4] Wahrnehmung unserer gesellschaftlichen Verantwortung

[5] Angemessener wirtschaftlicher Ertrag.

Diese übergeordneten Ziele müssen sich in allen strategischen und operativen Zielen wiederfinden. Sie stehen oftmals in einem engen Spannungsverhältnis zueinander und müssen in einem sich ständig verändernden Umfeld im Gleichgewicht gehalten werden.

Dieses Gleichgewicht immer wieder herzustellen, ist Aufgabe aller MitarbeiterInnen; das Management trägt hierbei eine besondere Verantwortung.

Wir wollen uns nicht darauf beschränken, auf Veränderungen der Rahmenbedingungen zu reagieren, sondern wollen die Zukunft aktiv mitgestalten. Um unsere fünf übergeordneten unternehmenspolitischen Ziele dauerhaft und bestmöglich erfüllen zu können, ist es notwendig, dass wir weiterhin eine Vorreiterrolle einnehmen und unsere führende Position am Markt ausbauen. (…)

Unternehmenspolitik und Strategien

[1] Qualitätsmanagement

Dienstleistungsqualität ist die hundertprozentige Erfüllung der Kundenerwartungen. Wenn diese mehr als erfüllt werden, stellt dies einen willkommenen Zusatznutzen dar. Die hohen Erwartungen unserer Kunden können wir nur mit qualifizierten und engagierten MitarbeiterInnen erfüllen. (…)

[2] Innovationsförderung

Da sich die Ansprüche unserer Kunden laufend ändern, müssen wir unsere Angebote diesen Ansprüchen kontinuierlich anpassen. Daher sind Neuerungen bei Reiseangeboten und Serviceleistungen für die Zukunftssicherung von Studiosus unerlässlich. (...)

[3] Nachhaltiges Wirtschaften

Nachhaltige, d. h. mittel- und langfristige, Weiterentwicklung ist uns wichtiger als der kurzfristige Erfolg. Unsere Tätigkeit wollen wir nicht an dem kurzfristigen Shareholder-value-Gedanken orientieren, sondern an einer nachhaltigen Erhöhung von Substanz und Wert des Unternehmens. (...)

[3] Sicherheitsmanagement

Sicherheit und Gesundheit auf Reisen ist ein Grundbedürfnis unserer Kunden. Es liegt in unserer Verantwortung, dieses zu erfüllen; gleichzeitig ist dies eine Chance, das Vertrauen der Kunden zu stärken. Dazu ist es notwendig, alle Informationen zu Fragen der Sicherheit systematisch zu sichten und zu bewerten. (...)

Wertehierarchie

Unsere Wertehierarchie stellt die Grundlage dar, auf der wir Entscheidungen herbeiführen wollen. Wenn unterschiedliche Werte der Hierarchie im Einzelfall bei einer Entscheidung in Konflikt zueinander stehen, so gibt der übergeordnete Wert den Ausschlag.

1. Brücken schlagen zu anderen Menschen und Kulturen
2. Sicherung der Unternehmensexistenz
3. Sicherheit
4. Zufriedene KundInnen
5. Zufriedene MitarbeiterInnen
6. Wahrnehmung unserer gesellschaftlichen Verantwortung
7. Nachhaltiges Wirtschaften
8. Qualität
9. Faire Beziehungen mit unseren Geschäftspartnern
10. Innovation
11. Angemessener Ertrag
12. Unabhängigkeit" (Studiosus Reisen, o.J.).

Marketingziele

Im Bereich der Handlungsziele tragen die Marketingziele zur Erfüllung der hierarchisch übergeordneten Unternehmensziele bei. Sie werden dabei als **Funktionsbereichsziele** von parallel verlaufenden Zielvorgaben z.B. des Personal- oder Produktionsbereichs flankiert.

☐ Definition

„**Marketingziele** kennzeichnen die dem Marketingbereich gesetzten Imperative (Vorzugszustände), die durch den Einsatz der Marketinginstrumente erreicht werden" (Meffert, Burmann, & Kirchgeorg, 2012, S. 246).

Dabei lassen sich im Marketing – analog zur Untergliederung der Oberziele – marktökonomische von marktpsychologischen Zielen unterscheiden (vgl. Tab. 10):

Marktökonomische Ziele	Marktpsychologische Ziele
▪ Absatz	▪ Bekanntheitsgrad
▪ Umsatz	▪ Imagefaktoren
▪ Deckungsbeitrag	▪ Kundenzufriedenheit
▪ Rentabilität	▪ Kundenbindung
▪ Marktanteil	▪ Kaufintensität
▪ Gewinn	▪ Kompetenzniveau
▪ Preisniveau	
▪ Distributionsgrad	

Tab. 10: Marketingziele (eigene Darstellung; nach Runia, Wahl, Geyer, & Thewißen, 2011, S. 73f)

Allerdings stehen die beiden Zielbereiche in einer sehr engen Beziehung zueinander, denn marktpsychologische haben immer eine unterstützende Funktion für die marktökonomischen Ziele. Wenn z.B. der Bekanntheitsgrad einer Kultureinrichtung steigt und sich gleichzeitig das Image verbessert, ist damit zu rechnen, dass auch der Absatz von Eintrittskarten und die Umsätze steigen. Idealerweise erhöhen sich in der Folge die Marktanteile und auch die Gewinne.

Auf dem Weg von den Oberzielen, über die Bereichsziele des Marketings bis hin zu den Zwischen- und Unterzielen erfolgt eine zunehmende Konkretisierung der Zielvorgaben. Für die spätere Erfolgskontrolle ist es dabei von Bedeutung, die Ziele nachvollziehbar und messbar zu gestalten. Die **Operationalisierung** –

oder Messbarmachung – von Marketingzielen erfordert eine eindeutige inhaltliche Festlegung und eine klare Definition von Indikatoren, mit deren Hilfe ein Controlling erst möglich wird (vgl. Freyer, 2011, S. 366f).

Eine Operationalisierung von Marketingzielen lässt sich anhand von vier Kriterien erreichen (vgl. Meffert, Burmann, & Kirchgeorg, 2012, S. 248):

[1] **Inhalt**: angebotene Leistung definieren

[2] **Ausmaß**: Zielerreichungsgrad festlegen (Umfang in Quantität/Qualität)

[3] **Zeitlicher Bezug**: Zeitraum der Zielerreichung fixieren

[4] **Marktsegmentbezug**: Zielgruppe bestimmen.

Ein Beispiel für die **operationale Formulierung eines Marketingziels** im Freizeitbereich wäre: „Steigerung der Besucherzahlen im Segment der 15-29Jährigen (Marktsegment) bei der Aufführung des Theaterstücks „Hamlet“ (Inhalt) in der Spielzeit 2013/14 (Zeit) um 10% (Ausmaß).“

Anzumerken bleibt, dass zwischen den einzelnen Unternehmens- und Marketingzielen vielfältige **Zielbeziehungen** bestehen. Es kann Synergieeffekte zwischen Zielen geben, wenn sich diese gegenseitig positiv beeinflussen (**Zielkomplementarität**). Wenn die Erreichung verschiedener Ziele keine Auswirkungen aufeinander haben, wird dies als **Zielneutralität** bezeichnet. Häufig kommt es jedoch auch zu **Zielkonflikten**. In diesem Fall bedarf es im Rahmen der Zielplanung einer Systematisierung der Ziele (vgl. Meffert, Burmann, & Kirchgeorg, 2012, S. 248ff). Ein sehr gutes Beispiel dafür ist die „Wertehierarchie“ im Unternehmensleitbild von Studiosus Reisen, bei der eine entsprechende Zielgewichtung vorgenommen wurde (vgl. das Fallbeispiel in Kap. 4).

Wie bereits angeführt erfolgt auf den unterschiedlichen Ebenen der Handlungsziele eine **zunehmende Konkretisierung**, von den Bereichszielen über die Zwischenziele, die sich auf einzelne Geschäftsfelder beziehen, bis hin zu den Unterzielen, mit einem Bezug zum Marketing-Mix. Diese Abfolge soll in Tabelle 11 abschließend am Beispiel einer Destinationsmanagement-Organisation visualisiert werden.

Bereichsziele des Marketings			
Marktökonomische Ziele (Kurzform)		**Marktpsychologische Ziele** (Kurzform)	
■ Steigerung der Gästezahlen		■ Erhöhung des Bekanntheitsgrades	
■ Erhöhung des Umsatzes		■ Verstärkung der Kundenbindung	
■ Erhöhung des Marktanteils etc.		■ Verbesserung des Images etc.	
Zwischenziele (beispielhaft, in Bezug auf ökonomische und/oder psychologische Bereichsziele)			
Geschäftsfeld Ferienunterkünfte	**Geschäftsfeld Gesundheit**	**Geschäftsfeld MICE**	**Geschäftsfeld Kulinarik/Genuss**
■ Erhöhung der Auslastungsquote	■ mehr Betriebe mit Zertifizierung	■ Zahl der Kongresse erhöhen	■ mehr Einträge in Gourmetführern
Unterziele (beispielhaft, Bezug zu allen oben genannten Kategorien möglich)			
Produkt-politik	**Preis-politik**	**Vertriebs-politik**	**Kommunikations-politik**
■ Angebotspauschalen differenzieren	■ Preisverfall verhindern	■ Onlinegeschäft ausweiten	■ Eventmarketing verstärken

Tab. 11: Hierarchie der Handlungsziele in einer Destination (eigene Darstellung)

4.2 Entwicklung von Strategien

Im Anschluss an die Festlegung der Marketingziele kann die Ableitung von Marketingstrategien erfolgen. In Abgrenzung zu den Zielen haben die Strategien einen mittel- bis langfristigen Planungshorizont, d.h. auch Marketingstrategien im Tourismus- und Freizeitbereich weisen eine Verbindlichkeit für mehrere Jahre auf.

Zitat ☐

„Marketing ist die Kunst, Chancen aufzuspüren, sie zu entwickeln und davon zu profitieren."

*Philip Kotler (*1931), US-amerik. Wirtschaftswissenschaftler*

☐ Definition

„**Marketingstrategien** sind bedingte, mehrere Planungsperioden umfassende, verbindliche Verhaltenspläne von Unternehmen für ausgewählte Planungsobjekte (z.B. Produkte, strategische Geschäftseinheiten oder Unternehmen als Ganzes).

Sie beinhalten Entscheidungen zur Marktwahl und -bearbeitung und legen den Weg fest, wie strategische Marketingziele eines Unternehmens zu erreichen sind“ (Bruhn, 2012, S. 53).

Wie aus Tabelle 11 anhand der Zielhierarchie deutlich wird, entstehen Marketingstrategien auf unterschiedlichen Ebenen und werden in verschiedenen Konkretisierungsgraden formuliert. Daher bedarf es zur Systematisierung derselben eines **integrativen Strategieansatzes.** Hierzu existieren unterschiedliche Gliederungsansätze, jedoch kann grundsätzlich eine einfache Unterscheidung nach Marktwahlstrategien und Marktbearbeitungsstrategien vorgenommen werden. Meffert et al. bezeichnen die zweite Kategorie als Marktteilnehmerstrategien, da bei Ihnen die Instrumentalstrategien ausgeklammert werden (vgl. Bruhn, 2012, S. 55 und Meffert, Burmann, & Kirchgeorg, 2012, S. 283):

- **Marktwahlstrategien** entscheiden darüber auf welchen Märkten das Unternehmen präsent sein will (Marktfeld, Marktareal). Dazu gehören die Definition von strategischen Geschäftsfeldern – als erstem Schritt der strategischen Unternehmensplanung – und die Bildung entsprechender strategischer Geschäftseinheiten (SGE). In den SGE erfolgt eine weitere Differenzierung nach Abnehmergruppen. Der relevante Markt (vgl. Kap. 3.2.1) wird im Rahmen der Segmentierung in feinere Teileinheiten zerlegt. Hierbei wird auch die Frage beantwortet wie differenziert der Markt bearbeitet werden soll.
- **Marktbearbeitungsstrategien** werden ebenfalls auf der Ebene der SGE festgelegt, nachdem die Marktwahl erfolgt ist. Hier geht es um die Definition des Verhaltens gegenüber anderen **Marktteilnehmern** bzw. Stakeholdern (Nachfrager, Absatzmittler und Konkurrenz) sowie das Setzen von Schwerpunkten beim Einsatz der Marketinginstrumente.

Aufgrund der schnellen Veränderungen auf den Märkten und der Vielfalt der Einflussfaktoren auf die Unternehmen, greift die einfache Ausrichtung der Marketingaktivitäten auf die Kundenwünsche inzwischen zu kurz. Vielmehr geht es bei allen strategischen Überlegungen vor allem darum, **Wettbewerbsvorteile** gegenüber Konkurrenten auf dem relevanten Markt (im Bereich Tourismus und Freizeit) aufzubauen und abzusichern.

In diesem Zusammenhang wird auch vom **komparativen Konkurrenzvorteil** (KKV) oder der **strategischen Erfolgsposition** (SEP) gesprochen. Mehr auf die Kommunikation bezogen, findet der Begriff **Unique Selling Proposition** (USP = einzigartiger Verkaufsvorteil) Verwendung. Folgende Kriterien müssen erfüllt sein, damit von einem Wettbewerbsvorteil gesprochen werden kann (vgl. Backaus & Voeth, 2010, S. 19ff):

[1] **Wichtigkeit**: Der Vorteil wird bei einer vom Kunden als besonders wichtig eingeschätzten Leistungsdimension erzielt und hat eine hohe Kaufrelevanz.

[2] **Wahrnehmbarkeit**: Der Vorteil wird vom Kunden als solcher wahrgenommen.

[3] **Dauerhaftigkeit**: Der Vorteil kann langfristig aufrecht erhalten werden.

4.2.1 Strategische Geschäftsfelder und -einheiten

Die Entscheidungen der strategischen Marketingplanung werden aus den Marketingzielen abgeleitet und beziehen sich zunächst auf die im Unternehmen definierten strategischen Geschäftsfelder und Geschäftseinheiten (SGE) (vgl. Tab. 11). Diese sind bereits das Resultat einer schrittweisen Verkleinerung des relevanten Marktes und eng mit der Marktsegmentierung verknüpft (vgl. Kap. 3.2.1).

☐ Definitionen

„Die Bildung strategischer **Geschäftsfelder** bedeutet ein Aufbrechen des Gesamtmarktes in intern homogene Segmente, die sich (…) deutlich voneinander unterscheiden“ (Meffert, Burmann, & Kirchgeorg, 2012, S. 255).

Sie stellen **inhaltliche Betätigungsfelder** dar.

„Strategische **Geschäftseinheiten** (SGE) sind operativ unabhängige Planungseinheiten eines Unternehmens, die voneinander abgegrenzte heterogene Tätigkeitsfelder repräsentieren und eigenständige (Markt-)Aufgaben zu erfüllen haben“ (Bruhn, 2012, S. 56).

SGE stellen **organisatorische Einheiten** dar, die u.a. durch eigene Management- und Personalstrukturen gekennzeichnet sind.

Die Bildung strategischer Geschäftsfelder und -einheiten ist vor allem für größere Unternehmen oder solche, die eine große Produktvielfalt auf unterschiedlichen Märkten anbieten, von Bedeutung. Im Tourismus sind dies z.B. die großen Reiseveranstalter oder Airlines, aber auch mittelständische Veranstalter mit einem differenzierten Angebot, wie z.B. Studiosus oder Alltours. Kleine Unternehmen mit einem homogenen Produktprogramm, die nur eine kleine Angebotsnische abdecken (z.B. Erlebnisreisen nach Südafrika), bedürfen i.d.R. keiner weiteren Untergliederung in SGE.

Zur **Bildung von SGE** müssen folgende **Anforderungen** erfüllt werden (vgl. Meffert, Burmann, & Kirchgeorg, 2012, S. 256):

- **Abnehmergruppe**: Es gibt eine Gruppe von Nachfragern, die als Kunden für bestimmte Leistungen in Frage kommen.
- **Funktionserfüllung**: Ein bestimmtes Bedürfnis der Abnehmergruppe wird explizit durch die Leistungen erfüllt.
- **Technologie**: Bei der Leistungserstellung werden alternative Wege gegangen/Verfahren eingesetzt, wie die Bedürfnisse der Abnehmer erfüllt werden können.

Aus dem Bereich des Tourismus wird in Tabelle 11 auf der Ebene der Zwischenziele eine mögliche Untergliederung in strategische Geschäftseinheiten vorgestellt. Die **Deutsche Lufthansa AG** konzentriert ihre Aktivitäten z.B. auf fünf strategische Geschäftsfelder: Passage Airline Gruppe (inkl. German Wings, Austrian Airlines, SWISS etc.), Logistik (Lufthansa Cargo AG), Technik (Lufthansa Technik AG), Catering (LSG Sky Chefs-Gruppe) und IT Services (Lufthansa Systems AG) (vgl. Deutsche Lufthansa AG, o.J.).

4.2.2 Marktsegmentierung

Dieses Kapitel schließt inhaltlich an das Kapitel 3.2.1 zur Marktabgrenzung an. Eine differenzierte Marktbearbeitung erfordert die **weitere Zerlegung des relevanten Marktes** in noch feinere Einheiten, im Sinne einer Mikroabgrenzung. In der Regel sind die dabei entstehenden Marktsegmente deckungsgleich mit den o.g. strategischen Geschäftsfeldern.

☐ Definition

> Ein **Marktsegment** bezeichnet eine Gruppe von Abnehmern mit gleichen und/oder ähnlichen Bedürfnissen und damit auch ähnlichen Reaktionen auf den Einsatz von spezifischen Marketinginstrumenten (vgl. Bieger, 2010, S. 126).

Die Notwendigkeit einer Marktsegmentierung ergibt sich aus der Vielschichtigkeit der Bedürfnisse potenzieller Kunden oder Nutzer von Tourismus- und Freizeitangeboten. Aus der Perspektive des Kunden wird der Anbieter gewählt, der für die eigenen Bedürfnisse die optimalen Angebote bereit hält. Entsprechend kann ein Unternehmen seine Absatzchancen bei der entsprechenden Zielgruppe durch die Anpassung an individuelle Bedürfnisse verbessern. Dem Unternehmen entstehen bei der Ausrichtung auf individuelle Kunden jedoch auch **Differenzierungskosten**. Es wird also versuchen, sein Angebot nur so weit wie notwendig zu differenzieren, um sich einen Konkurrenzvorteil zu verschaffen, denn jede weitere Segmentierung erzeugt einen höheren Kostenaufwand, der nicht mehr durch entsprechende Mehreinnahmen gedeckt ist (vgl. Bieger, 2010, S. 125f und Hartmann, 2010a, S. 165).

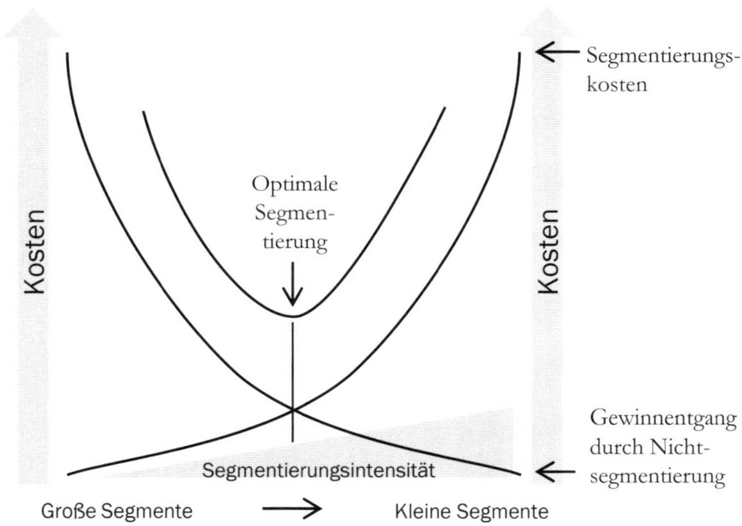

Abb. 27: Optimale Segmentierung (eigene Darstellung; nach Bieger, 2010, S. 126)

Der optimale **Segmentierungsgrad**, d.h. die Größe der optimalen Segmente, hängt von den Segmentierungskosten (für spezielle Produktvarianten, die entsprechende Marktbearbeitung etc.) sowie dem Segmentierungsnutzen (Zahlungsbereitschaft der Kunden für spezifische Produkte) ab (vgl. Abb. 27).

Je nach Branche und Charakter des Angebots wird die Segmentierung sehr intensiv oder eher verhalten vorangetrieben. Generell ermöglichen es die modernen Prozess- und Informatiktechnologien heute, eher zu geringeren Kosten Produktanpassungen und -variationen zu erstellen. Das führt zu immer kleineren und individualisierten Marktsegmenten und für die Anbieter bedeutet es ein Ansteigen der optimalen Segmentierungsintensität (vgl. Bieger, 2010, S. 125f).

Analog zur Abgrenzung des relevanten Marktes, die auf einem vergleichsweise groben Raster erfolgt, gibt es eine Reihe von möglichen Kriterien und damit verbundene Verfahren der Marktsegmentierung. Generell können **vier Kategorien von Segmentierungskriterien** unterschieden werden (vgl. Runia, Wahl, Geyer, & Thewißen, 2011, S. 101ff):

- **Geographische Segmentierung** (von der Makroebene, Staaten oder Bundesländer, bis zur Mikroebene, als Stadtteile oder Straßen)
- **Demographische Segmentierung** (nach Alter, Geschlecht, Familienlebenszyklus, sozioökonomischen Kriterien, Nationalität oder Religion)
- **Psychographische Segmentierung** (nach Einstellungen, Werten, Lifestyle oder Persönlichkeit, z.B. nach den Sinus-Milieus)
- **Verhaltensbezogene Segmentierung** (nach Reiseanlässen, Nutzen, Preisverhalten, Verwendungsrate oder Markenwahl).

Marktabdeckungsstrategie

Die zuvor ausgewählten Marktsegmente decken sich mit den strategischen Geschäftsfeldern, die als deutlich abgegrenzte Produkt-Markt-Einheiten erkennbar sind. Das bedeutet, es wird eine definierte Gruppe von verwandten Leistungen entwickelt, hergestellt und vermarktet, die einen klar definierten Zielmarkt (Zielgruppe) aufweist und gegen eine eindeutig definierte Konkurrenz im Wettbewerb steht.

Im Rahmen der Segmentierung, wird auch die Frage beantwortet, **wie differenziert bei der weiteren Marktbearbeitung vorgegangen werden soll**: welche Teilmärkte bleiben im „Suchraster" und werden bearbeitet und auf welche verzichtet man. Grundsätzlich stehen einem Unternehmen zwei Optionen zur Verfügung: **Gesamtmarktabdeckung** oder **Spezialisierung** auf ausgewählte Geschäftsfelder. In einer weiter differenzierten Betrachtung stehen fünf Grundformen von Marktbearbeitungsstrategien zur Verfügung, um den Grad der Marktabdeckung festzulegen (vgl. Abb. 28 und vgl. Bruhn, 2012, S. 62):

- **Nischenspezialisierung:** Konzentration auf ein bestimmtes, kleines Marktsegment (z.B. die Towabu Indoor Erlebniswelt in Bremen als Freizeitangebot für Kinder oder OASE Reisen)
- **Produktspezialisierung:** Schwerpunktsetzung auf einen Leistungsbereich; die Produkte werden sämtlichen Kundengruppen angeboten (z.B. AIDA Cruises)
- **Marktspezialisierung:** Auswahl eines Marktsegmentes, das mit vielfältigen Produkten abgedeckt wird; Voraussetzung ist die genaue Kenntnis der Bedürfnisse eines Zielmarktes (z.B. RUF Jugendreisen, Dr. Tigges Studienreisen)

- **Selektive Spezialisierung:** Konzentration auf mehrere kleine Marktsegmente/Nischen (die DLRG bietet Aufsichtsdienste, aber auch Seniorenschwimmkurse oder Kinderfreizeiten)

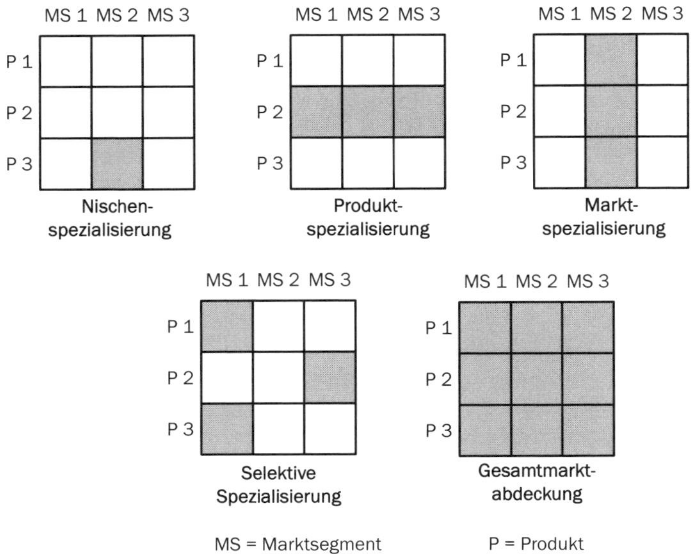

Abb. 28: Grundformen von Marktbearbeitungsstrategien (Hartmann, 2010a, S. 167; verändert nach Bruhn, 2012, S. 62)

- **Gesamtmarktabdeckung:** Marktbearbeitung mit einer Vielzahl von Produkten für sämtliche Marktsegmente (ähnlich wie ein Warenhaus oder die TUI in der Touristik kann der Disney-Konzern im Bereich der Freizeit am ehesten als Vollsortimenter bezeichnet werden).

Bruhn (2012) schlägt als weitere Grundform die „Segment-of-One-Strategie" vor, als individuelle Bearbeitung einzelner Kunden, z.B. im Business to Business-Bereich. Diese Spezialform kann jedoch auch als selektive Spezialisierung verstanden werden und bleibt deshalb in Abb. 28 ausgeklammert.

4.2.3 Marktwahlstrategien

Marktfeldstrategie

Nachdem der Grad der Marktabdeckung durch die Auswahl der zu bearbeitenden Geschäftsfelder bzw. Marktsegmente festgelegt wurde, ist nun die grobe Entwicklungsrichtung der einzelnen SGE zu bestimmen. Die **Produkt-Markt-Matrix** von Ansoff stellt dafür eine Strukturierungshilfe dar (vgl. Kap. 2.1.2 und Tab. 4). Als Optionen stehen die Marktdurchdringung, die Markterschließung, die Sortimentserweiterung oder die Diversifikation zur Verfügung. Sie unterscheiden sich danach, ob ein vorhandenes oder neues Produkt auf einem bestehenden oder neuen Markt angeboten wird.

Die Entscheidung der strategischen Ausrichtung der einzelnen Geschäftseinheiten wird auch als **Marktfeldstrategie** bezeichnet. In der Praxis werden die vier Grundstrategien nach Ansoff gemeinsam oder nacheinander umgesetzt. Ausgegangen wird dabei zumeist aus Gründen der Rentabilität von der Marktdurchdringung, da der vorhandene Markt zunächst mit den vorhandenen Produkten ausgeschöpft wird. Wenn der Markt erschöpft oder stark gesättigt ist, bietet sich als erstes an, für die vorhandenen Produkte neue Märkte zu erschließen (neue Zielgruppen bewerben, auf neue geographische Märkte ausweichen). Das würde der sog. **Z-Strategie** entsprechen (vgl. Becker, 2013, S. 177) (vgl. Abb. 29). Sie legt zugrunde, dass erst die Märkte ausgeschöpft werden und dann im nächsten Schritt eine Produktinnovation bzw. Sortimentserweiterung erfolgt. Erst im letzten Schritt würde dann eine meist mit höheren Investitionen verbundene Diversifikation erfolgen. Meffert et al. (2012, S. 261) betrachten die alternativen strategischen Stoßrichtungen zur Erschließung von Wachstumsmärkten dagegen als grundsätzlich gleichgeordnet (schwarze Pfeile in Abb. 29).

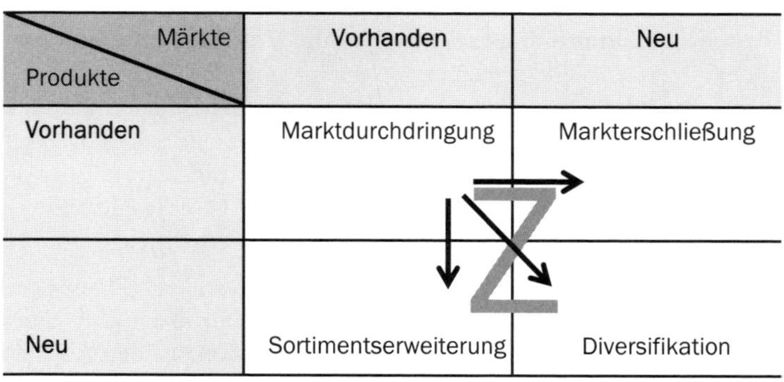

Abb. 29: Variationen von Marktfeldstrategien (eigene Darstellung; verändert nach Becker, 2012, S. 177 und Meffert, Burmann, & Kirchgeorg, 2012, S. 261)

Marktarealstrategie

Die Marktarealstrategie bezieht sich direkt auf die Wahl der Marktfelder. Im Falle der Markterweiterung bzw. -erschließung ist das genaue Erweiterungsareal zu definieren. Damit wird die für den Tourismus- und Freizeitbereich besonders wichtige Frage der **räumlichen Ausdehnung bzw. Dimension der Marketingaktivitäten** aufgeworfen. Aber auch für das allgemeine Marketing ist die regionale oder internationale Marktbearbeitung bzw. die damit häufig verbundene Frage eines möglichen Markteintritts von sehr großer Bedeutung. Das gilt insbesondere in Hinblick auf die neuen Wachstumsökonomien in den Schwellenländern (BRICS = Brasilien, Russland, Indien, China, Südafrika).

Im Bereich der Tourismus- und Freizeitangebote ist die Frage der Marktarealstrategie aus zwei Perspektiven zu beleuchten (vgl. Freyer, 2011, S. 393ff):

- **Incoming**-Tourismus: Bearbeitung der Quellgebiete aus denen die Gäste kommen bzw. kommen sollen (lokale, regionale, nationale oder internationale Gäste)
- **Outgoing**-Tourismus: Einzugsgebiet eines Veranstalters oder Reisemittlers bzw. Reichweite der Zielgebiete, in die Reisen verkauft werden. Auch hier kommen die o.g. Dimensionen grundsätzlich in Frage.

Normstrategien aus der strategischen Analyse

Aus den einzelnen Bausteinen der strategischen Analyse sind für die Marketingstrategie ebenfalls entsprechende Handlungsempfehlungen abzulesen. Diese haben aufgrund des Modellcharakters der Analyseinstrumente z.T. einen normativen Charakter und werden schematisch abgeleitet. Genau deshalb sind sie auch nur als **grobe Wegweiser** geeignet und ersetzen nicht die zu erbringende kreative Leistung detaillierter strategischer Entwicklung.

Im Falle des **Marktanteils-Marktwachstums-Portfolio** (Kapitel 3.4.3 und Abb. 23) existieren für jeden Quadranten entsprechende Normstrategien, die in das strategische Marketing einfließen: Erfolgsprodukte dienen dazu, sichere Gewinne abzuschöpfen, in Star-Produkte sollte weiter investiert werden, Problemprodukte sollten verkauft oder vom Markt genommen werden und Nachwuchsprodukte müssen intensiv beobachtet werden, um entweder offensiv den Markt zu erschließen oder sich ggf. doch wieder zurückzuziehen.

Auch die **Lebenszyklusanalyse** (vgl. Kap. 3.4.2) ermöglicht entsprechende Ableitungen von Normstrategien. Hier beziehen sie sich darauf, ob der Markteintritt in einen jungen, noch wenig erschlossenen Markt erfolgt oder in einen stagnierenden bzw. schrumpfenden Markt (vgl. Meffert, Burmann, & Kirchgeorg, 2012, S. 272ff):

- **Junge Märkte** sind durch technologische und strategische Unsicherheitsfaktoren gekennzeichnet. Sie haben damit erhebliche Auswirkungen auf den Risiko- und Finanzmittelausgleich zwischen den SGE des Unternehmens.

  Im Mittelpunkt der strategischen Überlegungen steht die **Planung des Markteintritts** (Zeitpunkt und Form). Grundtypen von Timing-Strategien sind hierbei die Pionier- sowie die frühe und späte Folgerstrategie. Die Form des Markteintritts kann wahlweise als Neuprodukteinführung, Akquisition von Produkten oder als Kooperation erfolgen.

- **Stagnierende bzw. schrumpfende Märkte** sind durch eine Marktsättigung oder die Verdrängung alter durch innovative Produkte gekennzeichnet. Zudem kann die Veränderung von Rahmenbedingungen (demographischer Wandel, Wirtschaftskrise, Steuerpolitik etc.) negativ auf Märkte einwirken.

  Hier stehen **Marktbehauptungs- oder Marktrückzugsstrategien** im Fokus der Überlegungen. Zur Marktbehauptung eignen sich die gängigen Strategien der Marktbearbeitung (vgl. Kap. 4.2.4). Der Rückzug kann durch eine Konzentration auf profitable Bereiche, eine langfristige Abschöpfung und Desinvestition oder eine schnelle Zerschlagungs- oder Verkaufsstrategie erfolgen.

Eng verbunden mit den übrigen strategischen Entscheidungen und Bezug nehmend auf die Normstrategien der Portfolio- und Lebenszyklusanalyse, ist ein Unternehmen gefordert, sich grundlegend über die beabsichtigte Größenordnung seiner Aktivitäten Gedanken zu machen. Entsprechende **wachstumsbezogene Strategien** nehmen Bezug auf das **Geschäftsvolumen** bzw. die **Größe von Unternehmen**. Hier können vier Strategievarianten unterschieden werden (vgl. Bruhn, 2012, S. 73f):

- **Wachstumsstrategien** werden z.B. bei Produktneueinführungen oder einer Ausweitung der Angebotspalette angestrebt.
- **Konsolidierungsstrategien** dienen zum Schließen von Ertragslücken durch mehr Effizienz, sie münden z.B. in Maßnahmen zur Kostenreduktion.
- **Schrumpfungsstrategien** zielen darauf, defizitäre Angebote abzustoßen, z.B. durch das Schließen unrentabler Betriebe oder den Rückzug in eine Marktnische.
- **Haltestrategien** bezwecken, keine wesentlichen Veränderungen in Bezug auf die Unternehmensgröße vorzunehmen.

4.2.4 Strategien der Marktbearbeitung

Die Marktbearbeitungsstrategien können in zwei Teilbereiche untergliedert werden: **Marktteilnehmerstrategien**, die sich auf die Nachfrager, die Absatzmittler, die Konkurrenz und die Anspruchsgruppen beziehen, sowie **Instrumentalstrategien**, die Schwerpunkte für den Einsatz der Marketinginstrumente festlegen (vgl. Bruhn, 2012, S. 75ff).

Neben dem klassischen **Preiswettbewerb** hat der **Qualitätswettbewerb** für die Kaufentscheidung der Konsumenten eine immer größere Bedeutung erlangt. Das ist vor allem auf die deutlichen Sättigungserscheinungen auf dem Käufermarkt zurückzuführen. Daraus ergeben sich für das Marketing bzw. die mögliche Positionierung zwei grundsätzliche Alternativen (vgl. Meffert, Burmann, & Kirchgeorg, 2012, S. 297f):

[1] Die **Präferenzstrategie** zielt darauf ab, durch den Einsatz von **nicht-preislichen Parametern** (z.B. Qualität, Image, Marke) mehrdimensionale Präferenzen bei der Nachfrage aufzubauen, um damit überdurchschnittliche Preise zu erzielen. Das eigene Produkt erhält aus der Sicht der Kunden eine Vorzugsstellung gegenüber Mitbewerbern. Starke Tourismus- oder Freizeitmarken wie z.B. das MOMA, Disney, Windrose Finest Travel oder Hapag Lloyd Kreuzfahrten sind hier gute Beispiele.

[2] Die **Preis-Mengen-Strategie** zielt dagegen eindimensional auf **preisliche Präferenzen** bei der Nachfrage. Das eigene Produkt wird aufgrund des sehr niedrigen Preises gekauft. Billiganbieter wie z.B. Ryanair oder 1-2-Fly sind hier anzuführen.

Abnehmergerichtete Strategien

Die abnehmergerichteten Strategien beziehen sich auf die Realisierung von **Wettbewerbsvorteilen in der Wahrnehmung der Kunden**. Jedes Unternehmen muss eine Kernkompetenz aufweisen und damit einen deutlich sichtbaren Vorteil gegenüber dem Wettbewerb erzielen. Nach Porter (2010, S. 37ff) beruhen diese entweder auf einem **Qualitätsvorteil** (Strategie der Qualitätsführerschaft) oder einem **Kostenvorteil** (Strategie der Kostenführerschaft). Desweiteren kann die Strategie danach differenziert werden, ob sich ein Anbieter auf dem Gesamtmarkt oder nur auf einem Teilmarkt bewegt.

Es können somit vier Strategierichtungen unterschieden werden (vgl. Abb. 30):

- **Qualitätsführerschaft** (z.B. TUI)
- **Kostenführerschaft** (z.B. Alltours)
- **selektive Qualitätsführerschaft** (z.B. Windrose Finest Travel)
- **selektive Kostenführerschaft** (z.B. Ryanair).

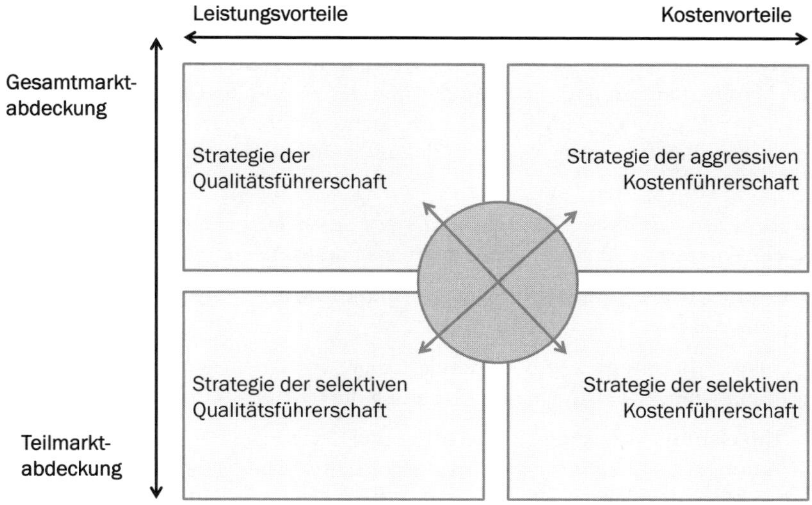

Abb. 30: Abnehmergerichtete Strategien (Hartmann, 2010a, S. 168; nach Porter 2010)

In der Praxis reicht es häufig nicht aus, sich für eine Wettbewerbsstrategie zu entscheiden. Zu vielschichtig sind die Marktstrukturen und produktbezogenen Differenzierungsmerkmale. Das führt dazu, dass viele Unternehmen sowohl Kosten- als auch Qualitätsvorteile anstreben. Im touristischen Massengeschäft wird dies besonders deutlich, wenn fast alle Veranstalter mit günstigen Preisen locken, aber gleichzeitig die Qualität ihrer Produkte hervorheben.

Zitat ☐

„Das Erfolgsrezept von alltours ist einfach: Hohe Qualität zum günstigen Preis. Oder, um es mit der Unternehmensphilosophie von alltours zu sagen: alles aber günstig."

Alltours Firmenportrait

Konkurrenzgerichtete Strategien

Bei den konkurrenzgerichteten Strategien geht es darum, sich **in der Realisierung des Kundennutzens sichtbar von den Wettbewerbern abzugrenzen**. Auf der Basis einer gründlichen Konkurrenzanalyse kann das künftige Verhalten des Unternehmens gegenüber den Wettbewerbern und damit die Stellung im

Wettbewerbsumfeld festgelegt werden (vgl. Kap. 3.2.3). Welche Strategie ein Unternehmen im Einzelfall verfolgt, ist abhängig davon, wo es auf dem Markt positioniert ist und wohin es sich entwickeln möchte. Zudem spielen die jeweiligen Marktstrukturen und die Reife des Marktes eine Rolle. Grundsätzlich lassen sich zwei Richtungen für konkurrenzgerichtete Strategien unterscheiden: [1] friedliche oder kooperative sowie [2] konfliktäre oder aggressive (vgl. Freyer, 2011, S. 396f).

Meffert et al. (2012, S. 308ff) gliedern vier konkurrenzgerichtete Strategien aus, die ein aktives Verhalten des Unternehmens voraussetzen:

- **Konfliktstrategien**, z.B. bei starker Marktstellung und starker Konkurrenz (Preiskrieg u.a.)
- **Ausweichstrategien**, z.B. durch das Angebot besonders innovativer, schwer zu imitierender Leistungen (Absicherung durch Markteintrittsbarrieren)
- **Anpassungsstrategien**, d.h. Abstimmung des eigenen Verhaltens auf die Aktionen der Wettbewerber, unter Beobachtung und Beibehaltung der eigenen Marktposition
- **Kooperationsstrategien**, z.B. bei fehlenden Ressourcen oder undeutlichen Wettbewerbsvorteilen (Lösungen sind z.B. Lizenzverträge oder Joint Ventures).

Diese können nach Verhaltensdimensionen und Art des Verhaltens weiter differenziert werden (vgl. Tab. 12):

Verhalten	Innovativ	Imitativ
Wettbewerbsvermeidend	Ausweichen	Anpassung
Wettbewerbsstellend	Konflikt	Kooperation

Tab. 12: Typologisierung konkurrenzgerichteten Verhaltens (Meffert, Burmann, & Kirchgeorg, 2012, S. 310)

Auch im Bereich des Tourismus und der Freizeit spielen alle genannten Strategieoptionen eine Rolle. Konfliktstrategien sind eher in den preisgünstigen Segmenten des Massenmarktes zu finden, Ausweichstrategien vor allem in den hochpreisigen Segmenten, z.B. der Abenteuer- und Erlebnisreisen. Anpassungs- und Kooperationsstrategien finden sich in allen Marktbereichen, wobei die Anpassung im Vergleich zur Kooperation eher als Defensivstrategie zu betrachten ist. Bezüglich der Kooperation werden dagegen immer kreativere Lösungen entwickelt. Daher soll im Folgenden etwas ausführlicher auf mögliche **Kooperationsstrategien** und das **Cross-Marketing** als Spezialform eingegangen werden.

☐ Definition

Eine **Kooperation** ist die auf freiwilliger Basis beruhende, vertraglich geregelte Zusammenarbeit, rechtlich selbständig bleibender und wirtschaftlich eingeschränkter Betriebe zum Zweck der Verbesserung ihrer Leistungsfähigkeit (Pepels, 2011, S. 1348).

Von **Marketingkooperationen** spricht man, wenn sich die Zusammenarbeit lediglich auf den Funktionsbereich des Marketings bezieht. Dabei funktioniert die Bezeichnung als Dachbegriff für eine Vielzahl von Kooperationsstrategien. Die Attraktivität von Marketingkooperationen ist in der Vielzahl von Chancen begründet, die den Beteiligten in Aussicht gestellt werden. Sie versprechen eine **Win-Win-Situation**: Beidseitige Kostenreduzierungen sind ebenso erreichbar wie eine veränderte Ansprache bestehender Zielgruppen oder auch eine Erstansprache einer neuen Zielgruppe. Ferner bieten sie die Chance, dem gemeinsam vermarkteten Produkt ein Alleinstellungsmerkmal und dadurch eine verbesserte Position am Markt zu verschaffen (vgl. Hartmann, 2010a, S. 169f).

Zur **Klassifizierung von Marketingkooperationen** können verschiedene Kriterien berücksichtigt werden, z.B. die Art der Kapitalbeteiligung (mit oder ohne), die Art des Austausches (Werte/Wissen), der Erhalt oder Entzug der wirtschaftlichen und rechtlichen Selbständigkeit, die Dauer der Kooperation oder die Intensität der Kooperation. Typische Kooperationsstrategien im Marketing sind z.B. Franchising, Sponsoring, Joint Ventures oder Unternehmensnetzwerke. Grundsätzlich können drei verschiedene Formen von Kooperation unterschieden werden (vgl. Schneider, 2009, S. 183 und Sell, 2002, S. 19):

- **Horizontale Kooperation**: Unternehmen der gleichen Ebene kooperieren.
- **Vertikale Kooperation**: Unternehmen verschiedener Ebenen, wie z.B. Lieferanten und Abnehmer, gehen eine Kooperation ein.
- **Diagonale Kooperation**: Die kooperierenden Unternehmen agieren in unterschiedlichen Geschäftsfeldern. Diese Art der Kooperation findet man häufig bei Werbe- und Vertriebsmaßnahmen branchenfremder Unternehmen.

Eine relativ neue und im Tourismus- und Freizeitbereich bereits sehr kreativ umgesetzte Variante der diagonalen Kooperation ist das Cross-Marketing.

☐ Definition

Cross Marketing ist der Dachbegriff aller Marketingaktivitäten innerhalb einer strategischen und/oder operativen Marketingkooperation zweier oder mehrerer, aus unterschiedlichen Branchen stammender Unternehmen. Dabei bleiben diese wirtschaftlich wie rechtlich selbständig und bringen sich gleichwertig in die Zusammenarbeit ein (Hartmann & Stelljes, 2007, S. 313).

Das Ziel des Cross Marketing ist in erster Linie die beidseitige **Kostenreduzierung** und/oder **Nutzenmaximierung**. Das bedeutet z.B. den Kommunikationsradius erweitern, gemeinsam neue Marktpotenziale oder Zielgruppen erschließen, das Markenimage erweitern. Die Zusammenarbeit kann sich sowohl auf den Einsatz einzelner Marketing-Instrumente als auch auf den gesamten Marketingbereich beziehen (vgl. Wiezcorek & Lachmann, 2005, S. 28ff).

In der Praxis lassen sich unterschiedliche **Formen des Cross Marketing** beobachten, die jeweils zur Umsetzung differenzierter Zielsetzungen dienen und alle Bereiche des Marketing-Mix durchwirken (vgl. Hartmann & Stelljes, 2007, S. 314ff):

- **Cross Selling** oder **Advertising**: Gemeinsames Verkaufen bzw. Vermarkten von Angeboten, ohne dass ein neues gemeinsames Produkt erschaffen wird (z.B. Platzierung des Ritz-Carlton, Wolfsburg direkt in der Autostadt).
- **Co-Branding:** Markenallianz, bei der eine Leistung durch zwei oder mehr Marken markiert wird, die für Dritte wahrnehmbar sind und auch weiterhin jeweils eigenständig auftreten (z.B. Ski-Hersteller Kneissl entwickelte mit dem Tourismusverband Ischgl den „Ischgl-Ski“ oder Weltmeister-Ticket und Weltmeister-Pass der Deutschen Bahn zur Fußball-WM 2006).
- **Cross Promotion**: Öffentlichkeitswirksame Aktivitäten wie Events, Sponsoring, Gewinnspiele, Messen, Roadshows, Schaufensterdekorationen etc. Die Aktivitäten können sich sowohl an aktuellen Anlässen oder Jahreszeiten als auch an Produkt- oder Zielgruppen orientieren (z.B. BMW Berlin Marathon).
- **Cross Referencing**: Gegenseitige Empfehlung von Unternehmen (Empfehlungsmarketing), z.B. durch Links auf der Homepage. Es geht oft mit anderen Cross Marketing-Aktivitäten einher, da es eine kostengünstige und unkomplizierte Maßnahme darstellt (z.B. zählt die Jever Skihalle Neuss zu den wichtigsten Partnern der SalzburgerLand Tourismus Gesellschaft oder Werder Bremen und das Cinemaxx empfehlen einander).

Cross Marketing bietet als Kooperationsstrategie die Möglichkeit, bei gleich bleibenden Kosten einen Mehrwert in Form von Synergieeffekten zu erreichen. Da die rechtlich wie wirtschaftlich autonom bleibenden Cross Marketing-Partner aus verschiedenen Wirtschaftsbereichen stammen, besteht keine Konkurrenz zwischen den Unternehmen. Besonders wichtig für Tourismus- und Freizeitunternehmen sowie Destinationen ist es, im Vorfeld präzise Analysen durchzuführen, um die Chancen und Risiken des Cross-Marketing sorgfältig abzuwägen.

Absatzmittlergerichtete Strategien

Diese Kategorie von Strategien ist auf die Vertriebspartner ausgerichtet und zielt darauf ab, die eigene Position bei den Absatzmittlern zu stärken. Hierbei können zwei Ansätze unterschieden werden, die in der Praxis zumeist in Kombination angewendet werden (vgl. Bruhn, 2012, S. 79ff):

- Bei **Push-Strategien** wirkt der Leistungsersteller aktiv auf den Absatzmittler ein und versucht damit seine Produkte in den Markt hineinzudrücken (zu *pushen*).
- Bei **Pull-Strategien** lenkt der Leistungsersteller seine Aktivitäten in Richtung der Kunden. Das Ziel ist es, dass der Kunde die entsprechenden Leistungen dann beim Mittler – im Tourismus klassischerweise dem Reisemittler/-büro – nachfragt. Damit entsteht ein „Nachfragesog", der sich über den Mittler auf den Leistungsersteller auswirkt.

Je nach Machtkonstellation zwischen Leistungserstellern (Hotels, Verkehrsträger, Freizeitangebote etc.) und Reise- bzw. Angebotsmittler sind auch im Tourismus- und Freizeitbereich verschiedene praktische Strategieoptionen denkbar (vgl. Tab. 13):

Marketing des Produzenten	**Passiv in der eigenen Gestaltung**	**Aktiv in der eigenen Gestaltung**
Passiv in der Reaktion auf die Mittler	**Anpassungsstrategie** Akzeptanz der Machtposition der Mittler und Zugeständnisse der Leistungsersteller (z.B. Online-Anbieter wie Ab-in-den-Urlaub.de, fluege.de, expedia.de).	**Konfliktstrategie** Starke Leistungsersteller mit erfolgreichen Marken streben dominante Marktposition gegenüber den Reisemittlern an (z.B. TUI, Neckermann, Lufthansa).
Aktiv in der Reaktion auf die Mittler	**Kooperationsstrategie** Enge Zusammenarbeit zwischen Leistungsersteller und Mittler zum beiderseitigen Vorteil (z.B. Eventim oder Thomas Cook).	**Umgehungsstrategie** Leistungsersteller verzichten bewusst auf die Zusammenarbeit mit den Reisemittlern und setzten komplett auf den Eigenvertrieb (z.B. Ryanair).

Tab. 13: Optionen für absatzmittlergerichtete Strategien im Tourismus (eigene Darstellung; verändert nach Bruhn, 2012, S. 80 und Meffert, Burmann, & Kirchgeorg, 2012, S. 315)

Instrumentalstrategien

Die Instrumentalstrategien beziehen sich schließlich auf den **Einsatz der Marketinginstrumente**. Sie bilden den Übergang von der strategischen zur operativen Marketingplanung und beziehen sich z.B. auf die „4Ps“:

- **Produktstrategie** (z.B. Definition des Qualitätsniveaus, Markenentwicklung)
- **Preisstrategie** (Hochpreis- vs. Niedrigpreisstrategie)
- **Kommunikationsstrategie** (z.B. aktives Sponsoring oder Eventmarketing)
- **Vertriebsstrategie** (z.B. Exklusivvertrieb durch ausgesuchte Vermittler bei Qualitätsführerschaft).

Auf ihre Ausformung und Komposition im Marketing-Mix wird in Kapitel 5 ausführlich eingegangen.

4.3 Strategien der Markenführung

Eine starke Marke zu entwickeln ist Bestandteil des strategischen Marketings und fällt in der operativen Umsetzung in den Bereich der **Produktpolitik**. Denn die Marke bietet dem Nachfrager eine **Zusatzleistung** (***added value***) zur eigentlichen Grundleistung eines Produkts (vgl. Kap. 5.1.3). Im Rahmen der Marktbearbeitung kann die Markierung des Unternehmens und/oder seiner Produkte als Differenzierungs- und Positionierungsstrategie bezeichnet werden. Im Qualitätswettbewerb bietet die Marke – wie bereits in Kapitel 4.2.4 angesprochen – eine sehr gute Möglichkeit der strategischen Positionierung.

☐ Definition

„Eine **Marke** ist ein Objekt (Produkt, Dienstleistung, Institution etc.) mit zusätzlich hinzugefügten Eigenschaften (z.B. spezielle Kommunikation, Services, Innovationen), die dafür sorgen, dass sich dieses Objekt aus Sicht relevanter Nachfrager gegenüber anderen Objekten, welche dieselben Basisbedürfnisse erfüllen, differenziert und gleichzeitig über einen längeren Zeitraum im Markt in einer im Kern gleich bleibenden Art und Weise erfolgreich angeboten wird“ (Burmann & Nitschke, 2004, S. 72).

In vielen Bereichen des gewerblichen Marketings ist die Marke inzwischen unabhängig vom Produkt zu sehen, sie ist die Idee des Kunden vom Produkt. Marken übernehmen eine wichtige **Identifikations- und Differenzierungsfunktion**, damit Kunden sich leichter zwischen mehreren Angeboten entscheiden können. Das Differenzierungsmerkmal einer Marke muss für den Kunden wichtig, sichtbar und/oder fühlbar sein, es muss Emotionen auslösen. Als wichtiger Ausgangspunkt zur Entwicklung und Führung einer Marke gilt die Identität (vgl. Esch, 2012, S. 79ff).

Der Ansatz des **identitätsbasierten Markenmanagements** geht davon aus, dass das Leben echter Marken bei den Mitarbeitern beginnt. Nur was mit Überzeugung gelebt wird, kann auch mit Überzeugung in Märkten kommuniziert werden. Die Stärke einer Marke resultiert damit aus der vertrauensvollen und stabilen Beziehung zu ihren Kunden. Die Voraussetzung dafür ist eine klare und verlässliche Vorstellung (Image) über die „Persönlichkeit“ des Produktes, der Dienstleistung oder der Institution (vgl. Burmann, Halaszovich, & Hemmann, 2012, S. 73ff und vgl. Abb. 31).

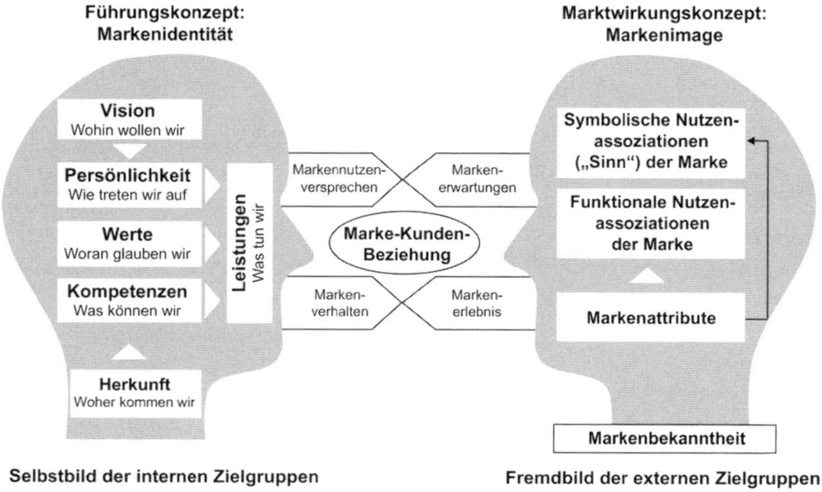

Abb. 31: Identitätsbasierte Markenführung (Burmann, Halaszovich, & Hemmann, 2012, S. 75)

Im Zuge der Marketingkonzeption muss ein Unternehmen daran arbeiten, ein Profil und damit verbunden eine einmalige Werbeaussage (USP) bzw. ein unverwechselbares **Alleinstellungsmerkmal** zu definieren. Gelingt die Profilierung und Positionierung, dann ist das **Branding**, die „Markierung", der nächste Schritt der Markenbildung. Es soll dem Unternehmen und seinem Angebot ein einzigartiges, besucherrelevantes Image verleihen. Das Branding umfasst alle konkreten Maßnahmen zum Aufbau einer Marke, die dazu geeignet sind, das Angebot eines Unternehmens aus der Masse gleichartiger Angebote herauszuheben und die eindeutige Zuordnung zu einer bestimmten Marke zu ermöglichen. Das ist vor allem die Entwicklung von **Markenzeichen** (Slogans und Logos) und die Namensgebung als operative Marketingtools zur Umsetzung der Markenkommunikation im Rahmen einer Corporate Identity bzw. eines Corporate Design (vgl. Esch, 2012, S. 213ff).

Neben der Funktion von Marken zur Differenzierung und Positionierung im Qualitätswettbewerb, haben sie in vielen Fällen auch einen direkten monetären Nutzen als Vermögensgegenstand von Unternehmen. Zum Aufbau einer erfolgreichen Marke mit einem entsprechenden **Markenwert** ist ein hoher Aufwand notwendig. Bevor ein nennenswerter Kapitalwert erreicht ist, muss als erstes eine gewisse Markenbekanntheit erzeugt werden. Als nächste Schritte müssen die potenziellen Kunden die Marke akzeptieren und schließlich auch präferieren, d.h. die dazugehörigen Produkte kaufen. Zur Ermittlung des Markenwertes gibt es verschiedene Verfahren. Neben psychologischen Verfahren, bei denen die Markenstärke auf Basis der Kaufabsicht, Markenbekanntheit, Mehrpreisakzeptanz, Markensympathie etc. ermittelt wird, sind ökonomische Verfahren sehr geläufig. Hierbei wird der Anteil des Gewinns errechnet, der nur der Marke zuzuordnen ist und als Garant für zukünftige Erträge gilt. Nach diesem Verfahren wird z.B. das Ranking der Markenwerte von Interbrand ermittelt (vgl. Runia, Wahl, Geyer, & Thewißen, 2011, S. 167f und vgl. Tab. 14).

Marke	**Markenwert 2012** (+/-2011)	**Land**
1. Coca Cola	$77.839 Mio. (+8%)	USA
2. Apple	$76.568 Mio. (+129%)	USA
3. IBM	$75.532 Mio. (+8%)	USA
4. Google	$69.726 Mio. (+26%)	USA
5. Microsoft	$57.853 Mio. (–2%)	USA
6. General Electric	$43.682 Mio. (+2%)	USA
7. McDonald´s	$40.062 Mio. (+13%)	USA
8. Intel	$39.385 Mio. (+12%)	USA
9. Samsung	$32.893 Mio. (+40%)	Südkorea
10. Toyota	$30.280 Mio. (+9%)	Japan
11. Mercedes	$30.097 Mio. (+10%)	Deutschland
12. BMW	$29.052 Mio. (+18%)	Deutschland
13. Disney	$27.438 Mio. (–5%)	USA

Tab. 14: Globale Top-Markenwerte (eigene Darstellung; nach Interbrand, 2013)

Auch wenn unter den globalen Top-Marken kaum solche aus den engeren Bereichen der **Tourismus- oder Freizeitbranche** vorkommen, spielt der Markenwert hier ebenfalls eine wichtige Rolle. Unter den Top-100 Marken der Welt ist lediglich Disney auf Rang 13 zu finden. Wenn in einem weiteren Verständnis auch Restaurants hinzugenommen werden, befinden sich noch die US-Ketten McDonald`s (Rang 7), KFC (64), Pizza Hut (86) und Starbucks (88) unter den globalen Top-Marken. In den **deutschen Rankings** standen 2012 aus der Tourismus- oder Freizeitbranche vornehmlich einige große Konzerne oder umsatzstarke Anbieter im Vordergrund: Lufthansa (Rang 12), TUI (20), Sixt (35) und Air Berlin (46) (vgl. Semion, 2012).

Die bedeutendsten **Destinations-Marken** aus der Perspektive deutscher Touristiker sind die Inseln Sylt (Top-Marke in Deutschland) und Mallorca, die Regionen Bayern, Schwarzwald, Nordsee, Ostsee und Tirol sowie die Stadt Berlin (vgl. Scherhag, 2003, S. 174).

☐ Fallbeispiel

Anholt-GfK Roper Nation Brands Index / City Brands Index

Auch die Frage, wie ein Land als Marke wahrgenommen wird, kann sich als kritischer Differenzierungsfaktor auf dessen wirtschaftlichen Erfolg, Tourismusentwicklung oder auch seine diplomatischen und kulturellen Beziehungen mit anderen Ländern auswirken. Mit dem Anholt-GfK Roper Nation Brands Index wird seit 2005 regelmäßig ein Vergleich von 50 Staaten bzgl. ihres **Markenimages** und ihrer Reputation vorgenommen. Die Top-10 im Ranking von 2012 waren (vgl. GfK Custom Research North America, 2012):

[1] USA [2] Deutschland [3] Großbritannien
[4] Frankreich [5] Kanada [6] Japan
[7] Italien [8] Schweiz [9] Australien
[10] Schweden.

Jährlich wird die Stärke und Qualität des Markenimages der einzelnen Länder gemessen. Dazu kombinieren die Forscher folgende **sechs Dimensionen** zu einem Index: Exporte (Images von Produkten und Leistungen aus den Ländern), Staatsführung (wahrgenommener Einsatz bzgl. Demokratie, Gerechtigkeit, Armut, Umwelt), Kultur (Wahrnehmung des Kulturerbes und Wertschätzung zeitgenössischer Kultur), Reputation der Menschen (Kompetenz, Bildung, Freundlichkeit, Offenheit), **Tourismus** (Attraktivität und Besuchsinteresse), Investitionen und Einwanderung (Anziehungskraft als Land zum Leben, Arbeiten oder Studieren).

Der Nation Brands Index hat z.B. unterstrichen, dass Deutschland sein Image durch die äußerst erfolgreiche Austragung der Fußball-WM 2006 nachhaltig verbessert hat (vgl. Hartmann, 2009, S. 42).

Analog zum Nation Brands Index misst der **City Brands Index** die Wahrnehmung von Städten durch Einwohner aus hoch entwickelten und weniger entwickelten Ländern (vgl. GfK Custom Research North America, 2011). Auch hier werden sechs Dimensionen berücksichtigt: Präsenz (internationaler Status und Bekanntheit der Städte), Örtlichkeit (räumliche Lage, Klima, Sauberkeit, Architektur u.a.), Infrastruktur (als „Basisqualität" mit Schulen, Krankenhäusern, Verkehr u.a.), Menschen (Gastfreundschaft, offene Kultur, Sicherheit), „Pulsschlag" (Freizeitangebot, Neues zum Entdecken), Potenzial

(Wirtschafts- und Bildungsmöglichkeiten). Die Top-10 im Städte-Ranking von 2011 waren:

[1] Paris	[2] London	[3] Sydney
[4] New York	[5] Los Angeles	[6] Rom
[7] Washington D.C.	[8] Melbourne	[9] Wien
[10] Tokio.		

Markenstrategien

Für größere Unternehmen, die über mehrere Geschäftsfelder oder Unternehmenszweige verfügen, stellt sich die Frage nach der strategischen Ausrichtung verschiedener Marken. Hier können grundsätzlich sechs **Basisstrategien** unterschieden werden, die in großen Konzernen durchaus auch in Kombination auftreten (vgl. Runia, Wahl, Geyer, & Thewißen, 2011, S. 169ff):

- **Einzelmarkenstrategie**: jedes Produkt wird unter einer eigenen Marke angeboten (z.B. Universum® Bremen und Klimahaus® Bremerhaven 8° Ost).
- **Familienmarkenstrategie**: mehrere verwandte Produkte werden unter einer Marke angeboten (ohne Bezugnahme auf den Unternehmensnamen), z.B. SEA LIFE Speyer, München, Oberhausen etc. oder Studiosus Reisen.
- **Mehrmarkenstrategie**: Produkte im gleichen Segment erhalten einen eigenen Markennamen; verschiedene Marken dienen zur Marktsegmentierung bzw. differenzierten Marktbearbeitung, z.B. Merlin Entertainments Group mit SEA LIFE, Madame Tussauds, Heidepark, Legoland etc. oder DER Touristik mit ITS, Jahn Reisen, Tjaereborg, Dertour, Meier's Weltreisen und ADAC Reisen.
- **Dachmarkenstrategie**: verbinden von Einzel- oder Untermarken mit übergreifender Markenbezeichnung; die Dachmarke fasst alle Leistungsangebote eines Unternehmens unter einem Namen zusammen (z.B. Disney oder TUI); diese Strategie ist auch für Tourismus-Destinationen relevant (z.B. Land Fleesensee oder Lüneburger Heide).
- **Markentransferstrategie**: positive Imagekomponenten einer Hauptmarke werden auf ein Transferprodukt übertragen (z.B. Lego-Bausteine auf Freizeitpark Legoland)
- **Co-Branding**: Markenallianz, bei der eine Leistung durch zwei oder mehr Marken markiert wird (vgl. Kapitel 4.2.4, Marketingkooperationen).

Zitat ☐

„Marken müssen heute mehr bieten als clevere Logos und eine Erlebniswelt. Es geht um gesellschaftliche Relevanz, um Gemeinschaftsgefühle und um Ideale. Kurz – es geht um Bedeutung."

*Tim Leberecht (*1967), dt.-amerik. Marketer*

4.4 Strategiebewertung und -profil

Die in den bisherigen Kapiteln angeführten Strategieoptionen zählen zu den grundlegenden Ansätzen, die im Rahmen eines umfassenden Marketing-Managementkonzeptes beachtet werden sollten. Daneben gibt es eine Vielzahl weiterer Möglichkeiten für strategische Entscheidungen sowie entsprechende Grundüberlegungen und Modelle, die hier aus Gründen der inhaltlichen Konzentration nicht weiter ausgeführt werden.

Als abschließenden Schritt der Phase des strategischen Marketings sind alle strategischen Optionen noch einmal im Vergleich zu überprüfen und ihr Stellenwert für eine konkrete Marketingentscheidung zu ermitteln.

Eine Möglichkeit der vergleichenden Darstellung von Strategieoptionen in drei Dimensionen stellt der **strategische Würfel** dar. Er wird den Anforderungen eines sich dynamisch verändernden Marktes gerecht, indem er folgende Dimension berücksichtigt: den Schwerpunkt des Wettbewerbs, den Ort des Wettbewerbs (vgl. den Ansatz von Porter) und zudem die Frage, inwieweit eine Innovation vorliegt (vgl. den Ansatz von Ansoff). Diese strategischen Grundüberlegungen werden im strategischen Würfel integriert und erlauben eine grundsätzliche Markteinordnung und damit Positionierung des Unternehmens oder seiner Produkte (Abb. 32).

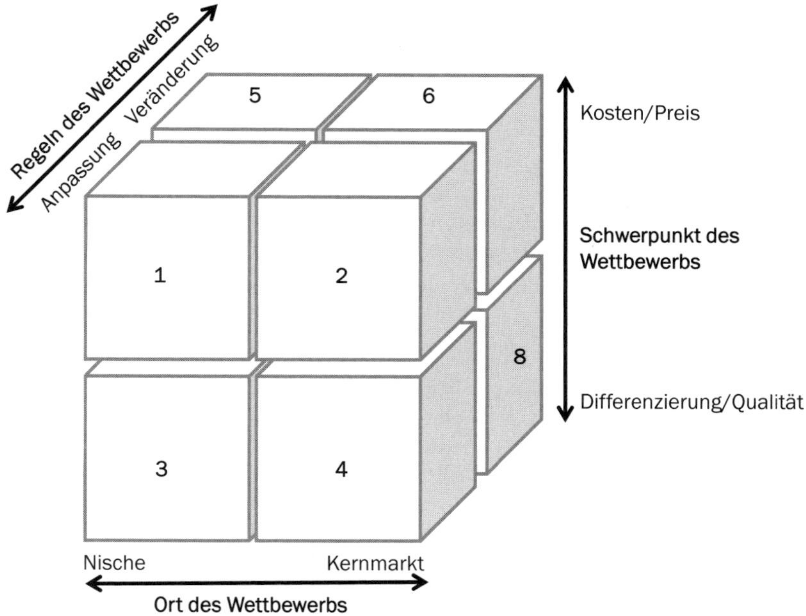

Abb. 32: Strategischer Würfel (Hartmann, 2010, S. 138; nach Steinmann & Schreyögg, 2005, S. 234)

Das Universum Bremen als Science-Center wäre beim strategischen Würfel mit den tendenziellen Merkmalen Nische, Veränderung, Differenzierung ein Beispiel für den Quadranten Nr. 7 (in der Abb. 32 verdeckt links unten liegend). Die TUI wäre mit den Merkmalen Kernmarkt, Differenzierung und Anpassung (oder Veränderung) im Quadrant Nr. 4 (oder Nr. 8).

Eine weiter gehende Möglichkeit für die vergleichende Bewertung von strategischen Alternativen ist die Erstellung eines **Strategieprofils**. Es stellt eine Verknüpfung von Strategieausprägungen auf verschiedenen strategischen Entscheidungsebenen dar. Dazu sind neben den Ergebnissen der Marketinganalyse auch jeweils die Strategiealternativen, die Strategiefolgen sowie deren Wirkungsbeziehungen zu berücksichtigen (vgl. Meffert, Burmann, & Kirchgeorg, 2012, S. 325f).

In Tabelle 15 ist ein solches Profil beispielhaft dargestellt, angelehnt an die Struktur dieses Kapitels. Es könnte sich dabei um eine expansiv angelegte Produktdifferenzierung auf dem regionalen Freizeitmarkt handeln, die einen hohen Alleinstellungscharakter besitzt und überwiegend direkt vermarktet werden soll.

Strategische Entscheidungsebene	**Strategieausprägung**			
Marktwahl				
Marktabdeckung	Gesamtmarkt = undifferenziert		**Marktsegment(e)** = differenziert (Nische, **Produkt**, Teilmarkt)	
Marktfeld	Marktdurchdringung	Markterschließung	**Sortimentserweiterung**	Diversifikation
Marktareal	Lokal	**Regional**	National	International
Entwicklungsrichtung	**Wachstum**	Stabilisierung		Schrumpfung
Marktbearbeitung				
Positionierung	**Präferenz: (selektive) Qualitätsführerschaft**		Preis-Menge: (selektive) Kostenführerschaft	
Konkurrenz	Anpassung	Konflikt	Kooperation	**Ausweichung**
Absatzmittler	Anpassung	Konflikt	Kooperation	**Umgehung**
Instrumente	**Produkt**	Preis	Vertrieb	Kommunik.

Tab. 15: Beispiel für ein Strategieprofil (Wahloption dunkel hinterlegt) (eigene Darstellung; angelehnt an Meffert, Burmann, & Kirchgeorg, 2012, S. 325)

☐ Kernaussagen Kapitel 4

- ✓ Unternehmensziele bewegen sich auf unterschiedlichen Ebenen, die durch eine zunehmende Konkretisierung gekennzeichnet sind. Im Leitbild werden diese gebündelt dargestellt.
- ✓ Marketingziele werden als Handlungsziele weiter konkretisiert und durch Kriterien messbar gemacht (operationalisiert).
- ✓ Bei den Marketingstrategien ist grundsätzlich über die Marktwahl (das wo?) und die Marktbearbeitung (das wie?) zu entscheiden. Im Kern geht es darum, Wettbewerbsvorteile aufzubauen und zu sichern.
- ✓ Im Rahmen der Segmentierung wird der relevante Markt weiter verkleinert, um spezifische Zielgruppen zu lokalisieren. Dabei fällt die Entscheidung über die Gesamtmarktabdeckung oder Spezialisierung.
- ✓ Nach den Entscheidungen über inhaltliche Marktfelder und räumliche Marktareale sowie die beabsichtigte Größenordnung der Aktivitäten, wird die Art der Marktbearbeitung geplant.
- ✓ Die Marktbearbeitung erfolgt in Bezug auf die Abnehmer (Qualitäts- oder Preisstrategie), die Konkurrenz (friedlich oder aggressiv) und Absatzmittler (aktiv oder passiv). Zudem wird der Einsatz der Marketinginstrumente strategisch geplant.
- ✓ Die Führung einer Marke dient der Differenzierung eines Produktes auf dem Markt und ist Teil der strategischen Positionierung. Die Marke bietet dem Nachfrager eine Zusatzleistung, die kaufentscheidend sein kann.

□ Fragen und Aufgaben zum Kapitel

[1] Welche Zielebenen können bei der strategischen Planung eines Marketing-Managementkonzepts unterschieden werden? Wodurch sind diese charakterisiert?

[2] Was wird unter der Unternehmenskultur verstanden, und an welchen Ausdrucksformen kann diese erkannt werden?

[3] Grenzen Sie Unternehmensziele von Marketingzielen ab!

[4] Was ist bei der Operationalisierung von Marketingzielen zu beachten?

[5] Welche beiden Kategorien von Marketingstrategien können grundsätzlich unterschieden werden?

[6] Was sind strategische Geschäftsfelder und strategische Geschäftseinheiten? Erläutern Sie das an einem Beispiel aus dem Tourismus!

[7] Beschreiben Sie, was für die Bestimmung des optimalen Segmentierungsgrades von Bedeutung ist!

[8] Nennen Sie die fünf Grundformen von Marktbearbeitungsstrategien und erläutern diese anhand von Beispielen aus dem Freizeitbereich!

[9] Was bedeutet es, die Z-Strategie zu verfolgen?

[10] Erläutern Sie die beiden grundsätzlichen Alternativen für Strategieentscheidungen bzgl. der Parameter Qualität und Preis!

[11] Welches sind die vier strategischen Alternativen für konkurrenzgerichtetes Verhalten?

[12] Was ist eine Marke und welche Funktion erfüllt diese für das Marketing?

[13] Erläutern Sie die Basisstrategien der Markenausrichtung anhand von Beispielen aus dem Tourismus!

[14] Skizzieren Sie den strategischen Würfel und wählen für jeden Quader ein Beispiel aus dem Freizeit- oder Tourismusbereich!

5 Operatives Marketing

Aregash Lodge in Yirga Alem, Äthiopien (© Rainer Hartmann)

☐ Lernziele

Die Inhalte dieses Kapitels ermöglichen Ihnen, …

- ein Verständnis für die Systematik des Marketing-Mix in seiner Grundform (4 P´s) und bzgl. Dienstleistungen (7 P´s) zu entwickeln.
- die hierarchischen Verknüpfungen von den Unternehmenszielen über die Strategien bis zum operativen Bereich herzustellen.
- die Entscheidungsbereiche der Produktpolitik mit seinen speziellen Facetten für den Tourismus- und Freizeitbereich kennenzulernen.
- die Spezifika der Preis- und Konditionenpolitik sowie der Vertriebspolitik in Tourismus und Freizeit zu erfassen.
- sich mit dem rasant wachsenden Markt der Online-Distribution und der Online-Kommunikation vertraut zu machen.
- den fließenden Übergang zwischen den klassischen und den modernen Kommunikationsinstrumenten zu erkennen.
- Erlebnisinszenierung als ein wichtiges Konzept für die integrierte Vermarktung von Tourismus- und Freizeitangeboten zu verstehen.
- den Marketing-Mix als ein Geflecht von operativen Maßnahmen zu sehen, die zu einem konsistenten Profil verschmelzen.

Das strategische Marketing bildet die Grundlage für den nächsten Schritt des Marketing-Managementprozesses: die operative Marketingplanung. In dieser Phase sind die einzelnen **Marketinginstrumente** festzulegen und in ihrer Intensität sowie ihrem gegenseitigen Wirkungsgefüge aufeinander abzustimmen. Das geschieht in enger Anlehnung an die Unterziele, die auf der untersten Ebene der Zielpyramide definiert wurden. Diese sollen letztendlich mit Hilfe der Marketinginstrumente erreicht werden (vgl. Abb. 26 in Kapitel 4.1). Die Umsetzung der strategischen Vorüberlegungen mit Hilfe der optimalen Kombination verschiedener Marketinginstrumente wird auch als **taktisches Marketing** bezeichnet.

Im Rahmen des **Marketing-Mix** können die verschiedenen Marketinginstrumente den Bereichen Produkt-, Preis-, Vertriebs- und Kommunikationspolitik zugeordnet werden. Diese Systematisierung, die auf McCarthy (1960) zurückzuführen ist, hat sich in Wissenschaft und Praxis auch als die **„4 P`s“** durchgesetzt:

[1] **P**roduct = Produkt

[2] **P**rice = Preis

[3] **P**lace = Vertrieb

[4] **P**romotion = Kommunikation.

Erweiterter Marketing-Mix für Dienstleistungen

In der Literatur werden immer wieder neue Ansätze für die Erweiterung der „4 P`s“ diskutiert, die genauer betrachtet lediglich Vertiefungen des Ursprungsmodells darstellen und grundsätzlich in diesem aufgehoben sind. Da die Immaterialität von Dienstleistungen eine andere Herangehensweise an das Marketing erfordert als dies für Konsumgüter der Fall ist, soll hier eine weitere Differenzierung des Marketing-Mix vorgenommen werden (vgl. Kap. 2.2). Daher können die Instrumente aus den „4 P`s“ des Marketing um drei Kategorien ergänzt werden, zum **7 P-Ansatz des Dienstleistungsmarketings** (vgl. Meffert & Bruhn, 2012, S. 175ff) (vgl. Abb. 33). Die drei zusätzlichen P`s sind:

[5] **P**eople (Personal)

[6] **P**rocess (Prozess)

[7] **P**hysical Facilities (Ausstattung).

Der Aspekt **Personal** fokussiert die besondere Rolle der Mitarbeiter bei der Erstellung von Dienstleistungen. Durch die Immaterialität und das Zusammenfallen von Erstellung und Konsum der Leistung steht das Personal in allen Phasen der Dienstleistung im Mittelpunkt. Das Kaufrisiko ist deutlich höher als bei

Sachleistungen. Deshalb kommt der Potenzialphase eine besondere Bedeutung zu. Hier bedarf es besonderer vertrauensbildender Maßnahmen von Seiten des Personals.

Der Prozess-Aspekt befasst sich mit dem **Erstellungsprozess** der Dienstleistung. Es muss versucht werden, diesen stets zu optimieren und kundenfreundlich zu gestalten. Hierbei besteht ein sehr enger Bezug zum **Phasenmodell** von Dienstleistungen, das die Potenzial- von der Prozess- und der Ergebnisphase trennt. Für jede der Phasen bestehen ganz spezifische Anforderungen an das Marketing.

Die **Physical Facilities** betreffen die Ausstattung bzw. die physisch erfassbaren Leistungspotenziale des Dienstleistungsanbieters. Diese spielen ebenfalls in der Potenzialphase eine besondere Rolle, wenn es um die Minimierung des wahrgenommenen Kaufrisikos seitens der Nachfrager geht. Wichtige Aspekte sind z.B. die Architektur und Attraktivität von Gebäuden, das Ambiente in Geschäftsräumen (Akustik, Optik, Geruch, Stil etc.), die verwendeten Arbeitsmittel (in gutem Zustand und technisch aktuell) und – nicht zuletzt – das Aussehen der Mitarbeiter (Kleidung, Körperpflege etc.) (vgl. Freyer, 2011, S. 425f).

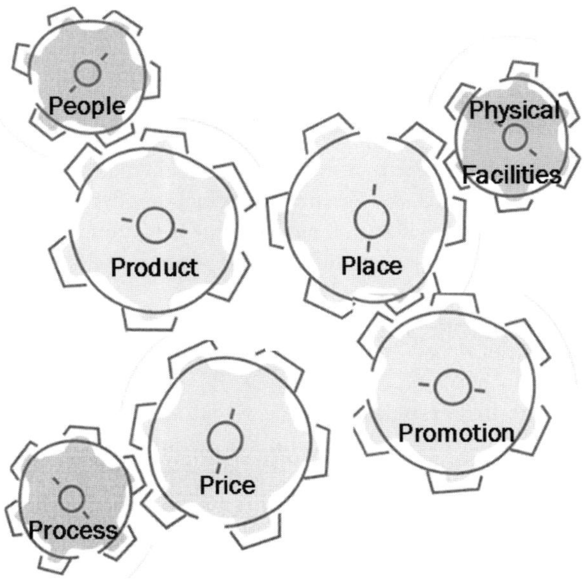

Abb. 33: 7 P´s als erweiterter Marketing-Mix für Dienstleistungen (eigene Darstellung)

Die Planung des Marketing-Mix stellt sich als eine immer neue Herausforderung dar. Je nach Aufgabenstellung, Produkten, Unternehmen oder relevantem Markt ist eine jeweils neue Betrachtungsweise und damit auch eine neue Kombination der Marketinginstrumente erforderlich. Der **Marketingmanager** steht somit permanent vor dem Entscheidungsproblem, welches die optimale Kombination der Instrumente ist. Culliton hat ihn daher, in Anlehnung an die Arbeit eines Kochs, treffend als „**Mixer of Ingredients**" bezeichnet (zitiert in Borden, 1964, S. 7).

Zitat ☐

"Marketing is still an art, and the marketing manager, as head chef, must creatively marshal all his marketing activities to advance the short and long term interests of his firm."

Neill H. Borden (1895-1980), US-amerik. Ökonom

In den folgenden Kapiteln wird der einfache Instrumentenkoffer (4 P`s), der für kreative Marketingentscheidungen im Tourismus- und Freizeitbereich zur Verfügung steht, als Struktur hinterlegt. Durch entsprechende praktische Bezüge wird vor allem in der Produkt- und Kommunikationspolitik auch auf die zusätzlichen drei P`s des Dienstleistungsmarketings eingegangen.

Paradigmenwechsel zum Beziehungsmarketing

Seit den 1990er Jahren hat sich ein deutlicher Paradigmenwechsel in der Marketingwissenschaft vollzogen, der zu einer Verschiebung der Sichtweisen in Bezug auf die Markt- bzw. Kundenorientierung geführt hat. Früher hat man – im Zuge des Einsatzes der „4 P`s" – zumeist die eigene strategische und operative Arbeit, d.h. die Erstellung des Marketing-Mix, in den Fokus der Betrachtungen gestellt (**Inside-out-Perspektive**). Mit dieser transaktionsorientierten Sichtweise wurde man jedoch den speziellen Kundenerwartungen oft nicht gerecht. Aus dieser Erkenntnis heraus hat sich eine veränderte Vorgehensweise entwickelt, diese folgt der **Outside-in-Perspektive**. Die jeweilige Art der Beziehung des Unternehmens zum Kunden steht hierbei am Ausgangspunkt der Marktbearbeitung. Daher wird auch vom **Beziehungsmarketing** oder im Englischen vom ***Relationship Marketing*** gesprochen. Der Einsatz der Marketinginstrumente wird stärker unter dem Aspekt der verschiedenen Phasen der Geschäftsbeziehung betrachtet, die analog zu den „4 P`s" als die „3 R`s" bezeichnet werden (vgl. Bruhn, 2012, S. 30ff):

[1] **Recruitment**: Kundenakquisition mit dem Fokus auf intensiven Kundendialog und Interaktion mit dem Kunden (Markierung, Produktzusatznutzen,

Niedrigpreis, Sonderangebote stehen hier ebenso im Vordergrund wie z.B. die Verkaufsförderung).

[2] **Retention**: Kundenbindung mit dem Fokus, die Kundenzufriedenheit zu steigern und eine langfristige Beziehung aufzubauen (Serviceangebote, Sortimentsbreite, Preisbündelung kommen hier z.B. besonders zum Tragen, genau wie Sponsoring und Lieferservices).

[3] **Recovery**: Kundenrückgewinnung oder Halten unzufriedener Kunden, z.B. durch individuell auf Kundensegmente zugeschnittene Sonderangebote (Produktverbesserungen, individuelle Leistungen, Rabatte sowie Telefonmarketing und Exklusivvertrieb können hier bevorzugte Instrumente sein).

Die differenzierte Betrachtung nach der jeweiligen Art der Beziehung des Unternehmens zum Kunden wirkt sich demnach auf alle Marketinginstrumente aus. Je nach Phase der Geschäftsbeziehung kommen primär andere Instrumente zum Einsatz. Seit dem Siegeszug des Online-Marketings hat sich die Bedeutung des Beziehungsmarketings entscheidend verstärkt (vgl. Kap. 5.3 und 5.4.4).

5.1 Produktpolitik

☐ Definition

> Die **Produktpolitik** umfasst die Entwicklung bzw. Gestaltung der Produkte oder Dienstleistungen, die von einem Unternehmen auf dem Markt angeboten werden sollen. In der Regel handelt es sich dabei um eine Vielzahl von Leistungen, also einen spezifischen Produkt-Mix (Hartmann, 2010a, S. 171 und Freyer, 2011, S. 430).

Dem Nachfrager ist zu vermitteln, dass die angebotenen Produkte einen besonderen **Nutzen** für ihn **stiften**, entweder als Grundnutzen (z.B. besondere Funktionalität) oder als Zusatznutzen (z.B. Prestigewert). Diese spiegeln sich im Produkt entweder als Kern- oder als Zusatzleistung wider.

Als Entscheidungsbereiche der Produktpolitik gelten die Festlegung der Qualität sowie der Quantität auf der Produktebene. Dazu gehören die Gestaltung des Leistungsprogramms und das Produktmanagement. Zum entsprechenden Leistungsprogramm zählen **physische Kaufobjekte** (enger Produktbegriff) und **Dienstleistungen**, die auch in einem direkten Zusammenhang mit dem Kaufobjekt stehen können (erweiterter Produktbegriff). Im Tourismus- und Freizeitbereich ist fast ausschließlich von einem erweiterten Produktbegriff auszugehen, der immaterielle Dienstleistungen und ggf. auch Anteile von materiellen Sachleistungen beinhaltet (vgl. Abb. 9 in Kapitel 2.2).

5.1.1 Festlegung des Leistungsprogramms

Die Entscheidungsbereiche in Bezug auf die Festlegung des Leistungsprogramms erstrecken sich generell auf drei Aspekte (vgl. Bruhn, 2012, S. 124f):

[1] Die Definition der Einzigartigkeit des Produkts beantwortet die Frage, welches der einzigartige Kundennutzen bzw. das Alleinstellungsmerkmal sein soll. Dazu gehört die Entwicklung eines einzigartigen Verkaufsarguments, der **Unique Selling Proposition (USP)**. Dieser Arbeitsschritt wurde bereits im Rahmen des strategischen Marketings als wichtige Voraussetzung zur Erlangung eines Wettbewerbsvorteils (Kapitel 4.2) bzw. als zentrales Element der Markenbildung (Kapitel 4.3) angeführt. Das Thema USP spielt zudem sehr stark in den Bereich der Kommunikationspolitik hinein. Deshalb wird eine weitere Vertiefung im Kapitel 5.4.5 unter dem Aspekt des Event- und Erlebnismarketings erfolgen.

Häufig ist es schwierig, das zentrale Verkaufsargument herauszuarbeiten. Insbesondere auf Märkten mit sehr ähnlichen oder standardisierten Produkten. Das gilt auch für die **Vermarktung von Destinationen**. Insbesondere in Städten mit einem umfassenden Stadtmarketingverständnis ist die Konzentration auf wenige Aussagen ein sehr schwieriger und zuweilen ein unmöglicher Prozess. Deshalb bestehen Alleinstellungsmerkmale dort meist aus einer einmaligen Kombination von Motiven, die zu einem **unverwechselbaren Profil** geformt und mit einer Kernbotschaft vermarktet werden. Die USP dient in diesem Zusammenhang als „Aufhänger" und soll die erste Aufmerksamkeit auf eine Stadt richten, um im nächsten Schritt ein tieferes Interesse auszulösen (vgl. Hartmann, 2011b). Dazu dienen häufig **herausragende Landmarks** (Eiffelturm, Brandenburger Tor, London Eye etc.), landschaftliche Bezüge (Freiburg im Breisgau/Schwarzwald, Bremen/Weser, Stralsund/Ostsee etc.), historische Bezüge (Trier als Römerstadt, Augsburg als Fuggerstadt, Lübeck als Hansestadt etc.) oder auch wirtschaftliche Zusammenhänge (VW-Stadt Wolfsburg, Bankenmetropole Frankfurt/Main, Bochum im „Ruhrpott" etc.). Immer häufiger wird auch versucht, Städte mit neuen Imagemerkmalen oder USP „aufzuladen": Bremerhaven mit dem Klimahaus und dem Deutschen Auswandererhaus, Wolfsburg mit der Autostadt und dem Phaeno oder Oberhausen mit dem Centro.

Die Alleinstellungsmerkmale dienen zumeist auch bei der Umsetzung der Corporate Identity in ein entsprechendes **Corporate Design** als zentrale Gestaltungselemente (vgl. Abb. 34).

Abb. 34: Logos von Sydney und Berlin mit den weltberühmten Landmarks (© Tourism Australia und © Berlin Tourismus & Kongress GmbH)

[2] Die Gestaltung des Produktes ist der nächste Entscheidungsbereich. Hierbei soll der spezifische Kundennutzen sichergestellt werden. Es geht vor allem um die Produktbeschaffenheit, -qualität und Markenbezeichnung. Dieser Aspekt kann direkt aus den Strategien der Marktbearbeitung abgeleitet werden (vgl. Kap. 4.2.4). Unabhängig davon, ob die angebotenen Leistungen im Zuge einer **Präferenzstrategie** durch die Herausstellung ihrer Qualität angeboten werden oder im Rahmen einer **Preis-Mengen-Strategie** auf preisliche Nutzenerwartungen bei der Nachfrage gesetzt wird. Es geht um eine **klare Positionierung** und ein angemessenes Preis-Leistungsverhältnis. Aufgrund der fehlenden Verpackungsmöglichkeiten und der Intangibilität der Leistungen im Tourismus- und Freizeitbereich sind an dieser Stelle die drei zusätzlichen P`s von großer Bedeutung: In der Potenzialphase des Dienstleistungsprozesses (**P**rocess) muss den Nachfragern durch das Personal (**P**eople) und die physische Ausstattung (**P**hysical Facilities) der besondere Nutzen der Leistung verdeutlicht werden. In der eigentlichen Prozessphase der Leistungen müssen die Erwartungen dann zumindest erfüllt, wenn nicht übertroffen werden (Grund- und Zusatznutzen).

Ein gutes Beispiel für die Gestaltung und Markenaufladung eines Produktes ist das Kreuzfahrtunternehmen AIDA, das seinen Schiffen jeweils eine „Persönlichkeit“ verleiht und durch das markante Corporate Design gleichzeitig seine Alleinstellungsmerkmale kommuniziert.

©AIDA Cruises

[3] Das Festlegen von Serviceleistungen, die als zusätzliche Leistungsmerkmale dienen und den Kundennutzen steigern, ist der dritte Entscheidungsbereich. Auf das Thema Kern- und Zusatzleistungen wird in diesem Kapitel später ausführlich eingegangen.

☐ Fallbeispiel

Das Unternehmen **AIDA Cruises** stellt seine Serviceleistungen im Sinne eines Mix von Alleinstellungsmerkmalen klar heraus, um damit seine Wettbewerbsvorteile klar zu kommunizieren (Aida Cruises, o.J.):

AIDA - einfach einzigartig:

- die schönste Verbindung aus Kreuzfahrt, Wellnessurlaub, Städtereise und Naturerlebnis
- hervorragender Service und modernster Komfort
- kulinarische Weltreisen in verschiedenen Restaurants
- einer der größten Spa- und Sportbereiche auf dem Meer
- atemberaubendes Entertainment, eigens für AIDA arrangiert
- jede Menge Spaß im Kids Club und tolle Angebote für Teens
- vielfältige Ausflüge an Land, von ganz entspannt bis sportlich aktiv
- eine der modernsten und umweltfreundlichsten Flotten weltweit
- Deutsch als Bordsprache.

AIDA Inklusiv-Leistungen:

- Vollpension mit Tischgetränken in den Buffet-Restaurants
- Nutzung vieler Sport- und Wellnessangebote
- Entertainment der Spitzenklasse
- Kinderbetreuung ab 3 Jahre im Kids Club
- Trinkgelder.

5.1.2 Produktmanagement

Zu den Aufgaben des Produktmanagements zählen auf drei unterschiedlichen Ebenen die folgenden Entscheidungsbereiche (vgl. Bruhn, 2012, S. 125f):

[1] Programmentscheidungen (höchste Ebene) über Veränderungen aller Produktlinien und einzelnen Produkte. Hier wird entschieden, wie und anhand welcher Kriterien die Programmstruktur ausgerichtet werden soll und welche Beziehungen zwischen den einzelnen Verbundpartnern herrschen. Dabei geht es um die grundsätzliche **Ausrichtung** des Programms sowie die **Programmbreite** (Anzahl der Produktlinien) und die **Programmtiefe** (Zahl der Produkte innerhalb einer Produktlinie).

☐ Fallbeispiel

Als Beispiel dient die **Merlin Entertainments Group**, der zweitgrößte Freizeitanbieter der Welt nach Disney. Das Unternehmen vereint eine Vielzahl von sehr bekannten Produktlinien aus dem Freizeitbereich unter einem Dach (vgl. Tab. 16) und betreibt darüber hinaus eine Reihe von großen Einzelbetrieben wie den Heide Park in Soltau oder das London Eye.

►► PROGRAMMBREITE ►►				
▼▼	**Sea Life**	**Madame Tussauds**	**Legoland Parks**	**The Dungeons**
PROGRAMMTIEFE ▼▼	London **UK** Brighton Manchester …	London Blackpool	Windsor	London Blackpool Edinburgh …
	Berlin **D** Hannover München …	Berlin	Günzburg	Berlin Hamburg
	Charlotte **USA** Kansas City Minnesota …	Hollywood Las Vegas New York …	California Florida	
	Jesolo **I** Paris **F**	Wien **AT** Amsterdam **NL**	Billund **DK**	Amsterdam **NL**
		Sydney **AUS**		
		Hong Kong, Shanghai (CN), Bangkok (THAI), Tokio (JAP) …		
	Daneben existieren weitere Produktlinien und Produkte (London Eye, Gardaland, Heide Park Resort, Earth Explorer, Thorpe Park etc.)			

Tab. 16: Dimensionen des Produktprogramms am Beispiel Merlin Entertainments (eigene Darstellung; nach Merlin Entertainments Group, 2013)

Innerhalb dieser enormen Programmbreite gehen die einzelnen Produktlinien durch spezifische, auf die jeweiligen Rahmenbedingungen angepasste Themen in die entsprechende Programmtiefe. Die Sea Life Center besitzen z.B. alle einen standardisierten Grundaufbau, thematisieren jedoch in jedem Ort die regional-geographischen Besonderheiten (Ostsee in Timmendorfer Strand, Rhein in Konstanz etc.). Die einzelnen Angebote werden im Rahmen des Marketings auf verschiedenen Wegen miteinander vernetzt (gemeinsame Preispolitik, Empfehlungsmarketing etc.) (vgl. Merlin Entertainments Group, 2013).

[2] Produktlinienentscheidungen (mittlere Ebene) beziehen sich auf Veränderungen innerhalb einer Produktlinie. Die Entscheidungen auf dieser Ebene werden auch als Sortimentspolitik bezeichnet. „Die **Sortimentspolitik** umfasst sämtliche Entscheidungen, die mit der Erstellung und Umstrukturierung (Erweiterung oder Eliminierung) von Leistungsangeboten in einem Gesamtsystem verbunden sind" (Bruhn, 2012, S. 157).

Im Rahmen der **Sortimentserweiterung** gibt es grundsätzlich die beiden Möglichkeiten der Ausdehnung innerhalb einer Produktlinie (Differenzierung) oder der Einführung neuer Produktlinien (Diversifikation). Am Beispiel von Merlin Entertainments ist das z.B. die Neueröffnung des Berlin Dungeon im März 2013 als weitere Differenzierung dieser Produktlinie oder die Übernahme der Living and Leisure Australia Group 2012 als Diversifikation auf dem australischen und asiatischen Markt (vgl. Merlin Entertainments Group, 2013).

Die **Sortimentsbereinigung** bezieht sich auf verschiedene Entscheidungsoptionen, die mit der Eliminierung von Produkten (als Sorten- oder Typenreduktion) oder Produktlinien (als Spezialisierung) bzw. deren Modifikation zusammenhängen. Bevor solche Entscheidungen zur Erfüllung von Rückzugsstrategien umgesetzt werden, sind die entsprechenden Entscheidungskriterien – ob quantitativ (z.B. sinkende Absätze oder Umsätze) oder qualitativ (z.B. negative Imagewirkungen) – genaustens abzuwägen (vgl. Bruhn, 2012, S. 157ff).

[3] Produktentscheidungen beinhalten Festlegungen für das einzelne Produkt. Das Produktprogramm weiterzuentwickeln und zu verändern ist die grundständige, tägliche Aufgabe des **Produktmanagements**. Das können Produktinnovationen sein, die für den Markt oder das Unternehmen völlig neuartig sind, Produktverbesserungen oder Differenzierungen eines Produktes, als zusätzliche Variante für ein spezielles Marktsegment (vgl. Bruhn, 2012, S. 131ff).

Jeder Produktmanager im Bereich der Tourismus- und der Freizeitangebote steht permanent vor der Aufgabe, solche Produktentscheidungen zu treffen und nimmt dabei Bezug auf die zuvor erarbeitete Marketingstrategie. Die Marktwahlstrategien und die strategischen Analysen geben ihm Auskunft darüber, welches der geeignete Zeitpunkt, das richtige Marktfeld und Marktareal und die geeignete Stoßrichtung für z.B. die Einführung eines neu entwickelten Produktes ist.

5.1.3 Produktpolitik in den Dienstleistungsphasen

Freyer (2011, S. 438ff) hat die verschiedenen Ansatzpunkte und Aspekte der Produktpolitik entsprechend des **7 P-Ansatzes des Dienstleistungsmarketings** auf die einzelnen Phasen des Dienstleistungsprozesses im Tourismus bezogen (vgl. auch Kap. 2.2). Diese Gliederung lässt sich ebenfalls auf den Bereich der Freizeitangebote übertragen und soll deshalb an dieser Stelle als Vertiefung der vorherigen Abschnitte weitere Betrachtung finden (vgl. auch Hartmann, 2010a, S. 171ff).

In der **Potenzialphase** der Dienstleistung spielen, bedingt durch die Immaterialität der Leistungen, **vertrauensbildende Maßnahmen** eine besondere Rolle. Diese stehen in einem engen Zusammenhang mit der Art und Weise der Kommunikation des Angebots. Der Anbieter muss das Vertrauen der Kunden durch eine entsprechende Seriosität gewinnen. Im Idealfall gibt es bereits zufriedene Kunden, die durch Mund-zu-Mund-Empfehlungen eine wichtige Referenz darstellen (**Empfehlungsmarketing**). Die Qualität der Angebote wird häufig an Nebenaspekten der eigentlichen Leistungserstellung gemessen, z.B. die Sauberkeit und das Ambiente der Geschäftsräume, die Art der Einrichtung, die technische Ausstattung oder auch das Verhalten des Beratungs- und Verkaufspersonals. Die Qualifizierung und signalisierte Kompetenz, aber auch die Freundlichkeit und Schnelligkeit des Personals sind sehr wichtige Erfolgs- und Qualitätsmerkmale von Unternehmen in der Tourismus- und Freizeitbranche. Darüber hinaus hat die **Markenbildung** eine enorme Bedeutung in der Potenzialphase. Die Abgrenzung und Positionierung der Marke gegenüber Mitbewerbern dient dem Kunden als Orientierung (vgl. Kap. 4.3).

Die **Prozessphase** der tourismus- und freizeitbezogenen Dienstleistung ist durch die **tatsächliche Erstellung der Leistung** und Wahrnehmung durch den Kunden gekennzeichnet. Entscheidend ist an dieser Stelle die direkte **Interaktion mit dem Kunden**. Ist das Personal gut vorbereitet bzw. ausgebildet, um vollständig auf die Wünsche des Kunden einzugehen? Reagieren die Mitarbeiter adäquat auf das Verhalten des Kunden? Zudem kommt es in der Prozessphase auf das optimale **Zusammenwirken der verschiedenen Leistungsträger** für die Erstellung des Gesamtproduktes an, damit der Kunde ein in sich abgerundetes Gesamterlebnis haben kann. Zur Erfüllung dieser Aufgaben empfiehlt sich eine Auseinandersetzung mit den entsprechenden Ansätzen des Qualitätsmanagements (vgl. Kap. 3.1.2).

Ganz wesentlich für die Kundenzufriedenheit ist die **Bereitstellung der Leistung** zum richtigen Zeitpunkt, im vereinbarten Umfang, in der zugesicherten Qualität (Funktionalität der Geräte, Ambiente der Einrichtung, freundliches Personal etc.). Dabei ist die **Performance** besonders wichtig, denn zunehmend erwarten die Kunden neben der reinen Kernleistung entsprechende Zusatzleistungen *(Value Added Services)*.

Kernleistungen stellen im Sinne der Wettbewerbsorientierung das „Leistungsübliche" in der jeweiligen Branche dar. Aus der Sicht des Anbieters kann es auch als Grundversion bezeichnet werden. **Zusatzleistungen** dienen im Rahmen der Produktpolitik der Differenzierung und sind Ansatzpunkte für Wettbewerbsvorteile (vgl. Freyer, 2011, S. 452ff und Abb. 35).

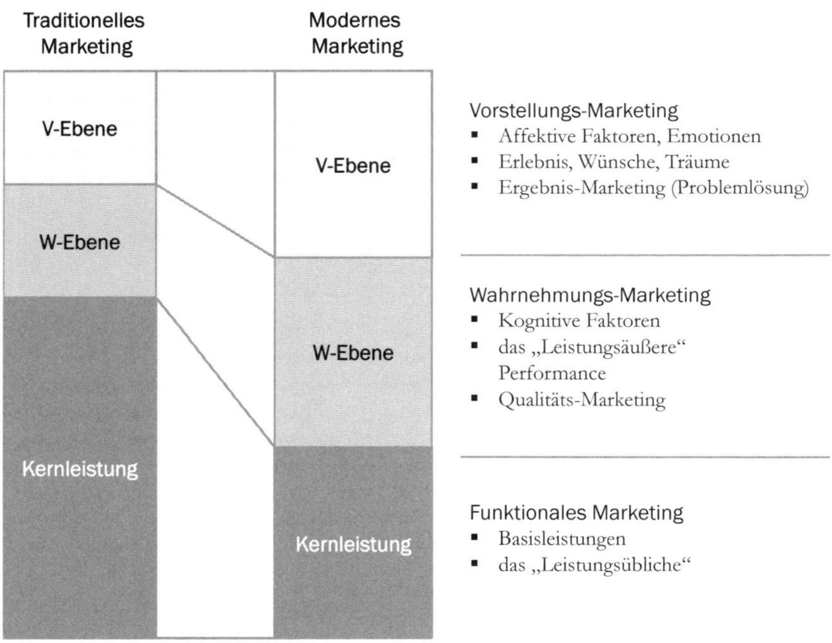

Abb. 35: Vom Kern- zum Zusatzprodukt (Hartmann, 2010a, S. 173; nach Freyer, 2011, S. 457)

Zu beachten ist allerdings, dass sich das Leistungsübliche auf dem Markt in ständiger Veränderung befindet: Was vor Kurzem noch zu den Zusatzleistungen zählte, wird im Zeitverlauf schrittweise zu einem Element des Kernprodukts. Das führt in der Produktpolitik zur Unterscheidung von drei Vermarktungsebenen.

- Die Ebene des **funktionalen Marketings**, auf der die Basisleistung oder das „Leistungsübliche" vermarktet wird (Gewichtung in der Praxis nimmt tendenziell ab).
- Die Ebene des **Wahrnehmungsmarketings**, die das „Leistungsäußere" (Performance, Design), d.h. kognitive Faktoren, die erkennbar und sinnlich wahrnehmbar sind, vermarktet (zunehmende Gewichtung).
- Die Ebene des **Vorstellungsmarketings**, bei der affektive Faktoren und Emotionen (Erlebniswerte, Wünsche, Träume) eingesetzt werden (stark zunehmende Gewichtung; vgl. Kapitel 5.4.5).

Das zentrale Motiv der Vermarktung auf allen drei Ebenen ist die Kundenzufriedenheit durch die Vermittlung eines speziellen Nutzens oder Vorteils. Levitt hat das im folgenden Zitat prägnant auf den Punkt gebracht (zitiert in Middleton, Fyall, & Morgan, 2009, S. 122).

Zitat ☐

„People do not buy products, they buy the expectation of benefits. It is the benefits that are the product"

Theodore Levitt (1925-2006), dt.-amerik. Wirtschaftswissenschaftler

Auch in der **Ergebnisphase** der Dienstleistung gibt es eine Reihe von Maßnahmen, die vor allem in Zusammenhang mit dem Qualitätsmanagement eine entsprechende Beachtung finden müssen. Es geht dabei um die Nachbetreuung der Kunden (z.B. mit Hilfe einer Kundenkartei), die mögliche Kundenbindung (z.B. durch Bonussysteme oder Kundenclubs) und eine funktionierende Reklamationspolitik (z.B. ein Beschwerdemanagement-System) (vgl. Freyer, 2011, S. 447ff).

5.2 Preispolitik

Die reine Preispolitik ist genau genommen nur ein Teilbereich der **Kontrahierungspolitik**, die sich aus Preis- und Konditionenpolitik zusammensetzt. Im Rahmen der Preispolitik erfolgt dabei die Festlegung und Gestaltung von Verkaufspreisen. Die Konditionenpolitik beschäftigt sich mit der Modifikation des Grundpreises und bezieht sich auf Rabatte, Absatzkredite (auch Leasing) oder die Lieferungs- und Zahlungsbedingungen.

Genau wie bei der Produktpolitik, die eng mit der Kontrahierungspolitik vernetzt ist, werden mit der Preispolitik die Unternehmensziele verfolgt und entsprechende strategische Vorgaben umgesetzt. Hier sind es vor allem die Marktteilnehmerstrategien (Kap. 4.2.4), die in operative Programme umgesetzt werden müssen. Je nach Ausrichtung der Ziel- und Strategieebene dient die Preispolitik entweder internen Zielen, wie z.B. der Kostenoptimierung, oder externen Zielen, wie z.B. der Preis- oder Qualitätsführerschaft. Basis für alle preispolitischen Entscheidungen ist immer die Betrachtung der internen Unternehmenssituation und der externen Marktsituation sowie der daraus resultierenden Bestimmung des Zielmarktes und strategischen Positionierung des jeweiligen Produktes.

☐ Definition

Die **strategische Preispolitik** verfolgt demnach das Ziel der Positionierung eines Angebots im Preis-/Qualitätsraum auf einem entsprechenden Markt. Sie ist ein wichtiges Element der konkurrenzorientierten Strategie. Die Aufgaben der **taktischen Preispolitik** umfassen dagegen die Beeinflussung der kurzfristigen Auslastung, des kurzfristigen Buchungsverhaltens oder des Cash-Flows (vgl. Freyer, 2011, S. 478ff).

5.2.1 Preisfestlegung

Im Zuge der Preisfestlegung können **drei Einflussfaktoren** unterschieden werden, die idealerweise simultan in preispolitische Entscheidungen einbezogen werden:

[1] Die **kostenorientierte Preisfestlegung**, die mittels Kostenrechnung erfolgt und sich aus fixen und variablen Kosten zusammensetzt, bildet zumeist die Basis für die Preisbestimmung. Fixe Kosten sind unabhängig von der Leistungsmenge und fallen regelmäßig an (zeitabhängige Kosten), variable Kosten sind abhängig von der betrachteten Bezugsgröße (mengenabhängige Kosten).

[2] Die **nachfrageorientierte Preisfestlegung** geht von den Preisvorstellungen der Verbraucher aus bzw. bezieht diese in die Überlegungen mit ein. Dabei ist zu beachten, dass jede Preisvariation gleichzeitig zu einem anderen Nachfrageniveau führt. Je nachdem wie elastisch die Nachfrage ist, kann der Anbieter auch höhere Preise generieren. Tourismus- und Freizeitangebote zeichnen sich eher durch eine geringe Elastizität aus, da die Preissensibilität der Nachfrager hier relativ hoch ist. Es sei denn, es handelt sich um ein Angebot mit sehr hohem Prestigewert, das ggf. (für den Einzelnen) zeitlich nur begrenzt wahrnehmbar ist (z.B. MOMA-Ausstellung in Berlin oder Besuch des Empire State Buildings während einer New

York-Reise). Entscheidend für die nachfrageorientierte Preisfestlegung ist der Wert, den die Kunden der jeweiligen Leistung beimessen.

[3] Die **konkurrenzorientierte Preisfestlegung** kann grundsätzlich in drei Ausrichtungen erfolgen, die abhängig vom Marktgeschehen und den darauf aufbauenden konkurrenzgerichteten Strategien sind (vgl. Kap. 4.2.4):

- **Aggressive Preispolitik** zielt auf einen scharfen Preiswettbewerb ab, bei dem der Konkurrent durch niedrige Preise unterboten wird, um ihm Marktanteile abzunehmen (auf dem Reisemarkt bei billigen Pauschalangeboten in massentouristische Ziele). Sie wird im Rahmen von Konfliktstrategien angewendet.
- **Initiative Preispolitik** zielt auf die Preisführerschaft und darauf, die Konkurrenz und die Wettbewerber auf ein bestimmtes Preisniveau zu zwingen (Konfliktstrategie). Dies gelingt, wenn ein Unternehmen über eine entsprechende Marktmacht verfügt (z.B. Ryanair bei den Lowcost-Airlines).
- **Adaptive Preispolitik** bedeutet den Verzicht auf eine aktive Preisfestlegung auf einem friedlichen Markt (Anpassungsstrategie). Es erfolgt eine Angleichung am Marktführer oder eine branchenübliche Kalkulation, die sich ggf. an Leitpreisen orientiert (z.B. bei hochwertigen Studien- und Erlebnisreisen).

Als Preisobergrenze ist der Preis zu sehen, den die Nachfrager bereit sind für eine Leistung maximal zu zahlen. Die Preisuntergrenze markieren die Kosten der Leistungserstellung. In Ausnahmefällen können sowohl Ober- als auch Untergrenze aus strategischen Überlegungen verschoben werden, z.B. bei einer extrem guten Nachfragesituation (Mangelwirtschaft) nach oben oder bei großen Absatzschwierigkeiten zeitweise nach unten (vgl. Runia, Wahl, Geyer, & Thewißen, 2011, S. 187ff).

5.2.2 Preisdifferenzierung

Im Rahmen der Preisdifferenzierung werden für identische Produkte oder Dienstleistungen unterschiedlich hohe Preise von der Nachfrage gefordert. Es ist damit ein Instrument der **differenzierten Marktbearbeitung** zur Steigerung der Gewinne durch maximale Abschöpfung der individuellen Preisbereitschaft der Käufer.

Voraussetzung für die Preisdifferenzierung ist eine fundierte Nachfrageanalyse und Segmentierung des relevanten Marktes. Neben den Käufern, die bereit sind einen Einheitspreis zu zahlen, können damit Nachfragesegmente erschlossen werden, die bereit sind einen höheren Preis zu zahlen und solche, deren Preisbereitschaft unterhalb des Einheitspreises liegt. D.h. es müssen von Seiten des Anbieters sowohl **Nutzen- als auch Kostenwirkungen** berücksichtigt werden.

Im Idealfall kann somit durch ein „Aushandeln wie auf dem Basar" eine Win-Win-Situation entstehen und letztendlich der Gewinn des Anbieters vergrößert werden (vgl. Meffert, Burmann, & Kirchgeorg, 2012, S. 511ff).

In der Tourismus- und Freizeitbranche sind verschiedene **Formen der Preisdifferenzierung** zu finden:

- zeitlich (in Abhängigkeit vom Kaufzeitpunkt, z.B. Flüge, Mietwagen)
- räumlich (nach geographisch abgegrenzten Teilmärkten, z.B. durch Kaufkraftunterschiede in verschiedenen Ländern)
- personell (nach soziodemographischen Merkmalen, z.B. Sonderpreise für Kinder)
- quantitativ (Gewährung von Mengenrabatten, z.B. Vielfliegerbonus bei Airlines)
- Mehr-Personen-Preisdifferenzierung (z.B. Gruppentarife bei der Bahn)
- Preisbündelung (Bündelung mehrerer Produkte zu einem Angebot, z.B. Verbundnetztarife oder Kombi-Tickets im Freizeitbereich)
- Spezifische Preisdifferenzierung bei Dienstleistungen (z.B. Yield Management) (vgl. Meffert, Burmann, & Kirchgeorg, 2012, S. 515).

Da das **Yield Management** eine besondere Bedeutung für den Tourismus besitzt, soll diese Form der Preisdifferenzierung am Beispiel von Airlines etwas ausführlicher behandelt werden.

☐ Definition

„Das **Yield Management** ist ein Instrument zur Ertragsoptimierung, bei dem auf der Grundlage eines integrierten Informationssystems eine dynamische Preis-Mengen-Steuerung zur gewinnoptimalen Nutzung der Kapazitäten führen soll" (Meffert, Burmann, & Kirchgeorg, 2012, S. 522).

Stellen Sie sich vor, Sie sitzen in einem Flugzeug und die Hälfte der Sitzplätze ist leer – dann hat das Yield Management der Airline versagt!

Da der Sitzplatz in einem Flugzeug eine sehr „verderbliche Ware" ist, kommt es darauf an, ihn rechtzeitig zu verkaufen. Denn im Moment des Abflugs wird er wertlos. Die Aufgabe des Yield Managements ist es, durch gezielte Marketing-Aktivitäten die optimale Auslastung und Nutzung einer „verderblichen Ware" zu gewährleisten (Ertragssteuerung und Optimierung der Erträge aus einer Dienstleistung). Das wichtigste Marketing-Instrument ist dabei der Preis, der für jede Kapazitätseinheit (Sitzplatz im Flugzeug) flexibel festgesetzt wird.

Für den Einsatz des Yield Managements gelten folgende **Voraussetzungen**:

- beschränkte Kapazitäten für die Leistungserstellung: Das Angebot kann nicht einfach und schnell erweitert werden (begrenzte Sitzplatzanzahl)
- Verderblichkeit der Leistung: Was nicht in Anspruch genommen wird, ist verloren
- hohe Fixkosten für die Leistungserstellung bzw. Leistungsbereitschaft: Jeder zusätzliche Kunde kostet kaum mehr, bringt aber einen zusätzlichen Deckungsbeitrag
- hohe Nachfrageschwankungen nach der Leistung, z.B. durch saisonale Einflüsse oder Wochentage
- Möglichkeit, die Leistung vorab erwerben zu können, also eine Vorausbuchung machen zu können
- unterschiedliche Kundengruppen (Kundensegmente), denen jeweils individuelle Angebote gemacht werden können
- Kunden, die flexible Preisfestsetzungen akzeptieren.

Eine Einpreis-Strategie würde unter den dargelegten speziellen Bedingungen der Leistungserstellung stets zu einem nicht ausgeschöpften Ertragspotenzial führen. Erst die Preisdifferenzierung ermöglicht die Generierung eines optimalen Gesamtertrages. Die großen Reisekonzerne erkennen mit Hilfe ausgefeilter Informationssysteme sofort, wenn die Buchungszahlen für ein Reiseziel unter- oder überdurchschnittlich sind. Dann werden Marketing-Kampagnen mit den örtlichen Reisebüros gestartet (vgl. Abb. 36). Grundlage dafür sind möglichst viele Daten über den zeitlichen Verlauf von Buchungen, über Kundenverhalten, über Preissensibilitäten und Umfeldinformationen (z.B. Ferientermine). Je umfangreicher das Datenmaterial und die Erfahrung in der Auswertung und Analyse sind, umso gezielter kann das Yield Management ansetzen (vgl. Conrady, Fichert, & Sterzenbach, 2012, S. 363ff).

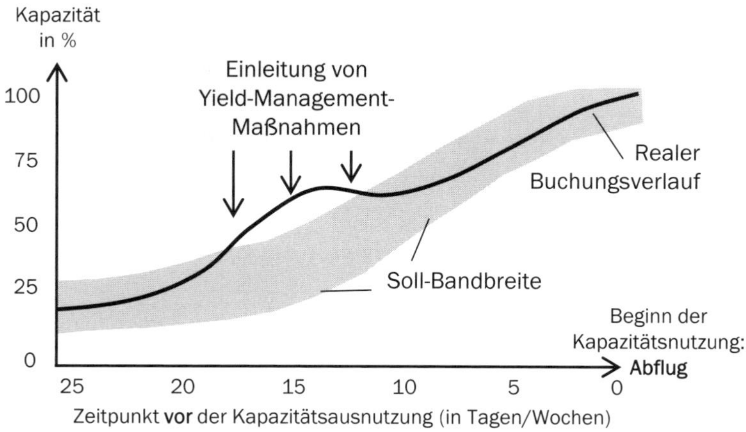

Abb. 36: Yield Management-Maßnahmen (eigene Darstellung; verändert nach Freyer, 2011, S. 513)

5.2.3 Konditionenpolitik

Ergänzend zu der Preisfestlegung und -differenzierung werden bei der Konditionenpolitik die Rahmenbedingungen für das Angebot von Produkten und Dienstleistungen gestaltet. Zur **Modifikation des Grundpreises** werden dazu folgende Instrumente eingesetzt (vgl. Runia, Wahl, Geyer, & Thewißen, 2011, S. 212ff):

- **Rabattpolitik**: Gewährung von Preisnachlässen zur Umsatz- und Absatzsteigerung sowie der Kundenbindung, z.B. Mengenrabatte, Boni (als nachträgliche Preisnachlässe), Treuerabatte (zur Kundenbindung), Zeitrabatte (z.B. als Nebensaison-Nachlässe) oder Skonti (%-Preisnachlass bei sofortiger Zahlung).
- **Absatzkreditpolitik:** Gewährung von Krediten und Leasingangeboten zur Steigerung des Absatzes. Spielt in Tourismus und Freizeit kaum eine Rolle.
- **Zahlungsbedingungen**: Sind Bestandteil jedes Kaufvertrages und regeln, unter welchen Rahmenbedingungen die Leistung bereitgestellt wird. In Tourismus und Freizeit sind vor allem Anzahlungen, Zeitpunkte von Restzahlungen und Stornogebühren von Interesse. Ratenzahlungen spielen hier kaum eine Rolle. Lieferungsbedingungen sind im Dienstleistungsbereich ebenfalls ein Faktor, der weitgehend vernachlässigt werden kann, da abgesehen von z.B. Reiseunterlagen kaum physische Objekte ausgetauscht werden.

Im Tourismus ist der Nutzungsumfang von Leistungen und Nebenleistungen ein weiterer Faktor der Konditionenpolitik. Dabei geht es um die Frage, welche Leistungen genau in ein Angebot inkludiert sind und welche Leistungen mit einem Aufpreis versehen werden (z.B. Verpflegung während eines Ausflugs, Gültigkeitsbereiche von Kurkarten) (vgl. Freyer, 2011, S. 514f).

5.3 Vertriebspolitik

Im Zuge der Vertriebs- oder auch **Distributionspolitik** werden Maßnahmen ergriffen, damit der Kunde die angebotenen Leistungen wirklich beziehen bzw. wahrnehmen kann.

☐ Definition

Die **Vertriebspolitik** beschäftigt sich mit der Überbrückung der räumlichen und zeitlichen Distanz zwischen der Erstellung und dem Kauf des Produktes bzw. der Dienstleistung. Das Ziel der Vertriebspolitik ist es, eine **optimale Verbindung** zwischen dem Anbieter und dem potenziellen Nachfrager herzustellen.

Im Vergleich zum Vertrieb von Sachgütern, bei denen es um die Frage geht, wie die Produkte am besten vom Produzenten zum Konsumenten gebracht werden können (physische Distribution oder Marketing-Logistik), konzentriert sich der Vertrieb bei Dienstleistungen auf die **akquisitorische Distribution**. Dabei geht es um die Wahl der Absatzwege und -organe (vgl. Freyer, 2011, S. 516).

Da im Tourismus- und Freizeitbereich immaterielle Dienstleistungen gehandelt werden, müssen zudem **zwei Besonderheiten** beachtet werden:

[1] Es wird kein Produkt zum Kunden gebracht, sondern die Leistung wird im unmittelbaren Kontakt zwischen Anbieter und Kunde erbracht (Uno actu-Prinzip). Das bedeutet, beim vorherigen Kauf erwirbt der Kunde ein **Anrecht auf eine Leistung**, die später an einem anderen Ort (z.B. Urlaubsort) erbracht wird.

[2] Die eigentliche Tourismus- oder auch Freizeitleistung wird nicht unbedingt am Wohnort des Kunden konsumiert, sondern am Ort des Produzenten (Theater, Freizeitpark, Destination, Hotel etc.). Somit muss nicht das Produkt zum Kunden, sondern der **Kunde zum Ort der Dienstleistung** gebracht werden (vgl. Freyer, 2011, S. 518f).

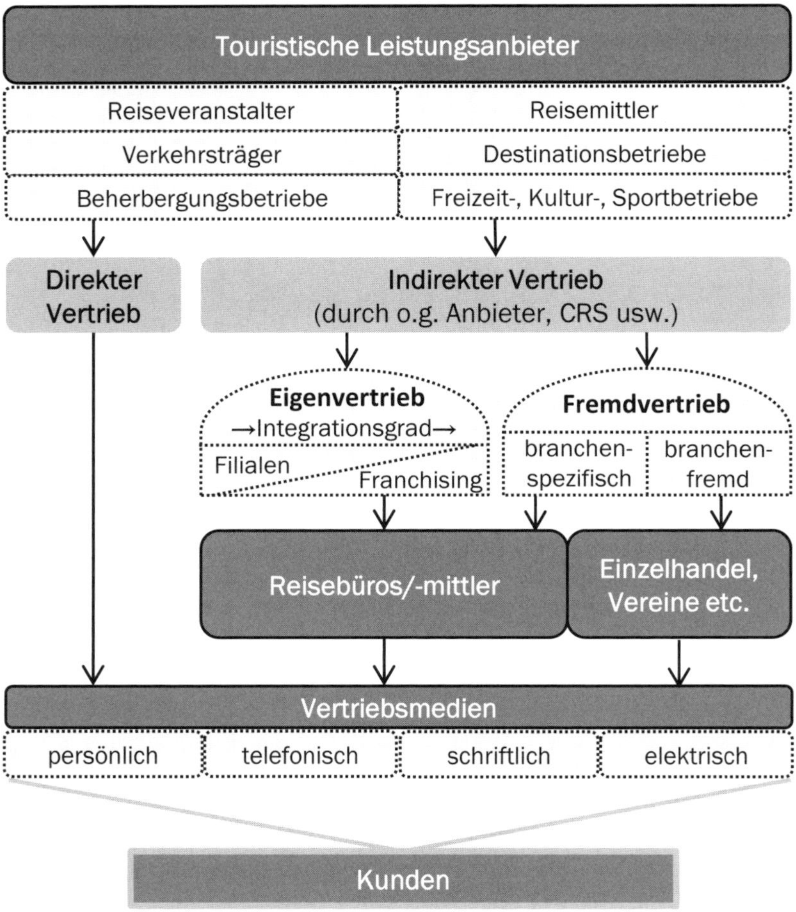

Abb. 37: Vertriebswege im Tourismus (eigene Darstellung; verändert nach Freyer, 2011, S. 533)

Grundsätzlich existieren zwei Vertriebswege, um Tourismus- und Freizeitangebote zu vermarkten: der **direkte** und der **indirekte Weg**. Der direkte Weg erfolgt heute in der Regel über die Tageskasse (Freizeit-/Kulturbereich), Direktbuchungen bei Leistungserstellern (Hotel, Ferienwohnung, Airline etc.) oder über das Medium Internet. Der indirekte Vertrieb kann auf unterschiedlichen Wegen beschritten werden. Klassisch für den Vertrieb von Tourismusleistungen ist der indirekte Weg über den **Reisemittler** (mit stationären Reisebüros).

Middleton, Fyall, & Morgan (2009, S. 274) bezeichnen dies als „***Distribution Triangle***“ für Produzenten, Reisemittler und Kunden.

Da sowohl der direkte als auch der indirekte Weg des Vertriebs Vor- und Nachteile aufweisen, verwenden die Reiseveranstalter und Produzenten in der Praxis eine **Multi-Channel-Strategie**, indem sie beide Wege beschreiten. Das ist nicht zuletzt auf die steigende Bedeutung des Internets und die damit verbundenen Steigerungsraten des E-Commerce zurückzuführen. Neben den klassischen stationären Reisebüros spielen heute v.a. auch Onlinevermittler, Call-Center und branchenfremde Mittler eine wichtige Rolle als institutionelle Kanäle im touristischen Vertrieb.

Neben der Entscheidung, welcher Anteil der Leistungen über direkte oder indirekte Wege an die Nachfrage herangetragen werden soll, gilt es darüber hinaus zu entscheiden, ob dies über den **eigenen Vertrieb** oder den **Fremdvertrieb** geschehen soll. Während im Tourismus der Vertrieb über eigene Verkaufsstellen (Reisebüros) sehr verbreitet ist, gibt es im Freizeitbereich selten eigene Vertriebsstellen (Filialen oder Franchisebetriebe). Als externe Vermittler (Fremdvertrieb) kommen branchenspezifische (z.B. Reisebüros oder spezielle Veranstalter) oder branchenfremde Vertriebsstellen (z.B. Kaufhäuser) in Frage. Aber auch Internetplattformen, die den Verkauf von Tickets ermöglichen, gelten als indirekte Vertriebspartner. Für den Vertrieb von Tourismus- und Freizeitdienstleistungen stehen persönliche, schriftliche, telefonische sowie elektronische Übertragungen als Medien zur Wahl (vgl. Abb. 37 und vgl. Freyer, 2011, S. 516ff).

5.3.1 Stationärer Vertrieb über Reisebüros

Reisebüros gelten als der **klassische branchenspezifische Vertriebsweg** im Bereich des Tourismus und stellen damit eine wichtige Verbindung zwischen den Leistungserstellern und den Konsumenten dar (vgl. dazu Abb. 5 in Kapitel 1.2.3). Genau genommen können Reisebüros nicht nur als Reisemittler, sondern auch als Reiseveranstalter auftreten, wenn sie eigene Reiseleistungen erstellen und verkaufen. Im Zuge der Integration großer Reisekonzerne sind viele Reisebüros Teil einer Dienstleistungskette geworden, die dem Kunden alle Leistungselemente einer Reise aus einer Hand anbieten können. Aus vertriebspolitischer Sicht können folgende Formen der Reisemittler unterschieden werden (vgl. Kreilkamp, 1995, S. 156ff):

- **Selbständige Einzelbüros** (rechtlich und wirtschaftlich unabhängig), die in einem unterschiedlichen Maß von Veranstaltern abhängig sein können und/oder einer Kooperation bzw. einem Franchise-System angehören können.
- **Reisebürokooperationen** (freiwillige Zusammenarbeit selbständiger Unternehmen) mit Franchise-Büros als Sonderform.

Beim **Franchising** räumt der Franchise-Geber dem Franchise-Nehmer das Recht ein, mit seinen Produkten oder Dienstleistungen unter seinem (Marken-)Namen ein Geschäft zu betreiben. Der Franchisegeber erstellt ein unternehmerisches Gesamtkonzept, das von seinen Franchise-Nehmern selbstständig an ihrem Standort bzw. Gebiet umgesetzt wird. Er stellt dem Franchise-Nehmer damit Know-how sowie ggf. Ausstattungs- und Werbematerial zur Verfügung.

Der Franchisenehmer ist ein rechtlich selbstständiger und eigenverantwortlich operierender Unternehmer. Als Gegenleistung für die vom Franchise-Unternehmen eingeräumten Rechte und Unterstützungsleistungen zahlt der Franchisenehmer in der Regel Eintritts- und Franchise-Gebühren (vgl. Deutscher Franchise Verband e.V., o.J.). Für den Kunden ist zumeist nicht sichtbar, ob es sich um einen Filialbetrieb einer Kette oder einen selbständig geführten Franchise-Betrieb handelt.

- **Strategische Allianzen** (als Weiterentwicklung und Intensivierung von „lockeren" Kooperationen) spielen eine zunehmende Rolle als „Gegengewicht" zu den großen Konzernen. Branchenführer ist die RTK (Raiffeisen-Tours-Kooperation), mit mehr als 3.500 angeschlossenen Reisebüros, und die TSS (Touristik Service System GmbH) mit 2.700 Reisebüros. Um die Marktmacht noch weiter zu stärken, haben diese Kooperationen nochmals Allianzen gebildet (Quality Travel Alliance, QTA und Touristik Multi Channel Vertriebsgesellschaft, TMCV) (vgl. Tab. 17).

Die größten Reisevertriebssysteme in Deutschland (mehr als 1.000 Vertriebsstellen) waren 2011 die folgenden:

Rang nach Vertriebsstellen	Vertriebsstellen	Umsatz (Mio. €)
1. RTK	3.442	2.056
2. Schmetterling	2.578	1.797
3. TSS	2.107	2.286
4. DER Touristik (bis 2013 Rewe)	2.070	4.293
5. TUI Leisure Travel	1.512	3.216
6. Thomas Cook	1.328	1.320

Tab. 17: Reisevertriebssysteme in Deutschland 2011 (eigene Darstellung; nach FVW, 2012a)

Neben den zumeist im Business to Customer-Geschäft (B2C) tätigen Reisebüros, existieren eine Reihe von Reisemittlern, die ihren Schwerpunkt im Geschäftsreisebereich setzen (Business to Business oder B2B). Sie haben zwar vergleichsweise weniger Vertriebsstellen, weisen aber ein besseres Vertriebsstellen/Umsatz-Verhältnis auf. Dazu gehören die Lufthansa City Center, BCD Travel sowie Carlson Wagonlit Travel.

Insgesamt wird die Reisebüro-Branche klar von den **Trends** zur **Konzentration** und zur **Online-Buchung** beherrscht: Die Zahl der Haupterwerbsreisebüros sinkt seit 2004 kontinuierlich (von 13.753 auf 9.986 in 2012), dafür steigen die durchschnittlichen Umsätze pro Reisebüro (der Gesamtumsatz stieg von 20,5 auf 22,5 Mrd. € in 2012) (vgl. FVW, 2012a).

5.3.2 Online-Distribution

Die Bedeutung von **E-Commerce als Distributionsweg** (gleichbedeutend mit Online-Distribution) für Tourismus- und Freizeitleistungen hat in den letzten Jahren analog zum gesamten Markt stark zugenommen. Grundlage dieser Entwicklung ist die wachsende **Verfügbarkeit des Internets**. Die Bezeichnung E-Commerce spiegelt dabei verschiedene Aufgabenbereiche der Vermarktung von Dienstleistungen wider: die Kommunikation des Produkts (inkl. Informationsgewinnung, -aufbereitung, -weitergabe) sowie den eigentlichen Absatz der Leistung, die Reservierung und die Buchung (vgl. Hartmann & Markus, 2007, S. 200ff).

Das Wachstum des Anteils der **Online-Nutzer** an der deutschen Bevölkerung hat sich zwar seit 2003 verlangsamt, aber der Anteil ist trotzdem auf 76% (2012) gestiegen – das entspricht 53,4 Mio. Bundesbürgern. Die Zahl der Internetnutzer hat sich damit in den letzten 12 Jahren nahezu verdreifacht. Die höchsten Zuwachsraten gehen weiterhin von den Über-50-Jährigen aus. Auch die mobile Internetnutzung hat sich in den letzten drei Jahren mehr als verdoppelt (2009: 11% der Bevölkerung; 2012: 23%).

Neben der Nutzung allgemeiner Angebote, wie E-Mails (79% der Nutzer), Suchmaschinen (83%) oder dem zielgerichteten Suchen bestimmter Angebote/Informationen (61%), liegen Internet-Angebote mit Tourismus- und Freizeitbezug ganz vorn in der Gunst der Onliner:

- aktuelle Serviceinformationen (Wetter, Verkehr) (von 54% der Online-Nutzer häufig/gelegentlich genutzt)
- Freizeitinformationen/Veranstaltungstipps (46%)
- Informationen aus dem Kulturbereich (37%)

(ARD/ZDF-Medienkommission, 2012).

Mehr als 80% der Internetnutzer informieren sich online über Reise- und Touristikprodukte und über die Hälfte bezieht die Produkte bereits im Netz. Der Absatz von Produkten und Dienstleistungen über das Internet wächst stetig. Folgende tourismusbezogene Produkte und Dienstleistungen liegen dabei ganz vorn (AGOF, 2013):

- Hotels für Urlaubs- und Geschäftsreisen
- Urlaubs- und Lastminute-Reisen
- Bahntickets
- Flugtickets von Billigairlines
- andere Flugtickets
- Mietwagen.

Entsprechend der genutzten Internet-Angebote und der Absätze ist der **Online-Reisemarkt** durch stetig wachsende Umsätze (2010 waren es ca. 20 Mrd. €) und Marktanteile (2010 bereits 42% des gesamten Reisemarktes) gekennzeichnet. Dabei nähern sich die Gesamtanteile der Offline- und Onlinebranche innerhalb des Reisemarktes Schritt für Schritt an. Prognosen gehen davon aus, dass der Onlinemarkt schon in Kürze die Oberhand gewinnen wird (vgl. VIR, 2013).

Die Gründe für den Erfolg des **E-Commerce** liegen in der besonderen Eignung vieler Reiseprodukte und Veranstaltungen für diesen Vertriebsweg. Allerdings ist hierbei nach der Art der Produkte zu differenzieren, da auf dem Internetmarkt noch nicht alle Produkte gleichmäßig erfolgreich abgesetzt werden. Aus der Marketingsicht ist die Unterscheidung in **High-Involvement-** und **Low-Involvement-Produkte** sinnvoll (vgl. Kotler, Keller, & Bliemel, 2007, S. 292). Das Involvement bezieht sich dabei auf die Intensität des Beratungsbedarfs und die Höhe des Preises. Mit diesen Aspekten ist auch die Höhe des Fehlentscheidungsrisikos direkt verbunden. Der Internetvertrieb von Low-Involvement-Produkten, wie z.B. Bahn-/Flugtickets oder Eintrittskarten, lässt sich ohne gravierende Schwierigkeiten realisieren. High-Involvement-Produkte bedürfen aus Kundensicht einer intensiveren und vor allem persönlichen Beratung.

☐ Fallbeispiel

ROPO-Studie „Multichannel-Dynamik in der Touristik bis 2015"
(Sempora Consulting GmbH, 2010; gekürzte Version)

Im Anschluss an die viel beachtete „ROPO" (Research Online, Purchase Offline) Studie von 2008 wurde zwei Jahre später eine Folgestudie über den Status und die künftige Vertriebskanalentwicklung in der Touristik bis 2015 durchgeführt. Sie verdeutlicht die Chancen und Entwicklungspotenziale für die unterschiedlichen Akteure im Reisemarkt.

Durch die Differenzierung in Recherchekanäle (Research) und Buchungskanäle (Purchase) ergibt sich die Einstufung von Reisenden in ein Raster von vier Buchungstypen. Entscheidend ist dabei die getrennte Nutzung der Kanäle für Information und Buchung oder die Durchführung von beidem in einem Kanal (vgl. Tab. 18).

Purchase / Research	Online	Offline
Online	Suche online/ Buchung online 23% (2010) → **35%** (2015)	Suche online/**ROPO** Buchung im Reisebüro **Gleich bleibend 29%**
Offline	Suche im Reisebüro/ Buchung online **Fast gleich bleibend 8-9%**	Suche im Reisebüro/ Buchung im Reisebüro 39% (2010) → **28%** (2015)

Tab. 18: Systematik und prognostizierte Dynamik von Buchungstypen 2010-2015 (Sempora Consulting GmbH, 2010)

Die Trendstudie sagt der Branche für die nächsten Jahre eine hohe Online-Dynamik voraus. Bis 2015 soll sich der Anteil der Online-Buchungen von 32% (2010) auf 43% erhöhen. Für 64% aller Haushalte wird das Internet die zentrale Informationsquelle im Kaufentscheidungsprozess sein. Hintergrund ist die Zunahme von hochwertigen Internetzugängen, von Flatrate-Verbindungen und von Breitbandanschlüssen außerhalb der urbanen Regionen. Zudem wird das Internet in allen Bevölkerungsgruppen intensiver genutzt. Und außerdem entwickelt sich das Angebot in Richtung Baustein-Reisen, die besonders kompatibel für das Internet sind.

Die Prognose bis 2015 lautet: Das Internet wird bei 72% der Reisebuchungen eine zentrale Rolle spielen. Reisebüros verlieren im Gegenzug an Bedeutung, jedoch werden auch in Zukunft noch 57% aller Buchungen im stationären Vertrieb getätigt. Bei 29 % aller Reisen informieren sich die Kunden zunächst im Internet, um dann stationär zu buchen (ROPO). Bemerkenswert ist, dass dieser Anteil bis 2015 kaum steigen wird. Zudem wurde festgestellt, dass es Wanderungsbewegungen von der reinen Reisebüroabwicklung über ROPO zur reinen Onlineabwicklung gibt. Das Fazit der Studie:

[1] Investitionen in Online-Konzepte und -Kampagnen werden sich zunehmend lohnen, denn bis 2015 erfolgen über zwei Drittel der Reisen im touristischen Kernmarkt unter Einbeziehung des Internets.

[2] Der Wandel verläuft schnell: Die Dynamik des Vertriebskanals Internet und die Durchdringung bei allen relevanten Zielgruppen beschleunigt sich.

[3] ROPO etabliert sich weiter als feste Größe: Das spricht für die Umsetzung intelligenter Konzepte, die den Kunden entlang seines Entscheidungsprozesses begleiten und an die touristische Marke binden.

[4] Investitionen in und durch die Reisebüros bleiben relevant: Der stationäre Vertrieb bleibt weiterhin der größte Buchungskanal und rechtfertigt entsprechende Investitionen (vgl. Sempora Consulting GmbH, 2010).

5.4 Kommunikationspolitik

Im Rahmen der Kommunikationspolitik existieren verschiedenste Instrumente, die beim taktischen Marketing ganz bestimmte Funktionen erfüllen. Die bereits im Kapitel 4.1 beschriebene **Corporate Identity** kann als **strategisches Dach** für alle weiteren Aktivitäten im Rahmen der Kommunikation verstanden werden. Der eigentliche „Instrumentenkoffer" ist in die Bereiche (klassische) Werbung, Verkaufsförderung und Public Relations (PR) gegliedert, die ihrerseits Überschneidungen aufweisen (vgl. Freyer, 2011, S. 556ff). Die Bildung von „Schubladen" für Kommunikationsinstrumente ist deshalb ein rein theoretischer Vorgang. In der Praxis wirken die einzelnen Instrumente über die theoretischen Grenzen hinaus bzw. werden diese immer **komplementär** eingesetzt. Eine grobe Abgrenzung der drei klassischen Bereiche kann wie folgt vorgenommen werden:

- **Werbung** konzentriert sich auf die Ansprache spezifischer Zielgruppen, die zum Kauf bewegt werden sollen. Sie weist fließende Übergänge zur Verkaufsförderung und PR auf.

- **Verkaufsförderung** (oder auch Vertriebswegeförderung) aktiviert die Vertriebswege (eigene oder fremde Verkaufsstellen), es handelt sich also eigentlich nur um einen indirekten Kontakt mit dem Konsumenten.
- **Public Relations** (PR) bedeutet die Kommunikation mit der gesamten (für das Unternehmen oder die jeweilige Leistung relevanten) Öffentlichkeit. Dabei geht es um die Vermittlung und Förderung eines positiven Images.

Klassische und moderne Kommunikationsinstrumente

Verbunden mit dem bereits beschriebenen Paradigmenwechsel und natürlich bedingt durch die ständige Weiterentwicklung der Marketinginstrumente aus der Praxis heraus, haben sich moderne und für das gegenwärtige Medienzeitalter äußerst effiziente Kommunikationsinstrumente entwickelt. Deren Einsatzgebiete werden auch als **„below the line“** bezeichnet, wobei diese Benennung als Abgrenzung zu den traditionellen Instrumenten („above the line“), die bereits seit langer Zeit gebräuchlich sind, zu verstehen ist.

Meffert et al. (2012, S. 649ff) grenzen Online-Kommunikation, Direktkommunikation, Messen und Ausstellungen, Eventmarketing, Sponsoring sowie Product Placement als **moderne Kommunikationsinstrumente** ab. Damit die folgende Betrachtung der einzelnen Bereiche nicht zu kleinteilig und damit auch unscharf wird, ist die Direktkommunikation in die klassische Werbung und die Online-Kommunikation integriert, Messen und Ausstellungen werden als Instrumente des Eventmarketing betrachtet und das Product Placement wird als Spezialform von Werbung verstanden.

Egal welche Schublade bedient wird, für eine erfolgreiche Kommunikation ist es inzwischen von höchster Bedeutung, alle verfügbaren Instrumente und Techniken intelligent miteinander zu vernetzen *(**Megatrend Connectivity**)*: das klassische Werbeplakat mit dem Smartphone (z.B. durch den Einsatz von QR-Codes), das Fernsehen mit dem Internet oder das soziale Netzwerk mit dem Kaufhaus. Dazu kommt die permanente Verfügbarkeit von Informationen und die umfassende Ausnutzung aller Lebensbereiche für kommerzielle Kommunikation.

Zitat ☐

„360° – alles, was es gibt, kann für Werbung eingesetzt werden. (...)
Wir machen nicht bessere Schuhe, sondern bessere Füße.
Jeder Mensch, der unsere Produkte kauft, wird ein besserer Athlet.“

*Stefan Olander (*1965), Vice President of Digital Sport for Nike*

Als **Guerilla Marketing** werden Methoden bezeichnet, die auch in diesem neuen Rahmen ungewöhnlich sind und sich jenseits aller Lehrbuchmethoden befinden. Mit einem äußerst kleinen Etat wird das Medium oder der Absatzkanal gewählt, der jeweils günstig zu erhalten ist. Unkonventionelle Ideen sollen für eine überproportionale Aufmerksamkeit sorgen und damit Erfolg bringen (vgl. Levinson, 2011). Da die eingesetzten Instrumente sich in die übrigen Kategorien eingliedern lassen, wird das Guerilla Marketing hier lediglich als Variante derselben verstanden.

☐ Fallbeispiel

Hot? Take a Sprite Shower!

Sprite ist einen interessanten Weg gegangen, um seine **Markenbekanntheit** auszuweiten. Die überdimensionierte, etwa neun Meter hohe Sprite-Maschine (vgl. Bild unten) wurde „Sprite Shower“ getauft. Das Unternehmen platzierte die Maschine an einem Strand in Rio De Janeiro und ermöglichte damit überhitzten Strandbesuchern, sich unter einer eiskalten Dusche abzukühlen (mit Wasser, nicht Sprite!).

©The Store WPP 2012

Das funktionierte genau wie bei einer Original-Sodamaschine, indem man sich unter eine der drei Düsen stellte und den Hebel an der Hinterseite drückte. Sprite verteilte zusätzlich Getränke an alle Zuschauer, um den 40°C-Tag ein wenig abzukühlen (vgl. The Store WPP, 2012).

Das **Ambush-Marketing** (engl. *Ambush*: Hinterhalt) ist als Spezialform des Guerilla Marketing zu betrachten. Hierunter fallen Marketing-Aktivitäten von Trittbrettfahrern, die die Aufmerksamkeit der Medien z.B. bei einem Großereignis für das eigene Unternehmen ausnutzen – und zwar ohne die Übernahme eigener Sponsoring-Aktivitäten. Dabei geht es um eine bewusst irreführende Absicht, denn die Zuschauer erkennen die Unterschiede zwischen echten Sponsoren und „Ambushern" in der Regel nicht (vgl. Nufer, 2010). Im Zuge der Fußball-Weltmeisterschaften 2006 und 2011 in Deutschland haben z.B. viele Unternehmen WM-Brote, WM-Sparabos etc. angeboten ohne offizielle Sponsoren der FIFA zu sein.

Auch das **Viral Marketing** kann als alternatives Kommunikationsinstrument gesehen werden. Es wird im Kapitel 5.4.4 zum Online-Marketing noch einmal aufgegriffen.

5.4.1 Klassische Werbung

Die Werbung hat als Teilbereich der Kommunikationspolitik die Aufgabe, eine **zielgruppenspezifische Kommunikation** aufzubauen. Zu diesem Zweck wird als Konzept ein Werbe-Mix erstellt, dessen Ziele genau mit den generellen Unternehmenszielen und den daraus abgeleiteten Strategien abgestimmt sein müssen. Zu entscheiden ist ferner, ob die Werbung dazu dient, das Unternehmen/das Produkt bekannt zu machen, darüber zu informieren, Kaufimpulse zu setzen oder generell zur Imagewirkung beizutragen. Wie sich die Werbung letztendlich gestaltet, hängt ganz von den entsprechenden Zielgruppen, den Werbemitteln und den Werbeträgern ab. Grundsätzlich können folgende Werbemittel- und formen unterschieden werden (vgl. Freyer, 2011, S. 611):

- Gedruckte Werbemittel (Prospekte, Kataloge, Anzeigen, Werbebriefe etc.)
- Akustische Werbemittel (Musik, Rundfunkspots, Ansagen etc.)
- Audio-visuelle Werbemittel (TV-/Kino-Spot, Videofilme, Multimedia etc.)
- Dekorative Werbemittel (Displays, Schaufenstergestaltung etc.)
- Werbeveranstaltungen (Events, Messen, Info-Reisen etc.)
- Sonstiges (Werbegeschenke, Product Placement, Sponsoring etc.).

Betrachtet man die Zusammensetzung des **Bruttowerbeaufkommens** in Deutschland für 2012, dann behauptet das Fernsehen als audio-visuelles Werbemittel mit einem 38%-Anteil seine Vormachtstellung auf dem Werbemarkt.

Danach rangiert das Internet mit einem Anteil von fast 22%, gefolgt von Zeitungen (17%), Zeitschriften (12%) und andere Werbemedien (zusammen 11%) (BVDW, 2013).

Besonders im Rahmen der klassischen Werbung wird die Bedeutung des **Corporate Design** ganz deutlich. Das visuelle Erscheinungsbild einer Organisation soll die Persönlichkeit und Identität des Unternehmens, der Marke, nach außen kennzeichnen. Dabei ist es von Bedeutung, alle Instrumente der Kommunikationspolitik die gleiche „Sprache" sprechen zu lassen. Das bedeutet, visuelles und akustisches Design stehen dauerhaft miteinander in Einklang, um dem Kunden Sicherheit zu geben, was er von der jeweiligen Marke erwarten kann.

In den meisten professionell arbeitenden Unternehmen der Tourismus- und Freizeitbranche existieren entsprechende **Corporate Design Manuals**, in denen genau festgelegt ist, wie das Erscheinungsbild jeweils aussehen soll. Entsprechende „Kommunikationsmuster" entscheiden über die Gestaltung aller Werbemittel im weitesten Sinne (d.h. inklusive Internetauftritt, elektronische Dokumente und Messeausstattung) (vgl. Abb. 38).

Abb. 38: Corporate Design Manual am Beispiel Hamburg (Hamburg Tourismus GmbH, 2006)

Direktmarketing

Das Direktmarketing ist eine Mischform aus gezielt eingesetzten klassischen Werbeinstrumenten und solchen, die unter der Rubrik Online-Kommunikation aufgeführt werden (vgl. Kap. 5.4.4). Es fasst alle Maßnahmen zusammen, die einen **direkten** und **individuellen Dialog** zwischen einem Unternehmen und seinen Zielgruppen ermöglichen (vgl. Becker, 2013, S. 583), und ist damit ein wesentlicher Bestandteil des **Beziehungsmarketings**.

Als Varianten der klassischen Medien werden Direct Mails (Werbesendungen), Telefonmarketing, Couponanzeigen/Beilagen oder interaktives Fernsehen und Radio für das Direktmarketing eingesetzt. Zudem tritt der Anbieter über Internet und Mobile Marketing in Dialog mit dem Kunden. Durch eine vorher erfolgte Auswahl der Zielgruppen können Käufergruppen – im Unterschied zum Einsatz von klassischen Massenmedien – differenziert und persönlich angesprochen werden. Genau genommen baut das Direktmarketing also auf andere Kommunikationsinstrumente auf und ergänzt diese durch die Möglichkeit, in einen Dialog mit dem Kunden zu kommen (durch Response-Elemente wie z.B. Coupons, Rückantwortkarten). Es zielt auf die Gewinnung von Kunden sowie die langfristige Bindung im Sinne des Beziehungsmarketings (vgl. Runia, Wahl, Geyer, & Thewißen, 2011, S. 287f).

Werbung below the line: Product Placement und Ambient Media

Das **Product Placement** kann ebenfalls als Spezialform der Werbung betrachtet werden, bei der eine gezielte Darstellung eines Produktes/einer Dienstleistung als **dramaturgischer Bestandteil** einer Video- oder Filmproduktion mit finanziellen oder sachlichen Gegenleistungen erfolgt. Es bestehen neben der Werbung auch deutliche Überschneidungen mit den Instrumenten des Sponsorings und der PR. Der Markt für Product Placement hat sich von Kino- und Fernsehfilmen inzwischen auch auf Musikvideos und Videospiele ausgeweitet. Dabei erfolgt die Darstellung von Marken, ohne dass der Nachfrager die Beeinflussung bewusst wahrnimmt. Kommerzielle Filme mit hohen Produktionsbudgets sind häufig mit Markenbotschaften gespickt: Die Nutzung von elektronischen Geräten (Apple, Dell, Samsung etc.), der Konsum von Getränken (Coca Cola, Becks etc.), die Verfolgungsjagd mit den neusten Modellen der Sportwagenhersteller oder der Transport mit bestimmten Airlines (Lufthansa, AA, Emirates etc.) gehören zum Standard.

Für eine optimale und authentische **Wirkung der Marke** ist es von Bedeutung, dass die Handlung, in der sie einsetzt wird, zu ihr passt und in einer emotional positiven Situation erfolgt. Je nach Art des Produkts, Einsatzmedium etc. kann das Product Placement noch weiter differenziert werden (vgl. Meffert, Burmann, & Kirchgeorg, 2012, S. 689f).

Eine für den Tourismus besonders interessante Variante ist das Location Placement oder auch **Destination Placement**. Hier werden Reiseziele als dramaturgische Bestandteile z.B. in Filmproduktionen eingebunden. Das Ziel der Destinationen ist es hierbei, die Reiseentscheidung der Nachfrager zu beeinflussen. Beeindruckend war die Wirkung im Falle von Neuseeland als Schauplatz der Trilogien „Der Herr der Ringe“ und „Der Hobbit“. Inzwischen wird das Thema auf allen Ebenen des Destinationsmarketings durchgespielt: „Machen Sie eine Reise durch Mittelerde – Bei uns haben Sie die Möglichkeit, Landschaften und Erfahrungen in Mittelerde, Aotearoa Neuseeland, zu entdecken“ wirbt New Zealand Tourism auf seiner Homepage. Sie bieten den Gästen an, die wichtigsten Drehorte in einigen der spektakulärsten Landschaften Neuseelands zu erleben (vgl. New Zealand Tourism, o.J.).

Aber auch bei Fernsehserien in Deutschland wird Destination Placement eingesetzt. War es bei der „Schwarzwaldklinik“ in den 1980er Jahren noch ein Zufallsprodukt, so wird es heute z.B. bei der Fernsehserie „Rote Rosen“ (in Lüneburg) aktiv für den Städtetourismus eingesetzt. Untersuchungen belegen, dass ein filminduzierter Tourismus die Ankünfte in Destinationen maßgeblich erhöhen kann (vgl. Scheib, 2012).

Ambient Media stellen ebenfalls eine Sonderform der Werbung dar, die ganz ähnlich wie das Product Placement funktionieren. Sie sind unkonventionell und werden mit Hilfe von Werbeträgern umgesetzt, die der Nachfrager nicht als solche betrachtet. Ambient Media sind direkt in die Lebensumwelt der Nachfrager integriert und unterbrechen ihn nicht wie die klassische Werbung bei seinen jeweiligen Aktivitäten. Im Tourismus- und Freizeitbereich findet man sie häufig in der Gastronomie und Hotellerie oder bei kommerziellen Freizeitanbietern wie Fitnessstudios oder Kinos: Aufsteller im Eingangsbereich, Werbeflächen auf Schlüsselanhängern oder Tickets (vgl. Meffert, Burmann, & Kirchgeorg, 2012, S. 654).

5.4.2 Verkaufsförderung

Im Bereich der Verkaufsförderung geht es darum, die **persönlichen Vertriebswege** zu aktivieren bzw. zu fördern. Das können eigene oder fremde Verkaufsstellen sein, die auf direktem oder indirektem Weg die Leistungen des Unternehmens vermarkten (vgl. Kap. 5.3). Die Verkaufsförderung ist grundsätzlich auf den **indirekten Kontakt mit dem Kunden** ausgerichtet, jedoch werden viele Instrumente des direkten Kontakts ebenfalls in diese Kategorie einbezogen.

Freyer (2011, S. 577ff) unterscheidet nach den jeweiligen Zielgruppen drei Bereiche, in denen Verkaufsförderung im Tourismus von Reiseveranstaltern, Leistungsträgern oder Destinationen eingesetzt wird:

- **Anbieterbezogen** von den **Leistungsträgern**, in Bezug auf die eigene Vertriebsorganisation und die eigenen Mitarbeiter (z.B. Verkäuferpromotion im Außendienst, auf Messen oder am Telefon; CRS).
- **Händlerbezogen** durch **Reisemittler:** Schulungen des Verkaufspersonals oder Bereitstellung von Informations- und Dekorationsmaterial.
- **Nachfragebezogen** als **direkter Kontakt zum Kunden**, durch eigenes Personal oder indirekten Kontakt über Reisemittler.

Zur Förderung der Bekanntheit von Tourismus- und Freizeitangeboten – und damit auch Verkaufsförderung – werden häufig Reiseveranstalter bzw. Repräsentanten bestimmter Zielgruppen zu Informationsveranstaltungen eingeladen. Auch die Verkaufsförderung auf Messen oder am Telefon wird sehr stark eingesetzt. Hier sind die Übergänge zur Werbung und den PR fließend.

5.4.3 Public Relations (PR)

Die Public Relations (PR) umfassen eine Reihe von Basisinstrumenten, die sich von der Werbung und der Verkaufsförderung abheben, indem sie sich auf die gesamte (relevante) Öffentlichkeit – oder auch die Stakeholder – beziehen. Das zentrale Ziel der PR ist die **Vermittlung und Förderung eines positiven Images**, das über entsprechende Multiplikatoren und Medien verbreitet werden soll. Neben dem Binnen-Marketing, das entscheidend zur Bildung der Corporate Identity beiträgt, sowie der formellen und informellen Kontaktaufnahme zu relevanten Stakeholdern, kann die PR auch durch die Teilnahme an Messen oder intensive Pressearbeit aufgenommen und verbessert werden. Als weitere PR-Maßnahmen bieten sich Veranstaltungen an, die an bestimmte Stakeholder-Gruppen auf den Nachfragemärkten gerichtet sind, z.B. Vereine oder Bildungseinrichtungen. Als wichtigste Instrumente der Public Relations gelten (vgl. Runia, Wahl, Geyer, & Thewißen, 2011, S. 285):

- Pressekonferenzen und -gespräche
- Informationen/Pressemitteilungen für Journalisten
- Redaktionelle Beiträge von Mitarbeitern in fremden Medien
- PR-Veranstaltungen (z.B. Vorträge, Tage der offenen Tür, Messen)
- PR-Zeitschriften und andere Printmaterialien
- Erstellen von eigenem Bild- und Tonmaterial
- Einrichtung oder Unterstützung von Stiftungen
- Wettbewerbe und Aktionen, Preisvergaben
- Sponsoring und Events.

Die Themen Sponsoring und Eventmarketing werden in den folgenden Kapiteln behandelt, da sie eine herausragende Rolle für das Tourismus- und Freizeitmarketing spielen.

Ein gutes Beispiel für eine global wirksame PR-Maßnahme ist die **Best Job of the World-Kampagne** des australischen Bundesstaats Queensland. Da diese PR-Kampagne primär auf die neuen Medien setzte, wird sie als Fallbeispiel im Kapitel 5.4.4 ausgeführt. Neben einer sehr hohen kurzfristigen Aufmerksamkeit wurde die Kampagne mit vielen PR-Preisen belohnt und von sehr vielen Trittbrettfahrern nachgeahmt.

Aufgrund der hohen Bedeutung der **Visualisierung** in der Kommunikation werden neben der Prämierung ganzer Kampagnen auch Wettbewerbe für herausragende Bilder im Rahmen von PR-Kampagnen prämiert. Ein Beispiel dafür ist der **PR-Bild Award**, der jedes Jahr verliehen wird. Er beinhaltet sowohl eine Kategorie Tourismus als auch Eventfotografie. 2011 ist dort z.B. das Foto des Labyrinth Kindermuseum Berlin (Ausstellung „Frische Tinte") ausgezeichnet worden (s. Foto unten) (vgl. News Aktuell GmbH, 2013).

©Labyrinth Kindermuseum Berlin/André C. Hercher

Exkurs: Corporate Social Responsibility (CSR)

(Hartmann & Krause, 2010; gekürzte Version)

CSR ist auf der inhaltlichen Ebene inzwischen eines der wichtigsten Themen, die im Bereich des Tourismus im Rahmen von PR kommuniziert werden. Aus diesem Grund soll die Nachhaltigkeit, die auch für diese Publikation ein zentrales Thema darstellt, in Form dieses unternehmerischen Ansatzes ausführlich Raum greifen.

Die Bedeutung einer nachhaltigen Unternehmensführung wurde im Tourismus bereits vor langer Zeit erkannt, bedingt durch die besondere Abhängigkeit der Tourismusunternehmen von intakten sozialen und ökologischen Rahmenbedingungen in den Zielgebieten. In der allgemeinen, volkswirtschaftlich orientierten Diskussion um Nachhaltigkeit wurde es jedoch weitgehend versäumt, den möglichen wirtschaftlichen Mehrwert einer sozial und ökologisch ausgerichteten Unternehmensführung zu betrachten. In der Öffentlichkeit wird zunehmend danach gefragt wie Unternehmen ihre Gewinne erzielen und die Übernahme von Verantwortung für die gesellschaftliche Entwicklung erwartet.

☐ Definition

> Unter dem Begriff **CSR** wird die **freiwillige Verpflichtung zur gesellschaftlichen Verantwortung**, die gesetzliche Bestimmungen überschreitet, verstanden. Es handelt sich nicht nur um punktuelles Sponsoring, sondern vielmehr um ein Konzept, bei dem das strategische gesellschaftliche Engagement mit der Absicherung des operativen Geschäftes verknüpft werden kann (Hartmann & Krause, 2010, S. 180).

Für eine Anwendung des CSR-Konzeptes spricht auch der Einstellungswandel vieler Konsumenten, die Umweltthemen und soziale Kriterien in ihren Kaufentscheidungen berücksichtigen. Eine stetig wachsende Zielgruppe ist z.B. der LOHAS (Lifestyle of Health and Sustainability).

Der Schwerpunkt von CSR liegt auf dem Dialog mit den Stakeholdern. Deshalb wird den Aspekten der **Berichterstattung** sowie der Anwendung von Audits und Gütesiegeln eine große Bedeutung für den CSR-Prozess zugewiesen. Die Handlungsfelder, die ein nach dem CSR-Konzept arbeitendes Unternehmen aufgreifen kann, sind sehr vielseitig (vgl. Tab. 19). Für eine erfolgreiche CSR-Anwendung im Tourismus sind Kommunikation, Langfristigkeit und Kreativität wichtige Kriterien. Das **CSR-Reporting** dokumentiert und veröffentlicht die Umwelt- und Sozialaktivitäten eines Unternehmens als Maßnahme der Unternehmens-PR. Es wird eine erhöhte Transparenz für alle Stakeholder erreicht und kann positiv in die Unternehmenskommunikation und das Marketing aufgenommen werden. Die derzeit von den Unternehmen verfassten Nachhaltigkeits- oder CSR-Berichte geraten dagegen in den Verdacht, nur einzelne positive Ansätze des Unternehmens herauszustellen und laufen Gefahr, dadurch an Glaubwürdigkeit zu verlieren.

Menschenrechte und Arbeitsschutz	**Lokale Gemeinschaften**
z.B. faire Arbeitsbedingungen; Existenz sicherndes Einkommen inkl. notwendiger Sozialversicherungen; Gesundheitsförderung; Gleichstellung von Frauen und Männern; Familienfreundlichkeit; keine Diskriminierung; Schutz der Kinder vor sexueller und wirtschaftlicher Ausbeutung	z.B. Achtung der Gesellschaft, Kultur sowie der Bedürfnisse der lokalen Bevölkerung im Reiseland; Partizipation der Einheimischen an der Ausgestaltung und den wirtschaftlichen Erträgen des Tourismus; Beschäftigung von Angestellten aus der Region und Förderung der Ausbildung
Umweltverträglichkeit & ökologische und soziale Produktentwicklung	**Geschäftspartner, Zulieferer und Verbraucher**
z.B. betrieblicher Umweltschutz, sparsamer Ressourcenverbrauch; umweltschonende An- und Abreise; Reisedauer entsprechend der Reiseentfernung wählen; CO_2 -Kompensation; Reiseziele mit nachweisbaren Umweltschutz- und Menschenrechtsstandards bevorzugen	z.B. lokale und eigentümergeführte Zulieferer in der Zieldestination, die die Sozial- und Umweltstandards erfüllen, bevorzugen; Preise sind für die Zulieferer kostendeckend, Existenz sichernd und tragen zur Entwicklung des Gemeinwohls bei

Tab. 19: Handlungsfelder der CSR für Reiseveranstalter (vgl. Hartmann & Krause, 2010, S. 180)

Vor diesem Hintergrund ist eine Vielzahl von Ansätzen entwickelt worden, die Richtlinien und Impulse für ein CSR-Reporting bieten. Unternehmen können zwischen internationalen, europaweiten und nationalen **Berichtstandards** oder externen Überprüfungen wie Managementzertifizierungen und Produktsiegeln auswählen. Jedoch decken nur wenige Ansätze die gesamte Bandbreite von CSR ab. Für CSR-aktive Tourismusunternehmen wird die Einhaltung der folgenden Kodizes als obligatorisch angesehen: ILO-Kernarbeitsnormen, der Global Code of Ethics in Tourism und die Kriterien der Arbeitsgemeinschaft zum Schutz der Kinder vor sexueller Ausbeutung (ECPAT). Insgesamt betrachtet bedient sich CSR der Leitlinien der Nachhaltigkeit. Auch die meisten Berichtsstandards für CSR waren ursprünglich für Bereiche der Nachhaltigkeit bestimmt.

Die Umsetzung des CSR-Konzeptes ist in Deutschland relativ jung. Die **Zurückhaltung der Unternehmen** ist noch deutlich spürbar. Gleichzeitig werden die möglichen Anreize für die Einführung von CSR für Reiseveranstalter gesehen (vgl. Tab. 20). Schließlich haben Unternehmen die Chance durch CSR eine positiv geprägte Kommunikation mit ihren Stakeholdern zu führen und damit ihr **Image aufzuwerten**. Das kann Verantwortungsbewusstsein verdeutlichen und damit Vertrauen und Verständnis schaffen. Dies bezieht sich insbesondere auf die Mitarbeiter, aber auch eine kritische Öffentlichkeit, vertreten durch NGOs oder zunehmend kritischere Kunden, die wissen wollen wie Unternehmen ihre Gewinne erzielen. Durch die Auseinandersetzung mit den Stakeholdern und die Berichterstattung von CSR ergibt sich insgesamt ein positiver Effekt nach innen (Identität) und nach außen (Image) (vgl. Riess, Welzel, & Lüth, 2008 und BMU, 2012).

Chancen durch CSR	Risiken durch CSR
Kosteneinsparung durch effiziente Ressourcennutzung und Umweltschonung (inkl. der Minimierung finanzieller Risiken durch mögliche Rechtsstreitigkeiten).	Komplexität der Thematik bedingt bei der Umsetzung z.T. weitreichende Veränderungen im Unternehmen, ohne dass geklärt ist, wer z.B. die Kosten trägt.
Attraktivität des Unternehmens steigt und damit auch die Motivation der Mitarbeiter, die zu einer Produktivitätssteigerung führen kann.	Keiner kann zuverlässig das Kunden- und Marktverhalten als Reaktion auf die Veränderung prognostizieren.
Wettbewerbsvorteile für den Reiseveranstalter durch eine Neupositionierung auf unterschiedlichen Märkten.	CSR-Monitoring impliziert ein umfängliches Controlling, um die Schwachstellen in einzelnen Abteilungen aufzudecken.
Risikovermeidung von Imageschäden für Unternehmen, z.B. negative Schlagzeilen wie Umweltzerstörung durch den Tourismus.	Durch CSR könnte ein Zielkonflikt zwischen Kurz- und Langfristigkeit in Bezug auf den Nutzen für das Unternehmen auftreten (ggf. müssen auch die Kerngeschäftsprozesse neu definiert werden).
Wettbewerbsvorteile durch frühzeitige Einstellung auf bevorstehende Vorschriften, z.B. neue Umweltrichtlinien im Flugverkehr.	CSR wird von der Öffentlichkeit als Greenwashing oder reine Marketing-Kampagne kritisiert, die nur einem positiven Image dienen soll und nicht wirklich in die Unternehmensstrategie integriert wird.

Tab. 20: Chancen und Risiken für die Umsetzung von CSR-Konzepten im Tourismus (Hartmann & Krause, 2010, S. 181ff)

5.4.4 Online-Kommunikation

In Kapitel 5.3 ist im Zusammenhang mit der Online-Distribution bereits auf die Verbreitung des Mediums Internet eingegangen worden: Im Jahr 2012 konnten mit der Online-Kommunikation 53,4 Mio. Bundesbürger erreicht werden, was einen Anteil von 76% der Gesamtbevölkerung ausmachte.

Aufgrund der Möglichkeiten neuer Medien und Technologien gibt es inzwischen sehr viele kreative Varianten der Kommunikation, die sich unter der Rubrik Online-Marketing einordnen lassen. **Online-Marketing** umfasst dabei die Übertragung von klassischen auf Online-Instrumente im Rahmen des gesamten Marketing-Managementprozesses. Dabei hat sich die Online-Kommunikation inzwischen im Kommunikationsmix fest etabliert und weist deutliche Überschneidungen mit allen „klassischen" und auch „modernen" Kommunikationsinstrumenten auf.

☐ Definition

> Unter **Online-Kommunikation** sind alle Kommunikationsaktivitäten zwischen Angebot und Nachfrage zu verstehen, die über das Internet Protocol (IP) abgewickelt werden (verändert nach Meffert, Burmann, & Kirchgeorg, 2012, S. 662).

Häufig werden Multiplikatoren bzw. Hebeleffekte genutzt, um die Wirkung einer Marketing-Kampagne zu verstärken. Beim **Viral-Marketing** – als Variante der Online-Kommunikation – werden existierende soziale Netzwerke genutzt, um Aufmerksamkeit auf Marken, Produkte oder Kampagnen zu lenken, indem Nachrichten sich epidemisch, wie ein Virus ausbreiten. Die Verbreitung der Nachrichten basiert dabei auf **Mund-zu-Mund-Empfehlungen** (Empfehlungsmarketing) und ist für den Kunden oft nicht als Werbung sichtbar. Vor allem im Internet funktioniert die virale Verbreitung von Marketingbotschaften äußerst gut. Die Projekte kommen häufig wie aus dem Nichts, bedienen sich keiner Unterstützung klassischer Kommunikationsinstrumente und verursachen zumeist nur einen minimalem finanziellen Aufwand (vgl. Langner, 2007).

Zitat ☐

„The love affair between big brands and mass media is over"

*James Cherkoff (*1969), brit. Consultant*

Eine aktuelle Strömung, die sich auch das Viral-Marketing zunutze macht, ist das **Open Source Marketing**. James Cherkoff, der Urheber dieses Begriffs, geht davon aus, dass die klassische Werbung am Ende ihrer Möglichkeiten angekommen ist. Im Fahrwasser der Entwicklung des Web 2.0 entstand der Anspruch der Verbraucher, sich nicht länger von Marken und deren Werten berieseln zu lassen, sondern mit der Quelle der Marke interagieren zu wollen. Das führte dazu, dass der Verbraucher zur **kreativen Teilnahme am Marketing-Prozess** eingeladen wurde. Egal ob im Profit- oder Nonprofit-Bereich, spielt dafür neben der Positionierung von Produkten am Markt vor allem die Überzeugung der Mitstreiter sowie die **Bedarfsorientierung** eine entscheidende Rolle. Erst wenn eigene Bedürfnisse angesprochen werden, ist man selbst bereit eine Idee zu fördern. So hat z.B. die Firma Lego Kunden gebeten, neue Spielzeug-Modelle mit zu entwickeln, diese dann auf den Markt gebracht und schickt dieselben Kunden dann als Markenbotschafter auf Messen. Cherkoff geht davon aus, dass diese interaktive Technik besser ankommt als klassische Marketing-Methoden, da sie näher am Nutzer, präziser und glaubwürdiger ist (vgl. Cherkoff, 2012 und Ramge, 2008).

Die stetig **zunehmende Bedeutung der Online-Kommunikation** bzw. Werbung lässt sich an den steigenden Ausgaben für dieses Instrument ablesen (BVDW, 2013):

- Der **Online-Werbemarkt** in Deutschland war 2012 erneut gewachsen und hatte mit 6,47 Mrd. € einen **neuen Höchstwert** erreicht (+13% gegenüber 2011). Dabei fielen 58% der Bruttoausgaben auf klassische Online-Werbung, 36% auf Suchwortvermarktung und 6% auf Affiliate-Netzwerke (d.h. Werbung auf Seiten von Kooperationspartnern).
- Der **Media-Mix** beim Bruttowerbeaufkommen befindet sich in einem **Strukturwandel**: Das Internet ist mit einem Anteil von fast 22% zum unverzichtbaren und zentralen Bestandteil einer ganzheitlichen Kommunikationsstrategie geworden. Nur das Fernsehen behauptet mit einem 38%-Anteil noch seine Vormachtstellung auf dem Werbemarkt. Alle anderen Werbemedien liegen bereits hinter dem Internet.
- Besonders im **Dienstleistungsbereich** sind die relativen Anteile der **Internetwerbung** am Gesamt-Werbemix sehr hoch. Im Bereich der Touristik und Gastronomie lag der Online-Anteil 2012 bei 13,4%.

Zitat ☐

„Das interaktive Feld zwischen dem Erstbildschirm (dem Fernsehgerät) und dem Zweitbildschirm (dem Computer, dem Smartphone, dem Tablet) ist euer Eldorado, erobert es für eure Zwecke!"

*Peter Kümmel (*1959), dt. Journalist*

Ein zentraler Faktor, der die Online-Kommunikation grundlegend von klassischen Instrumenten unterscheidet, ist die endgültige Ablösung **vom Push- zum Pull-Prinzip**. Im klassischen System war der Werbende primärer Initiator des Kommunikationsprozesses, der weitestgehend unabhängig von der Zustimmung des Beworbenen war (Push-Prinzip). Beim Pull-Effekt tritt der Kunde eigeninitiativ in den **Dialog** mit dem Unternehmen und hat damit eine unmittelbare und direkte Feedbackmöglichkeit. Auf diese Art lässt sich der Interessenaustausch zwischen Unternehmen und Kunden auf ein effektiveres Niveau heben.

Darüber hinaus schafft das Internet eine Vielzahl neuer Möglichkeiten für das Marketing. Ein wesentlicher Faktor ist dabei die **permanente, zeitlich aktuelle und globale Verfügbarkeit** von Informationen. Das World Wide Web ermöglicht die Schaffung virtueller Marktplätze für Unternehmen, auf denen weltweit Informationen vermittelt, Transaktionen unmittelbar ausgeführt werden können und eine direkte Kommunikation mit den Interessengruppen stattfinden kann.

Die Möglichkeit für jeden Nutzer, **große Datenmengen** mit Informationen, Bildern oder Videos binnen kürzester Zeit und ohne merklichen Qualitätsverlust zu verbreiten, zu bearbeiten und zu empfangen, schafft eine Fülle neuer Ansätze und Instrumente zur Kommunikation.

Zu den wichtigsten **Instrumenten** gehören der Aufbau einer eigenen Website, das Suchmaschinenmarketing (Werbung- und Optimierung), die Bannerwerbung (als Offpage- oder Affiliate Werbung, auch als Pop-ups), das E-Mail-Marketing (inkl. Newsletters) und in den letzten Jahren verstärkt das Web 2.0 bzw. die Social Media (vgl. Kollmann, 2013 und Kreutzer, 2012).

Social Media Marketing

☐ Definition

Social Media sind „persönlich erstellte, auf Interaktion abzielende Beiträge, die in Form von Text, Bildern, Video oder Audio über Onlinemedien für einen ausgewählten Adressatenkreis einer virtuellen Gemeinschaft oder für die Allgemeinheit veröffentlicht werden, sowie zugrunde liegende und unterstützende Dienste und Werkzeuge des Web 2.0" (Hettler, 2010, S. 14).

Social Media verknüpft technologische, inhaltliche und gestalterische Perspektiven für die Kommunikation in **virtuellen Gemeinschaften**. Es ermöglicht das öffentlichkeitswirksame Verfassen von nutzergenerierten Inhalten in verschiedensten Onlinemedien und -kanälen. Gleichzeitig haben andere Nutzer die

Chance, spontan zu reagieren und damit in eine **soziale Interaktion** einzusteigen. Das Spektrum der Beiträge ist dabei sehr breit (vgl. Hettler, 2010, S. 14f):

- Textbasierte Informationen wie Meinungsäußerungen, Empfehlungen oder Links in Bookmarking-Diensten, Weblogs, Wikis, Foren oder Bewertungsportalen
- Fotos auf entsprechenden Plattformen oder Galerien eines sozialen Netzwerks, Blogs bzw. einer Community
- Videos in Portalen, Galerien etc.
- Hörbeiträge in Podcasts, sozialen Netzwerken, Musik-Portalen etc.
- Applikationen (Apps) in sozialen Netzwerken, auf Webseiten etc.

Auf dem Weg des **Social Media Marketing** sollen durch die Nutzung von und die Beteiligung an sozialen Kommunikationsprozessen mittels Web 2.0-Applikationen und Technologien bestimmte Vermarktungsziele erreicht werden. Die Erfolgsgeschichte der Social Media hat zu einem komplett neuen Netzwerkdenken und Nutzungsverhalten im Internet geführt, das sich die Unternehmen zunutze machen möchten. Insbesondere die Einführung der Smartphones und die rasante Verbreitung **mobiler Endgeräte** wie Notebooks oder Tablet-PCs schaffen die Möglichkeit, jederzeit und ortsunabhängig online und erreichbar zu sein. Dazu kommt die zunehmende Vernetzung der verschiedenen Medien: Printmedien werden mehr und mehr digitalisiert und auf mobilen Telefonen abrufbar, das Fernsehen wird teilweise in Mediatheken oder auf Videoportalen im Internet angeboten und kann über jedes internetfähige Endgerät wahrgenommen werden.

Die **Erfolgskontrolle von Social Media Kampagnen** ist nicht immer ganz einfach und die Entwicklung von entsprechenden Indikatoren steckt noch in den Kinderschuhen. Am Beispiel der bereits angesprochenen „The best Job in the World"-Kampagne soll dieses Thema weiter vertieft werden.

☐ Fallbeispiel

Tourism Queensland – The best Job in the World

(Hartmann & Herwig, 2011; gekürzte Version)

„The best Job in the World" wurde von der australischen Organisation Tourism Queensland initiiert und von Januar bis Dezember 2009 umgesetzt. Ziel der Kampagne war es, die Wahrnehmung und Bekanntheit der Inseln des Great Barrier Reefs im Rahmen einer internationalen Kampagne zu steigern. Mit einem Budget von nur 1,7 Mio. US-$ sollte eine **weltweite Medien-**

kampagne zur Steigerung der Bekanntheit einer neuen touristischen Marke entwickelt werden (McColl, 2009).

Als medienwirksamer Aufhänger der Kampagne wurde die Stelle des „**Island Caretakers**" entwickelt, die mit einer Vielzahl lukrativer Extras versehen war. Neben einer großzügigen Vergütung von umgerechnet ca. 100.000€ für sechs Monate Arbeit auf der Insel Hamilton Island wurde dem „Island Caretaker" für die Zeit der Arbeit eine luxuriöse Villa zur Verfügung gestellt. Seine Aufgaben waren recht simpel: den Pool reinigen, die Fische füttern, die Post einsammeln, die Inseln erkunden und **einen Blog führen**, um den Rest der Welt an seinen Erfahrungen teilhaben zu lassen. Die Zielgruppe der Kampagne waren sog. *Global Experience Seekers*, junge Reisende, die in ihren Urlaub richtig „eintauchen", einen hohen Bildungsstand sowie Zugang zu neuen Technologien haben.

Die Kommunikationsstrategie zur Bekanntmachung der Kampagne und damit auch der Destination wurde recht einfach gehalten: Vor dem offiziellen Start gab es **Medienveröffentlichungen** in Form von Pressematerial und Filmen für die zehn weltweiten Büros von Tourism Queensland. Es wurden **Jobanzeigen online** sowie **offline** geschaltet und Banneranzeigen in den festgelegten Hauptzielmärkten platziert, alle mit dem Ziel, auf die zentrale URL *islandreefjob.com* aufmerksam zu machen. Dort wurde man aufgefordert, sich in Form eines kurzen Videos für den „besten Job der Welt" zu bewerben. Neben dem Interesse, sich für den Job zu bewerben oder sich die anderen Bewerber anzusehen, erfüllte die Website noch den Zweck, die Besucher mit Hilfe von Links und Informationen zu den Inseln auf das Great Barrier Reef als Urlaubsdestination aufmerksam zu machen. Aufgrund der geringen finanziellen Mittel wurde das Hauptaugenmerk auf Aktivitäten gesetzt, die sowohl **Social Media** als auch **Massenmedien** stimulieren sollten.

Als methodische Grundlage der **Erfolgskontrolle der Social Media Kampagne** dienten die Erfolgsfaktoren „Aufmerksamkeit der eigenen Inhalte in einer bestimmten Zeitperiode", „Partizipation der Nutzer am eigenen Inhalt in einem bestimmten Kanal", „Autorität der eigenen Inhalte im Web" und „Einfluss auf Anhänger". Es wurden also nicht nur quantitative Kriterien zur Erfolgskontrolle herangezogen, sondern auch qualitative Kriterien wie das Feedback von Nutzern mittels Kommentaren oder Beiträgen. Den vier Kriterien konnten im nächsten Schritt verschiedene Indikatoren zur Erfolgskontrolle zugeordnet werden (vgl. Hettler, 2010, S. 234f).

Erfolgsfaktor 1: Aufmerksamkeit der eigenen Inhalte

Als Indikatoren dienten die Medienabdeckung und -berichterstattung, die Seiten- und Videoaufrufe sowie die Google search-Einträge. Hierbei konnte die „Best Job-Kampagne" über einen Zeitraum von ca. 110 Tagen rund 52 Mio. Klicks verzeichnen. Dieser Erfolg war u.a. eine Reaktion auf die Nutzung klassischer PR-Instrumente wie Pressemitteilungen und Anzeigenschaltungen, die die Entwicklung der Kampagne befeuerten und immer wieder das Interesse der Medien weckte. Durch dieses Anfachen des Medieninteresses ließ sich während des gesamten Ablaufs der Kampagne eine Medienabdeckung im Wert von ca. 110 Mio. US-$ generieren.

Neben den rein textlichen Informationen über die Kampagne gab es zudem diverse Videos mit Informationen zur Bewerbung und Informationen zu den Inseln des Great Barrier Reefs. Bis zur Veröffentlichung der Case Study wurde das Showcase-Video der Inseln des Great Barrier Reefs 300.000 mal angeschaut, das Informationsvideo zum Job sogar fast 400.000 mal. Neben diesen Zahlen gibt es für die Best Job-Kampagne zudem Ergebnisse über die Suchmaschinentreffer bei Google search. Unter den Stichworten „best job in the world" gab es insgesamt über 52 Mio. Treffer sowie 43.000 Nachrichten-Treffer.

Erfolgsfaktor 2: Partizipation der Nutzer

Die Partizipation bezieht sich auf Kommentare, Ratings, Weiterempfehlungen oder inhaltliche Überarbeitungen. In diesem Fall wurde zusätzlich die Partizipation der Nutzer durch selbst generierte Inhalte berücksichtigt. Dabei handelte es sich um die Bewerbungen für den besten Job der Welt. Insgesamt konnte die Kampagne durch ihre on- und offline gesendeten Aufrufe fast 35.000 Menschen aus 201 Ländern der Erde überzeugen, sich mittels einminütigem Video für den angepriesenen Posten zu bewerben.

Erfolgsfaktor 3: Autorität der eigenen Inhalte

Hier können Empfehlungen auf Social-Bookmarking-Sites oder externe Links auf die eigenen Inhalte, wie beispielsweise die Homepage oder Videos, ausgewertet werden. Bei der Best Job-Kampagne konnten über 165.000 externe Links auf der Bookmarking-Site „addthis" gezählt werden. Den deutlich höchsten Anteil an externen Links machte jedoch das Social Network Facebook aus. Hier wurden über 370.000 Verweise zu Inhalten der Best Job-Kampagne vermerkt. Vermutlich trug die Verlosung einer Wildcard, bei der Nutzer für die Bewerber auf der Homepage abstimmen konnten, einen nicht unerheblichen Teil an der Anzahl der Empfehlungen bei.

Erfolgsfaktor 4: Einfluss auf Anhänger

Um den Einfluss der Inhalte auf die Anhänger zu messen, kann die Anzahl der Facebook-Fans oder Twitter-Follower Aufschluss geben. Auch Anhänger von Video-Kanälen, wie beispielsweise des Youtube Videokanals oder Abonnenten von RSS Feeds, können bei der Einflussmessung mitgezählt werden. Bei der Best Job-Kampagne gab es z.B. zwei Twitter-Accounts, einen für Ben Southall, den Gewinner des besten Jobs der Welt, und einen für die Region Queensland. Ben hatte über 4.000 Follower und Queensland sogar beachtliche 9.900. Zusammen mit den über 32.000 Fans die Queensland auf Facebook hat, macht das über 45.000 Nutzer, die sich auch nachdem die Kampagne schon lange beendet war für die Marke Queensland interessierten.

Wichtig bei dieser Art des Kampagnencontrollings ist, dass die aufgestellten Kriterien nicht für jede Kampagne als gleichwertig zu betrachten sind und nicht für jeden Kunden als Indikator zur Erfolgsmessung genutzt werden können. Je nach Zielsetzung, legt der eine vielleicht mehr Wert auf viele „Fans" oder „Follower", während ein anderer die Verbreitung von Links zu eigenen Inhalten für wichtig erachtet (vgl. Hettler, 2010, S. 235).

Die Best Job-Kampagne hat die große Diversität, die Social Media im Bereich des Marketings bieten, optimal ausgenutzt. Die Agentur SapientNitro wurde dafür 2009 mit insgesamt 25 Preisen ausgezeichnet, u.a. beim „Cannes Lions International Advertising Festival" (vgl. Hartmann & Herwig, 2011).

Mobile Marketing

Das Smartphone kann als Katalysator für das **Mobile Marketing** gesehen werden. Dieses bezieht sich auf Marketinginstrumente, die – analog zum Online Marketing – unter Verwendung drahtloser Telekommunikation und Mobilgeräten angewendet werden. Nach dem Durchbruch des iPhone 2007 bestand in Deutschland bis 2011 bereits etwa ein Drittel des Absatzes von Mobiltelefonen aus Smartphones. Diese Entwicklung führt dazu, dass Menschen zunehmend **ständig** und **überall erreichbar** sind. Aus Marketingsicht ist das ein unvergleichbar hohes Potenzial der Zielgruppenzugänglichkeit und somit ein Kanal für mobiles, direktes Marketing.

Die Tools des Mobile Marketing sind sehr vielseitig und vergleichbar mit den bereits genannten Instrumenten des Online Marketing. Den Anfang machte der Versand klassischer SMS und MMS. Mit der Ausweitung der immer leistungsfähigeren Netzwerktechnologien konnten auch Websites handyfreundlich gestaltet und Bannerwerbung über mobile Endgeräte geladen werden. Inzwischen hat sich das Mobile Marketing auf Spiele, Videos und TV-Sendungen ausgeweitet.

Hinzu kommen verstärkt mobile Anwendungen wie Smartphone-Apps (vgl. Krum, 2012, S. 22ff).

Grundlage des **App Marketing** sind kleine Miniprogramme (Applications), die Smartphone-Besitzer sich teils kostenfrei, teils kostenpflichtig aus „ App Stores" auf das Mobiltelefon laden und jederzeit sowie von jedem Ort mit ausreichendem Mobilfunknetz abrufen und nutzen können. Apps werden für unterschiedlichste Dienste angeboten, die auch für den Tourismus- und Freizeitbereich eine grundlegende Bedeutung haben. Die Palette reicht von reinen Informationsdiensten, über Kommunikations-, Unterhaltungs- bis hin zu Verkaufsdiensten. Apps bieten auch den schnellen mobilen Zugriff auf soziale Netzwerke.

Die Vielfalt und Kreativität bei der Entwicklung von Apps ist grenzenlos. Jeder kann selbst entscheiden, welche und wie viele Apps er sich auf sein Smartphone laden möchte und auf diese Weise sein Gerät zu seinem ganz individuellen Wegbegleiter machen. Und der Markt boomt! (vgl. Krum, 2012, S. 157ff).

Im Tourismus gehören Apps, genau wie alle anderen Online-Anwendungen, inzwischen zum Standard für alle großen Unternehmen (allen voran Lufthansa, Deutsche Bahn etc.) und auch für große Destinationen (z.B. Berlin App oder Hamburg App für das iPhone).

☐ Fallbeispiel

Die Saarland Touren App mit dem „Mängeldetektiv"

„Für Wanderer und Radfahrer gibt es im Saarland jetzt einen nützlichen digitalen Begleiter, die kostenlose Saarland Touren App von der Tourismus Zentrale Saarland und dem Wochenspiegel-Verlag.

Finden Sie für alle **Wander- und Radrouten** neben ausführlichen Beschreibungen, einem Höhenprofil und Bildern auch Sehenswürdigkeiten und Gastronomiebetriebe am Weg eingeblendet. Herzstück der App sind die topographischen Wanderkarten im Maßstab 1:25.000. Die stufenlos zoombaren digitalen Karten ermöglichen eine perfekte Orientierung. Durch die integrierte GPS-Positionsanzeige sieht man „draußen" immer, wo man sich befindet und kann sich somit jederzeit auf der Strecke orientieren.

Ausgezeichnet mit dem deutschen Tourismuspreis 2012: Eine besondere Funktion der App ist der integrierte „**Mängeldetektiv**". Er ermöglicht es den Nutzern, unkompliziert von unterwegs Wegeschäden, fehlende Schilder, etc. direkt an die Tourismus Zentrale Saarland zu melden.

So funktioniert der „Mängeldetektiv": Der Nutzer macht aus der Anwendung heraus ein Foto der betroffenen Stelle auf dem Rad- oder Wanderweg und ergänzt dieses mit einer kurzen Notiz. Per Knopfdruck wird die Nachricht direkt an das Wegemanagement der Tourismus Zentrale Saarland (TZS) übermittelt. Wer die GPS-Funktion eingeschaltet hat, übermittelt die Geokoordinaten automatisch mit. Die TZS bearbeitet die Meldung im Rahmen ihres Qualitätsmanagements und sorgt für die Behebung der Mängel" (Tourismus Zentrale Saarland, 2012).

5.4.5 Event- und Erlebnismarketing

☐ Definition

Events sind „Veranstaltungen aller Art, die durch Inszenierung, Interaktion zwischen Veranstalter, Teilnehmer und Dienstleistern sowie multisensorische Ansprache erlebnisorientierte Kommunikationsbotschaften an die Zielgruppe herantragen. Der Begriff Veranstaltung bezeichnet ein organisiertes, zweckbestimmtes, zeitlich begrenztes Ereignis, an dem eine Gruppe von Menschen vor Ort und/oder über Medien teilnimmt" (Rück, o.J.).

Mit dieser Definition werden Events – als Gegenstand der Marketing-Kommunikation – von einfachen Verkaufsveranstaltungen („Kaffeefahrten") und nicht-kommerziellen Veranstaltungen (z.B. religiöse Veranstaltungen) abgegrenzt. Zudem lassen sich Events dadurch von dauerhaften Tourismus- und Freizeitangeboten (z.B. Museen, Kunsthallen, Fitnesscenter, Shopping-Center) abgrenzen, dass sie nur eine begrenzte Dauer haben. Diese kann von wenigen Minuten (z.B. Aktionskunst, Flashmob) bis zu mehreren Wochen (z.B. Olympische Spiele, Gartenschau) umfassen.

Ergänzend zu der o.g. Definition hat Drengner (2008, S. 32ff) eine Zusammenschau der **idealtypischen Merkmale von Events** vorgenommen und betont damit den besonderen Charakter im Unterschied zu anderen Marketinginstrumenten:

- **Planmäßig erzeugte Ereignisse**: Events finden nie zufällig statt, sondern benötigen organisatorische Vorbereitung und planmäßige Durchführung.
- **Zielorientiert durchgeführt**: jedem Event liegt eine bestimmte Intention zugrunde.
- **Als einzigartiges Erlebnis geplant und erlebt**: Events bieten eine positive Abwechslung vom Alltag, die mit Freude und Spannung erwartet wird.

- **Sprechen mehrere (alle) Sinne ihrer Teilnehmer an**: „totales Erlebnis", durch Vernetzung unterschiedlicher ästhetischer Ausdrucksformen (z.B. Musik, Tanz, Lichtgestaltung).
- **Vermitteln das Gefühl exklusiver Gemeinschaft** und der Zusammengehörigkeit: Events erzeugen das Gefühl, durch die gemeinsame Teilnahme zu einer „großen Familie" zu gehören.
- Meistens **monothematisch fokussiert**: Teilnehmer haben die Möglichkeit, mittels des ausgewählten Themas miteinander zu interagieren. Der Eventinhalt stiftet damit sowohl Identität als auch ein Gemeinschaftserlebnis.

Differenziert man Events nach dem Zweck und der Zielgruppe, dann können grundsätzlich zwei **Formen von Events** unterschieden werden:

[1] Der **Marketing-Event** (geschlossener Event oder Corporate Event) ist durch eine enge, meist via Einladung definierte Zielgruppe (B2B-Ebene oder VIP-Ebene) gekennzeichnet, zumeist unter Ausschluss der Öffentlichkeit. Das können z.B. Produktpräsentationen, Händlertagungen (wirtschaftliche Events) oder VIP-Events, Firmenjubiläen, Fachtagungen sowie Awards (gesellschaftspolitische Events) sein.

[2] Der **Public-Event** (offener oder öffentlicher Event) ist ans breite Publikum gerichtet (B2C-Ebene). Hier findet eine zielgruppengerichtete, öffentliche Bewerbung des Events statt. Das sind häufig Sport- oder Kulturveranstaltungen, Tage der offenen Tür etc.

Eine Sonderform stellt der **Event im Event** dar. Er kann ein Marketing- oder auch Public-Event sein, maßgeblich ist für ihn die Integration in einen bestehenden Event. Die Erlebniswelt eines bestehenden Events wird durch die Integration des eigenen Events symbiotisch genutzt, z.B. der VIP-Bereich mit einer Produktpräsentation in einer Fußball-Arena (vgl. Bischof, 2008, S. 7f).

Darüber hinaus wurden verschiedenste **Typologien** von Events vorgenommen. Einen Überblick über die tourismus- und freizeitrelevanten Bezugsfelder von Events nach Motiven und Anlässen gibt Freyer (2011, S. 638). Allerdings bezieht er die gesamte Vielfalt von kommerziellen und nicht-kommerziellen Events ein. Zudem inkludiert er auch Ereignisse, die nicht vom Menschen organisiert sind bzw. den weiteren o.g. Merkmalen kaum entsprechen. Daher wird seine Gliederung hier in etwas veränderter Fassung angeführt (vgl. Tab. 21).

Kultur-Events	**Sport-Events**	**Wirtschaftliche Events**	**Gesellschaftspolitische Events**	**Naturbezogene Events**
z.B. Theater-, Musik-, Kunst-, religiöse, Brauchtums-, Wissenschafts-Veranstaltungen	z.B. Olympische Spiele, Meisterschaften, Wettkämpfe, Freizeit-Sportfeste	z.B. Messe, Kongress, Expo, Verkaufsshow, Produktpräsentation	z.B. politische Veranstaltungen, Prominenten-Besuche, Gartenschauen, Paraden	z.B. begleitende Inszenierung von Naturereignissen (Sonnenwende, Blüten u.a.)

Tab. 21: Event-Typologie (eigene Darstellung, verändert nach Freyer, 2011, S. 638)

Eventmarketing

□ Definition

Das **Eventmarketing** „ist ein interaktives sowie erlebnisorientiertes Kommunikationsinstrument, das der zielgerichteten, zielgruppen- bzw. szenenbezogenen Inszenierung von eigens initiierten Veranstaltungen sowie deren Planung, Realisation und Kontrolle im Rahmen einer Integrierten Unternehmenskommunikation dient" (Nufer, 2012, S. 22).

Aus der Sicht von Unternehmen soll Eventmarketing zu einer positiven Verankerung von Anliegen und daraus resultierend zu entsprechenden Einstellungsänderungen und/oder Handlungen (z.B. Kaufentscheidungen) führen. Das Ziel von Eventmarketing als Marketinginstrument ist es demnach, Vermarktungsgegenstände im weiteren Sinne an Adressaten des Unternehmens über **erlebnisorientierte Kommunikation** effizient zu vermitteln. Unternehmensziele, die den Einsatz von Eventmarketing letztendlich begründen, sind zumeist auf kommerzielle Anliegen zurückzuführen (vgl. Kap. 4.1, Marketingziele): entweder klassisch betriebswirtschaftliche Ziele (Leistungs-, Erfolgs- oder Finanzziele) oder Zwischenziele sozialer oder imagebildender Art (z.B. Mitarbeiter-Recruiting oder Imageaufbau) (vgl. Müller W. , 2006, S. 66ff).

Im Bereich des Tourismus und der Freizeit können die Ziele von Eventmarketing ebenfalls variieren, denn häufig handelt es sich hier um **nicht-kommerzielle Events**. Am Beispiel eines Stadtfestes, das ehrenamtlich organisiert und von der Verwaltung unterstützt wird (z.B. „La Strada" in Bremen), können **außengerichtete Ziele** und **innengerichtete Ziele** verfolgt werden, die zumeist als sozial oder imagebildend zu bezeichnen sind. Außengerichtete Ziele sind z.B. die Steigerung der Attraktivität der Stadt für Besucher und Bewohner, die Steigerung der Besucherzahlen und des Bekanntheitsgrades sowie die Imagebildung. Innengerichtete Ziele sind z.B. die Förderung der Kultur, die Stadtentwicklung, die Identitätsstiftung sowie wirtschaftliche Effekte (vgl. Freyer, 2011, S. 639f).

Erlebnismarketing

Einige Autoren nutzen die Begriffe Eventmarketing und Erlebnismarketing synonym, davon ausgehend, dass das Erlebnis das zentrale Fundament des Eventmarketings sei.

☐ Definition

Erlebnismarketing ist eine Strategie zur „Vermittlung von Emotionen, die den Einkauf zu einem persönlichen Erlebnis werden lassen". Es muss dem Konsumenten sinnlich vermittelt werden, dass er die Produkte und Dienstleistungen erwirbt, die zu seiner Lebensqualität passen, und zwar in einer dem Konsumenten befriedigenden Verkaufsinteraktion bzw. in einem Geschäft, das ihm besonders zusagt (Weinberg, 1992, S. 3).

Dazu bedarf es der Verankerung der Produkte und Dienstleistungen in den Gefühls- und Erlebniswelten der Konsumenten. Carl W. Buechner hat das Grundprinzip des Erlebnismarketings auf einen einfachen Nenner gebracht (zitiert in Neumann, 2006, S. 9):

Zitat ☐

„They will forget what you said,
but they will never forget how you made them feel".

Carl W. Buechner

Ende der 1990er Jahre avancierte die **Erlebnisorientierung** auch im Tourismus- und Freizeitbereich zum **Megatrend**. Inzwischen ist die Erlebnisinszenierung vor allem auf dem übersättigten Freizeitmarkt ein wesentlicher Bestandteil zeitgemäßer Angebotsentwicklung geworden. Unter der Rubrik „neue Erlebniswelten" kann ein eigenes Marktsegment ausgegliedert werden (vgl. Abb. 2 in Kap. 1.1.1). Erlebnisorientierung beinhaltet eine stärkere Präsenz von Emotionen, Erlebnissen und Abenteuern im Tourismus und in der Freizeit. Das können sowohl Angebote in künstlichen Freizeit- und Erlebniswelten sein als auch Angebote in „natürlichen" bzw. organisch gewachsenen Umgebungen, wie z.B. Städten und anderen Kulturlandschaften (vgl. Hartmann, 2006, S. 186f).

□ Definition

Das **Erlebnis** ist als „ein außergewöhnliches, subjekt- und situationsbezogenes inneres emotionales Ereignis im Leben des Menschen, das sich einer zielgerichteten Selbst- oder Fremdsteuerung entzieht, dessen Rahmenbedingungen lediglich phänomenfördernd gestaltet werden können“ zu verstehen (vgl. Müller W. , 2006, S. 39).

Die Vorteile der **emotionalen Ansprache** lassen sich aus der psychologischen Grundlagenforschung ableiten: Der Mensch hat ein Grundbedürfnis nach Erlebnissen. Erlebnisse spiegeln seinen Wunsch nach Selbstverwirklichung wider und werden so zu einem entscheidenden Motiv in der Bedürfnisbefriedigung. Mit Hilfe emotionaler Erlebnisreize kann die **Aktivierung** (Leistungsbereitschaft) des Kunden erhöht werden. Erlebnisse erhöhen zugleich das **Involvement** (innere Beteiligung) des Menschen, indem sie ihn direkt in das Geschehen einbeziehen. Emotionale Erlebnisse bilden so einen **Zusatznutzen** für Kunden, der sogar zum vorrangigen Grund für den Besuch einer Destination oder einer Freizeiteinrichtung werden kann (vgl. Neumann, 2006, S. 20ff).

Pine & Gilmore (1999, S. 27ff) haben auf dieser Basis vier unterschiedliche Erlebnissphären herausgearbeitet. Die intensivste Form eines Erlebnisses haben sie als ***flow*** bezeichnet (vgl. Abb. 39).

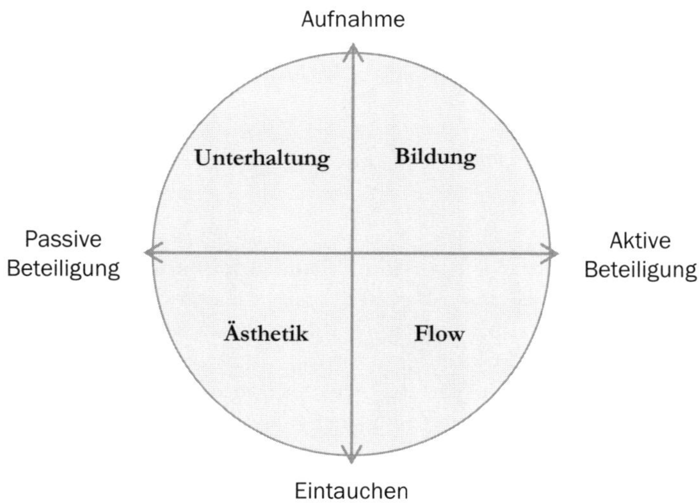

Abb. 39: Erlebnissphären (eigene Darstellung; nach Pine & Gilmore, 1999, S. 32)

Die beteiligten Personen versinken dabei völlig im Erlebnis (hohe Konzentration, intensive Einbindung, absolute Selbstbezogenheit, Verlust des Zeitgefühls). Die Schaffung von Flow-Zuständen „brennt" ein Erlebnis nachhaltig in die Erinnerung des Konsumenten ein und er wird versuchen, die motivierende Erregung dieses Zustandes zu wiederholen und den Ort der Stimulierung erneut aufzusuchen. Und genau das ist es, was jedem Tourismus- oder Freizeit-Manager vorschwebt, wenn er ein Angebot plant und umsetzt.

Die wesentlichen strategischen Erfolgsfaktoren für die **Inszenierung von Erlebnissen** im Tourismus- und Freizeitbereich können wie folgt zusammengefasst werden (vgl. Hartmann, 2005, S. 12f):

- Ein unverwechselbares Profil im Sinne einer USP schaffen und Markenbildung betreiben („urban branding").
- Die Potenziale im Rahmen von Kultur-Veranstaltungen inszenieren, möglichst unter Wahrung der Authentizität („story telling").
- Die Angebotsvielfalt durch herausragende Erlebnisangebote (z.B. thematische Freizeitwelten) erweitern, um differenzierte Lifestyle-Gruppen anzusprechen.
- Ein professionelles Marketing unter Einbeziehung aller Akteure (Stakeholder) betreiben.

Abgesehen von den strategischen Marketing-Überlegungen sind weitere Kriterien für eine „**intelligente Inszenierung**" von Tourismus- und Freizeiträumen zu berücksichtigen. Dazu gehören die Emotionalität (Erzählen von Träumen, außergewöhnlichen Erlebnissen und Aufbau von Erwartungen), die Originalität (bezogen auf den Ort etwas Neues hervorbringen), das Eintauchen können und aktive Beteiligen der Gäste, die enge Verzahnung von künstlerischer Kreativität mit der Marketing-Kompetenz vor Ort und nicht zuletzt die Qualität.

Müller, Jans & Scheurer (2004) haben verschiedene **Instrumente der Erlebnis-Inszenierung** zusammengestellt, die sie für eine schrittweise Kreation derselben für notwendig erachten. Demnach geht es im Kern der Erlebnis-Inszenierung darum, neben einer Reihe von organisatorischen und analytischen Vorbereitungen, das Inszenierungs-Konzept vorzubereiten und das Thema für die Inszenierung festzulegen. Das **Leitthema** dient als Ausgangspunkt und die vorhandenen Attraktionen und weitere Inszenierungsinstrumente werden kohärent zum Leitthema eingesetzt. Als besonders geeignete authentische Leitthemen mit Alleinstellungs-Charakter erweisen sich historische oder kulturelle Anknüpfungspunkte, Sagen und Mythen oder landschaftliche Rahmenbedingungen.

Im nächsten Schritt schlagen die Autoren vor, **Attraktionen** zu schaffen und **Aktivitäten** für die Gäste zu ermöglichen. Das bezieht sich sowohl auf qualitative als auch quantitative Aspekte, indem z.B. bestehende Ereignisse erlebnisreicher gestaltet werden können. Wichtig erscheint bei diesem Schritt vor allem die Multisensitivität: Attraktionen bzw. Events sollten alle Sinne ansprechen, um dem Gast ein ganzheitliches Erlebnis, ein Eintauchen zu ermöglichen.

Eng verknüpft mit dem Angebot von Attraktionen und Aktivitäten ist die Notwendigkeit, die **Szenerie** kohärent zu gestalten und damit die **Gesamtatmosphäre aufzuwerten**. Die Szenerie umfasst als Teil des Erlebnis-Settings auch alle denkbaren Hintergrundreize. Bei diesem Schritt gilt es, „Lustkiller" wie z.B. Schmutz und Lärm zu vermeiden und aktiv an einer ästhetischen Gegenwelt zum Alltag zu arbeiten. Wichtige unterstützende Elemente können die Beleuchtung oder die Integration von Kunst in die Inszenierung sein. Besonders das Thema Lichtinstallationen spielt inzwischen im Eventmarketing eine sehr große Rolle. Es gibt eine ganze Reihe von Städten, die sich das Thema Licht zu Eigen gemacht haben, und versuchen, sich damit einen Wettbewerbsvorteil (im Sinne eines USP) zu verschaffen. Ein gutes Beispiel ist die „Blaue Nacht" in Nürnberg, die seit dem Jahr 2000 zelebriert wird.

Bei aller Virtuosität und Kreativität in der Inszenierung von Leitthemen dürfen allerdings auch die **Grundbedürfnisse der Gäste** nach Information und Orientierung sowie die vitalen Grundbedürfnisse nicht vergessen werden. Ziel sollte es hier sein, dem Gast im Sinne eines „Wohlfühl-Managements" alle möglichen Wünsche bzw. Bedürfnisse zu erfüllen. Ein wichtiges Instrument ist in diesem Zusammenhang die Besucherlenkung. Durch Desorientierung wächst das Gefühl von Unsicherheit und damit wird natürlich auch ein mögliches Erlebnis geschmälert. Gleiches gilt im verstärkten Maße für die vitalen Grundbedürfnisse. Daraus folgt, dass die Steigerung des Wohlbefindens eine zentrale Voraussetzung für das Generieren von echten Erlebnissen ist.

Nicht zuletzt ist die **Integration der Gäste** ein wesentlicher Erfolgsfaktor für die Inszenierung von Erlebnissen. Mit der Einbeziehung und Aktivierung der Gäste kann die Intensität eines Erlebnisses deutlich gesteigert werden, indem Personen aus der Passivität heraus geholt werden und damit ein Beitrag zu ihrer Bedürfnisbefriedigung geleistet wird (vgl. Müller, Jans & Scheurer 2004).

Am Beispiel der Stadt als Raum für Freizeitaktivitäten und den Tourismus können verschiedene **Formen der Erlebnis-Inszenierung** unterschieden werden (vgl. Hartmann, 2005, S. 13):

- Stadt-Räume „bespielen", d.h. die Erlebnisqualität der Stadt durch Events verbessern (Karneval am Rhein, Sail in Bremerhaven etc.)

- „Stadt-Theater", d.h. Inszenierung von Stadt-Räumen durch Schauspieler oder Künstler als exklusives Schlüssel-Erlebnis (Nachtwächter-Führungen, Erlebnis-Stadtführungen, Musik-Festspiele auf Open-air-Bühnen etc.)
- Stadt „begreifen", d.h. den Besucher – als Königsweg des Lernens – die Stadt selbst erkunden lassen (z.B. Stadterkundungsspiele wie „Spionage in Bonn").

Bei allen Formen werden Besucher in einem authentischen Umfeld in „echte" Geschichten über die jeweilige Stadt hineingezogen und ihnen damit unvergessliche Erlebnisse ermöglicht. Was als „echt" oder „künstlich" anzusehen ist, hängt, wie das Erlebnis selbst, von der individuellen Wahrnehmung des Betrachters ab. Wichtig aus der Sicht des Eventmarketings ist, dass den Besuchern ein Erlebnis nachhaltig in die Erinnerung „eingebrannt" wird und sie den „Ort der Stimulierung" erneut aufsuchen möchten.

5.4.6 Sponsoring

Das Sponsoring hat sich in Deutschland inzwischen zu einem sehr bedeutenden Kommunikationsinstrument entwickelt. Lange Zeit war das Mäzenatentum oder später das Spendenwesen die gängige Form der Förderung von zumeist Nonprofit-Organisationen. Die Motive der Förderer waren eine gewisse Selbstverpflichtung oder gesellschaftspolitische Verantwortung. Doch im Gegensatz zu diesen beiden Formen verbinden Unternehmen, die als Sponsoren auftreten, ihr Engagement mit eigenen Kommunikationszielen.

☐ Definition

> „**Sponsoring** bedeutet die Planung, Durchführung und Kontrolle sämtlicher Aktivitäten, die mit der Bereitstellung von Geld, Sachmitteln, Dienstleistungen oder Know-how durch Unternehmen und Institutionen zur Förderung von Personen und/oder Organisationen in den Bereichen Sport, Kultur, Soziales, Umwelt und/oder den Medien verbunden sind, um damit gleichzeitig Ziele der Unternehmenskommunikation zu erreichen" (Bruhn, 2010, S. 5).

Auf Seiten der Unternehmen wird das Sponsoring heute sehr professionell betrieben und diese **Professionalisierung** führt gleichzeitig zu einem stetigen Wachstum der Sponsoringbudgets gegenüber den anderen Kommunikationsinstrumenten. Dieser positiven Entwicklung beim Sponsoring stehen teilweise unprofessionelle Angebote bei den Gesponserten gegenüber. Häufig werden gerade von kleinen Organisationen die Sponsoren als letzte Rettung gesehen, weil andere Finanzierungswege nicht ausreichen. Der Ansatz, den Interessen beider Partner gerecht zu werden, wird dabei kaum berücksichtigt. Große Unternehmen wägen dagegen ab, ob sie entsprechende Anliegen (Sport, Kultur etc.) finanzieren sollen oder auf anderen Wegen intensiv mit ihren Zielgruppen kommunizieren (vgl. Hartmann, 2010a, S. 180ff).

Als Reaktion auf diesen häufig auftretenden Widerspruch zwischen den theoretischen Zielen des Sponsorings und der Realität in der Praxis des Sponsoring-Geschehens hat Brockes (2004, S. 143ff) **Leitlinien** für die gegenseitige Zufriedenheit formuliert:

- Sponsoring besteht aus **Leistung und Gegenleistung**, d.h. auch der Sponsor erwartet eine Leistung, die er in seine gesamte Unternehmenskommunikation (Werbung, PR und Verkaufsförderung) integrieren kann, nicht nur den einfachen Abdruck des Firmenlogos.
- Sponsoring ist eine **Investition** und nur dann sinnvoll, wenn eine **längerfristige Partnerschaft** eingegangen wird, bei der zunächst beide Partner investieren. Die Belohnung erfolgt mittelfristig, wenn die Partnerschaft gelebt wird und die Zielgruppe den Sponsor eindeutig mit dem Sponsoring-Engagement identifiziert. Deshalb haben einmalige Events meist mehr Probleme, Sponsoring-Partner zu finden.
- Sponsoring heißt **Erlebniswelten schaffen** und Menschen **emotionalisieren**. Durch Sponsoring kommen Unternehmen dahin, wo Menschen (Kunden) ihre Erlebniswelten und damit positive Emotionen haben. Das kann im Sportstadion oder auf der Konzertbühne sein. Dadurch kann sich der Sponsor bestimmte Attribute „anheften", z.B. dynamisch und erfolgsorientiert beim Sport, sympathisch und engagiert in der Kultur oder verantwortungsvoll im sozialen Bereich.
- Sponsoring bedeutet **gegenseitige Identifikation**. Erst wenn der Gesponserte sich mit den Produkten/dem Unternehmen des Sponsors identifiziert und der Sponsor nicht nur oberflächlich (scheinbar) zu seinem Engagement steht, kann ein tatsächlicher Imagetransfer stattfinden.

Der **Sponsoringmarkt** wird in regelmäßigen Abständen im Rahmen der Untersuchungen „Sponsor Visions" oder „Sponsoring Trends" beleuchtet. Dabei konnte festgestellt werden, dass sich Sponsoring als Kommunikationsinstrument seit Jahren auf einem hohen Niveau befindet und sich im Kommunikationsmix der Unternehmen etabliert hat. Mit der zunehmenden Ausweitung des Sponsorings steigt auch der Grad der Professionalisierung: Gegenüber dem bereits seit langem hoch professionell geführten Sportsponsoring bestätigen 63% der Fachleute dem Kultur- und Public-Sponsoring eine deutlich verbesserte Professionalisierung bei der Vermarktung.

Für das Jahr 2012 erwarteten Experten für Deutschland ein Sponsoringvolumen von 4,4 Mrd. €. In den kommenden beiden Jahren soll dieses Volumen auf 4,8 Mrd. € ansteigen, wobei die größte Steigerung das Sport-Sponsoring mit einem Anstieg von derzeit 2,8 Mrd. € auf 3,0 Mrd. € in 2014 erzielt (FASPO, 2012).

2010 setzten 71% der befragten Unternehmen Sponsoring als Kommunikationsinstrument ein. Hierbei entfielen durchschnittlich 16% der Kommunikationsbudgets auf das Sponsoring. Zentrales Sponsoringfeld ist für die befragten Unternehmen nach wie vor das **Sportsponsoring**. Danach folgt das Kunst-/Kultursponsoring, dessen Einsatz allerdings im Vergleich zu den Vorjahren zurückgegangen ist (BBDO Live, 2010):

- Sportsponsoring 81% (der Unternehmen setzen es ein)
- Kunst-/Kultursponsoring 67%
- Soziosponsoring 59%
- Bildungssponsoring 52%
- Ökosponsoring 20%
- Mediensponsoring 13%.

Die Instrumente Sponsoring, PR und Event bilden eine **Kommunikations-Plattform**. Moderne Sportarenen und Kulturfestivals haben sich bereits mit Logen, Business-Sitzen, Konferenzräumen und hochwertigen Hotel-Infrastrukturen auf die Sponsoring-Kundschaft eingestellt. Alles entscheidend bleibt die Frage nach der richtigen Auswahl von Events für das eigene Sponsoring. Dabei ist der Eventcharakter ausschlaggebend (Frequenz der Veranstaltung, Besucherstruktur, Erwartungen und Emotionen der Teilnehmer).

Als Trend zeichnet sich ab, dass die **Vernetzung** des Sponsorings **mit Online- und Web-2.0-Instrumenten** sowie **klassischer Werbung** steigt. Hierbei nutzen die Unternehmen vor allem die eigene Homepage, Sponsoren-Links und Werbebanner zur Kommunikation. Zudem wird dem Bildungs- und dem Ökosponsoring der größte Bedeutungszuwachs vorausgesagt.

Als Resultat dieser Entwicklung spielt das Thema **CSR** (vgl. Kap. 5.4.3) auch für das Sponsoring eine zunehmende Rolle. Hierbei setzt ein Großteil der Unternehmen auf Projekte, die einen direkten lokalen Bezug zu ihrem Unternehmen haben. Unternehmen mit einem CSR-Engagement kooperieren am häufigsten mit lokalen Vereinen und Initiativen. Und drei Viertel nutzen dieses Engagement für ihre externe Kommunikation (vgl. BBDO Live, 2010).

Die Akteure der Tourismus- und Freizeitbranche sind auf beiden Seiten des Sponsorings vertreten: Große Tourismusunternehmen engagieren sich als Sponsoringgeber und kleinere Organisationen sowie Vereine, die häufig im Nonprofit-Bereich zu finden sind, stehen auf der Seite der Sponsoringnehmer.

5.5 Marketing-Mix-Profil

Analog zur Erstellung eines Strategieprofils, als Synthese aus allen Überlegungen zum strategischen Marketing, ist es an dieser Stelle des Marketing-Managementprozesses zielführend, ein Marketing-Mix-Profil zu entwickeln. Nachdem von Seiten des Unternehmens alle relevanten Optionen für den Einsatz der verschiedenen Marketinginstrumente durchgespielt worden sind und ein entsprechender Marketing-Mix erstellt wurde, sollten diese noch einmal überprüft werden. Im Fokus stehen bei dieser **Koordinationsaufgabe** die Wirkungsbeziehungen der Instrumente untereinander sowie ihr Stellenwert für die Zielerreichung bzw. der Umsetzung vorgegebener Strategien. Dieser Arbeitsschritt ist zudem ein **fließender Übergang in die Implementierungsphase**. Zu beachten sind dabei:

- funktionale Abhängigkeiten (Wirkungen verschiedener Instrumente beeinflussen sich positiv oder negativ)
- zeitliche Abhängigkeiten (Wirkungen von Elementen bauen aufeinander auf oder treten erst verzögert ein)
- hierarchische Abhängigkeiten (Instrumente werden je nach Priorität in einer Rangfolge eingesetzt) (vgl. Meffert, Burmann, & Kirchgeorg, 2012, S. 745f).

In Tabelle 22 ist ein Marketing-Mix-Profil anhand von drei typischen Beispielen aus dem Tourismus- und Freizeitbereich angeführt. Die Stichworte zu den einzelnen Marketinginstrumenten sind dabei als exemplarisch anzusehen.

Nicht zuletzt muss vor der endgültigen Implementierung des Marketing-Mix in die operativen Abläufe die **Finanzierung** desselben geprüft werden. Ist das Budget, das im Rahmen der strategischen Planung bereitgestellt wurde, ausreichend, um die Maßnahmen umzusetzen? Wie hoch ist der finanzielle Bedarf, um v.a. die kommunikationspolitischen Maßnahmen umzusetzen?

Bei Tourismus- und Freizeitorganisationen erfolgt die **Budgetierung** für das Marketing in den meisten Fällen über sog. **nicht-wirkungsgestützte Verfahren**. Das Budget wird dabei aufgrund eines festgelegten Anteiles einer bestimmten Bezugsgröße ermittelt: z.B. als Prozentanteil am vergangenen, derzeitigen oder erwarteten Umsatz oder Gewinn eines Unternehmens. Auch eine Ausrichtung an den verfügbaren finanziellen Mitteln oder an den Werbeaufwendungen der Konkurrenz ist denkbar (vgl. Meffert, Burmann, & Kirchgeorg, 2012, S. 640ff).

Instrumente (7 P´s)	Reiseveranstalter	Destination	Freizeit-Erlebniswelt
Produkt	Programmtiefe, USP, Differenzierung nach Zielgruppen, Serviceleistungen etc.	u.a. Gesamtgestaltung des Ortes, USP, optimale Ergänzung der Leistungsersteller	Erlebnisorientierung, USP, differenzierte Zielgruppenansprache etc.
Preis	z.B. Differenzierung nach Reiseziel, Reiselänge, Saison	nur begrenzt möglich, da autonome Leistungsersteller	z.B. zeitliche und personelle Differenzierung, Konkurrenzorientierung
Vertrieb	je nach Kundenstruktur direkt oder über Reisemittler, Fremd- und Eigenvertrieb, online	direkt über Leistungsersteller, wenig über Reisemittler, überwiegend Eigenvertrieb, online	zumeist direkt und über Eigenvertrieb, ggf. Kooperationen, online
Kommunikation	z.B. Prospekte, Kataloge, Messen, Direktmarketing, Online, PR	z.B. klassische Werbung, Online, Direktmarketing, Messen, Eventmarketing	z.B. Plakate, Printanzeigen, Online, Direktmarketing, Eventmarketing
Personal	u.a. Reiseleiter im Fokus der Leistungserstellung	u.a. Empathie und Gastfreundschaft auf ganzer Linie	u.a. Scouts als Wissensvermittler im Fokus
Prozess	Passgenauigkeit der DL-Kette etc.	Zusammenarbeit der Leistungsersteller, Kooperationen etc.	Einbeziehung des Gastes in den DL-Prozess zentral
Ausstattung	Qualität der eingesetzten Transportmittel, Unterkünfte etc.	Atmosphäre/Ambiente des gesamten Ortes, u.a. Erscheinungsbild einzelner Leistungsanbieter	z.B. kuriose Architektur, zeitgemäße und interaktive Ausstattung, Funktionalität der Geräte

Tab. 22: Marketing-Mix-Profil an Beispielen aus dem Tourismus- und Freizeitbereich (eigene Darstellung)

☐ Kernaussagen Kapitel 5

- ✓ Der klassische Marketing-Mix (4 P´s) ist für Dienstleistungen aufgrund ihrer Besonderheiten auf 7 P´s zu erweitern. Vor allem das Personal spielt dabei eine herausragende Rolle.
- ✓ Die Nutzenstiftung von Angeboten für den Nachfrager spiegelt sich in ihrem Grund- und ihrem Zusatznutzen wider. Diese werden auf verschiedenen Ebenen vermarktet und sind Ansatzpunkte für Wettbewerbsvorteile.
- ✓ Produkte müssen aus Kundensicht differenzierbar bzw. einzigartig sein. Das wird durch eine Unique Selling Proposition (USP) vermittelt und durch die Beschaffenheit des Produktes sowie Serviceleistungen sichergestellt.
- ✓ Für die Festlegung von Preisen müssen drei Fragen beantwortet werden: Welche Kosten habe ich bei der Produkterstellung? Was ist die Nachfrage bereit zu zahlen? Wie agiert die Konkurrenz?
- ✓ In Tourismus und Freizeit bedeutet Distribution, den Kunden zum Ort der Dienstleistung zu bringen und nicht umgekehrt. Zudem erwirbt er (nur) ein Anrecht auf eine Leistung, die später erbracht wird.
- ✓ Als grundsätzliche Vertriebswege kommen der direkte und der indirekte Weg (in Form von z.B. Reisebüros) in Frage. Beide Varianten können über eigene oder fremde Vertriebsstellen erfolgen.
- ✓ Der Online-Anteil in der Distribution und der Kommunikation wächst unaufhörlich. Der Kunde tritt damit in den direkten Dialog mit dem Unternehmen; er gestaltet die Produkte vermehrt selbst mit.
- ✓ Klassische Instrumente (Werbung, Verkaufsförderung, PR) werden im Kommunikations-Mix inzwischen intelligent mit neuen Instrumenten und Techniken vernetzt. Die Kommunikations-Varianten sind äußerst vielfältig und kreativ (z.B. Guerilla- oder Viral-Marketing).
- ✓ Corporate Social Responsibility (CSR) ist die freiwillige Verpflichtung von Unternehmen zur gesellschaftlichen Verantwortung – im Sinne der nachhaltigen Entwicklung.
- ✓ Events und erlebnisorientierte Kommunikation (Inszenierung von Erlebnissen) bestimmen seit Jahren die Produktentwicklung in Freizeit und Tourismus. Es geht um die Vermittlung von Emotionen.
- ✓ Die Instrumente Sponsoring, PR und Event bilden eine Kommunikationsplattform, die v.a. moderne Sportarenen deutlich prägt.

☐ Fragen und Aufgaben zum Kapitel

[1] Was ist unter dem einfachen und dem erweiterten Marketing-Mix zu verstehen?

[2] Skizzieren Sie den Paradigmenwechsel vom Transaktions- zum Beziehungsmarketing und erläutern die Ursachen des Wandels!

[3] Was ist eine USP und auf welche Aspekte des strategischen Marketings bezieht sich diese?

[4] Welche Entscheidungsbereiche zählen zu den Aufgaben des Produktmanagements? Stellen Sie diese am Beispiel eines Tourismusunternehmens dar!

[5] Was ist unter den Begriffen „Kern- und Zusatzprodukt" zu verstehen? Auf welchen Ebenen werden diese vermarktet?

[6] Welche Formen der Preisdifferenzierung werden im Tourismus- und Freizeitbereich angewendet? Nennen Sie Beispiele!

[7] Skizzieren Sie die gängigen Vertriebswege im Tourismus! Welche beiden grundlegenden Entscheidungen müssen dabei getroffen werden?

[8] Welche Tourismus- und Freizeitangebote lassen sich vorwiegend über die Online-Distribution verkaufen? Wodurch sind diese Angebote gekennzeichnet?

[9] Nennen Sie jeweils vier Beispiele für Kommunikationsinstrumente, die als „klassisch" bzw. als „modern" bezeichnet werden können!

[10] Was ist unter CSR zu verstehen? Welche Handlungsfelder können damit von Unternehmen berücksichtigt werden?

[11] Welches sind die idealtypischen Merkmale von Events? Beschreiben Sie diese anhand eines praktischen Beispiels!

[12] Was bedeutet es, Sponsoring zu betreiben? Welche Bereiche sind die größten Profiteure des Sponsorings in Deutschland?

[13] Skizzieren Sie kurz, was unter einem Marketing-Mix-Profil zu verstehen ist!

6 Marketing-Implementierung und Controlling

Niagara Falls, Kanada (© Rainer Hartmann)

☐ Lernziele

Die Inhalte dieses Kapitels ermöglichen Ihnen, …

- den Transfer von den theoretisch geprägten Arbeitsschritten der normativen und strategischen Ebene hin zur Umsetzung in die Praxis nachzuvollziehen.
- mögliche Widerstände oder Konflikte bei der Implementierung der Marketingstrategie zu erkennen.
- verschiedene Stile und Prozessvarianten zur Implementierung von Strategien kennenzulernen.
- die Bedeutung der Organisationsstruktur und des Prozessmanagements für die Marketingimplementierung grundsätzlich nachzuvollziehen.
- die Funktionen und unterschiedlichen Typen der strategischen Kontrolle zu verstehen und deren Einsatz an einem Beispiel nachzuvollziehen.

Im Kapitel 2.4 wurde bereits auf die Prozesshaftigkeit des Marketing-Managements eingegangen und der klassische Ablauf eines solchen Prozesses skizziert. Dieser dient als Leitfaden für die gesamte Marketingplanung und ist damit auch entscheidend für die Implementierung und das abschließende strategische Controlling des Marketings.

6.1 Marketingimplementierung

☐ Definition

Die **Marketingimplementierung** ist ein Prozess, bei dem die Marketingstrategie in aktionsfähige Aufgaben umgewandelt wird und der sicherstellt, dass diese Aufgaben zur Zielerfüllung der Strategie durchgeführt werden (vgl. Kotler, Keller, & Bliemel, 2007, S. 1167).

Dieser Prozess kann inhaltlich in zwei Aufgaben untergliedert werden: die Durchsetzung und die Umsetzung der Marketingstrategie. Danach müssen auf der einen Seite die **verhaltensbezogenen Aufgaben** des Implementierungsprozesses betrachtet werden, auf der anderen Seite stehen die **sachbezogenen Aufgaben**.

6.1.1 Durchsetzung von Marketingstrategien

Ein wesentlicher Aufgabenbereich bei der Implementierung einer ggf. neuen Strategie ist es, eventuelle Barrieren in Form von unternehmensinternen **Widerständen** oder **Konflikten** zu überwinden. Dabei sind rationale (auf logisch nachvollziehbaren Argumentationen beruhend), politische (Angst vor Machtverlust) und emotionale (Angst vor Veränderungen, subjektive Empfindungen) Widerstände zu unterscheiden.

Solche **verhaltensbezogenen Widerstände** lassen sich in der Regel durch Informationen über die Inhalte der Strategie, durch die strategiebezogene Qualifikation der Mitarbeiter und durch die Motivation der betroffenen Mitarbeiter abbauen. Im Idealfall sind alle relevanten Mitarbeiter bereits frühzeitig in den Prozess der Strategieentwicklung einbezogen.

Eine weitere Implementierungsbarriere sind **Konflikte**, die aufgrund von Veränderungen im Unternehmen auftreten können. Das kann eine heterogene Zusammensetzung des betroffenen Personals sein, ein Rollenkonflikt von Mitarbeitern, ein Verteilungskonflikt um Ressourcen etc.

In diesem Zusammenhang spielt auch die Auswahl des **Implementierungsstils** eine wichtige Rolle:

- **Top-down** bedeutet, dass die Formulierung der Strategie auf höchster Führungsebene erfolgt und dann nach und nach auf die nächsten Hierarchieebenen als „Vorgabe von oben“ weitergeleitet wird.
- **Bottom-up** meint, dass die Strategieentwicklung unter Einbeziehung aller relevanten Mitarbeiter von der operativen Basis aus erfolgt und ggf. von der jeweils höheren Ebene genehmigt und modifiziert wird.

Da beide Varianten mit gewissen Risiken verbunden sind, was mögliche Widerstände oder Konflikte im Unternehmen angeht, werden in der Praxis häufig Mischformen angewendet – bekannt als Down-up oder Gegenstromprinzip (vgl. Meffert, Burmann, & Kirchgeorg, 2012, S. 736ff).

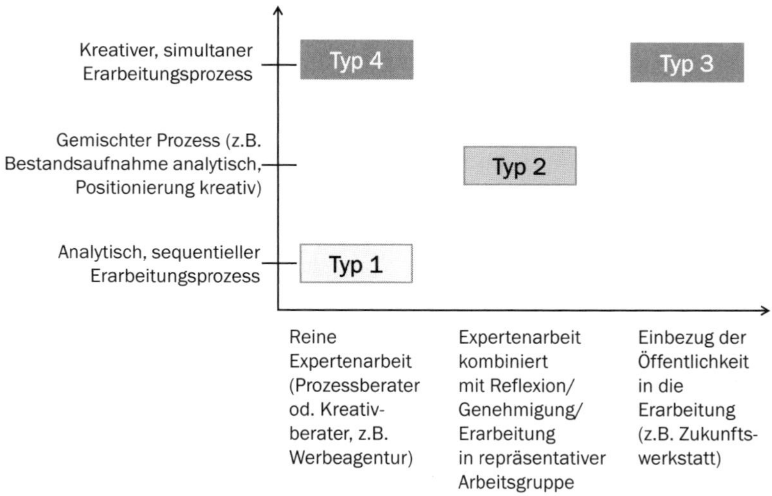

Abb. 40: Typisierung von Erarbeitungsprozessen (eigene Darstellung; nach Bieger, 2010, S. 158)

Für die Erarbeitung und Implementierung von Marketingstrategien können verschiedene **Typen von Erarbeitungsprozessen** genutzt werden. Die Auswahl ist abhängig vom Grad der Kreativität und der Intensität der Einbeziehung von Stakeholdern. Bieger (2010, S. 157f) hat in Bezug auf die Entwicklung von Leitbildern in Destinationen eine entsprechende Typologie entwickelt, die problemlos auf unternehmerische Prozesse übertragbar ist (vgl. Abb. 40). Typ 1 ist durch eine reine Expertenarbeit, die sehr analytisch und sequentiell erfolgt, gekennzeichnet. Typ 2 stellt eine Mischform aus Expertenarbeit und kreativer Gruppenarbeit dar. Typ 3 ist ein völlig offener, kreativer Prozess, in den alle relevanten Stakeholder eingebunden werden. Typ 4 ist eine denkbare Spezialform, z.B. die kreative Erstellung eines Markenkonzepts durch externe Berater.

Im Rahmen des Implementierungsprozesses werden zumeist Verantwortliche als **Promotoren** eingesetzt, um ggf. Widerstände zu überwinden und relevante Ressourcen und Managementfähigkeiten in den Prozess einzubringen. Bei Erneuerungsprozessen sind dies häufig externe Berater, die dann vorwiegend als **Prozesspromotoren** Koordinationsaufgaben übernehmen (Typ 2 und 3 in Abb. 40). Je nach Erarbeitungs- bzw. Implementierungsprozess können auch **Fachpromotoren** eingesetzt werden, die ihr Fachwissen oder ihre Qualifikationen in den Prozess einbringen (Typ 1 und 2 in Abb. 40). Als dritte Variante können auch sog. **Machtpromotoren** eingesetzt werden, die aufgrund ihrer hierarchischen Position im Unternehmen für die Durchsetzung und Umsetzung der Marketingstrategie geeignet sind (Typ 1 in Abb. 40). Besonders die Aufgabe der Machtpromotoren wirkt über die eigentliche Durchsetzung der Strategie hinaus. Sie übernehmen häufig bei der dauerhaften Umsetzung der Marketingstrategie im Rahmen des internen Marketings oder Binnen-Marketings eine wichtige Rolle (vgl. Meffert, Burmann, & Kirchgeorg, 2012, S. 742f).

Binnen-Marketing

Während im allgemeinen Marketing vom „internen Marketing" gesprochen wird, hat sich im Tourismus die Bezeichnung Binnen-Marketing durchgesetzt. Dabei wird vor allem auf die Besonderheiten der touristischen Leistungserstellung als komplexe und vielfältige Aufgabe verwiesen.

☐ Definition

> Unter **Binnen-Marketing** werden alle nach innen gerichteten Aktivitäten verstanden. Sie betreffen sowohl Tourismus- und Freizeitbetriebe und deren Mitarbeiter als auch weitere Institutionen und Personen, die z.B. als Stakeholder einen engen Bezug zum jeweiligen Betrieb haben (Hartmann, 2010a, S. 178 und Freyer, 2011, S. 740).

Die zentrale Zielsetzung des Binnen-Marketing ist es, unter Einbeziehung aller verantwortlichen Akteure, eine planvolle Nutzung des vorhandenen Kräftepotenzials einer Organisation (oder Destination) auf der Basis des Leitbildes zu erreichen. Im Sinne einer ganzheitlichen Marketingkonzeption geht es dabei um die Erfassung, Steuerung und Koordination aller Leistungsangebote und -träger sowie deren Vernetzung mit externen Bereichen (vgl. Freyer, 2011, S. 738ff).

Zitat □

„Menschen mit einer neuen Idee gelten so lange als Spinner, bis sich die Sache durchgesetzt hat."

Mark Twain (1835-1910), US-amerik. Schriftsteller

6.1.2 Umsetzung von Marketingstrategien

Bei der Übersetzung von Marketingstrategien in operative Maßnahmen müssen zwei grundsätzliche Bereiche beachtet werden: die Festlegung des **organisatorischen Geltungsbereichs** der Marketingstrategie und die Aufschlüsselung der Strategie in Bezug auf den **Einsatz von Ressourcen** (Übersetzung in Marketingmaßnahmen).

Marketingorganisation

Die Gestaltung der Marketingorganisation ist als Managementaufgabe untrennbar mit der Unternehmensstruktur als Ganzem verbunden. Gemäß der umfassenden Definition von Marketing als unternehmerische Denkhaltung, die sich in allen internen und externen Unternehmensaktivitäten widerspiegelt (vgl. Kap. 2), bedingen sich Unternehmens- und Marketingorganisation gegenseitig.

□ Definition

> „Die **Marketingorganisation** umfasst alle struktur- und prozessbezogenen Regelungen (Aufbau- und Ablauforganisation), die zur Erfüllung der Aufgaben des Marketing-Managements erforderlich sind" (Bruhn, 2012, S. 279).

Die **Aufbauorganisation** spiegelt als formale **Organisationsstruktur** die äußere Form des Stellengefüges einer Organisation wider. Es werden Aufgaben verteilt, Zuständigkeiten geregelt und Verantwortungsbereiche abgesteckt.

Die **Ablauforganisation** untersucht die organisatorische Gestaltung einzelner **Arbeitsprozesse** in der Marketingabteilung.

Als zentrales Konfliktfeld stellt sich in der Praxis von Tourismus- und Freizeitorganisationen die Form der Integration des Marketings in die Unternehmensorganisation dar. Häufig ist die organisatorische Verbindung zwischen Marketing und Vertrieb die problematische Schnittstelle. Entweder wird ein Bereich dem jeweils anderen untergeordnet oder im Idealfall stehen beide Abteilungen gleichberechtigt nebeneinander (vgl. Bruhn, 2012, S. 279ff).

Auf weitere Details bezüglich der Marketingorganisation soll an dieser Stelle nicht weiter eingegangen werden, da diese organisationspolitischen Entscheidungsbereiche zu weit in die Managementlehre hineinreichen. Weiterführende Informationen sind in der einschlägigen, umfänglicheren Marketingliteratur zu finden (vgl. Kotler, Keller, & Bliemel, 2007, S. 1139ff und Meffert, Burmann, & Kirchgeorg, 2012, S. 769ff).

Die Ablauforganisation oder das **Prozessmanagement** von Unternehmen beschäftigt sich mit dem Problem der Schnittstellen, die durch Abteilungsgrenzen führen. Sie sind im Prinzip das Ergebnis der Aufbauorganisation. Dementsprechend ist das Ziel der Ablauforganisation die **koordinationsfördernde Gestaltung und Optimierung von Unternehmensprozessen**, um die Effektivität und Effizienz zu erhöhen. Ein Prozess wird dabei als eine Folge von Tätigkeiten, die in einem inneren Zusammenhang stehen und eine integrierte, zielführende Operationsfolge darstellen, verstanden.

Zur Optimierung einzelner Prozesse dient z.B. die Bereitstellung richtiger Informationen oder die Entwicklung eines spezifischen **Prozessdesigns**, z.B. für die Erstellung eines Angebotspakets in einer Tourismusorganisation. Die prozessübergreifende Optimierung von Rahmenbedingungen erfolgt als **Schnittstellenmanagement**, z.B. durch die Einrichtung von Koordinationsgremien oder auch durch Team Building-Maßnahmen. Grundlage für die Optimierung der Ablauforganisation ist zumeist eine Geschäftsprozessanalyse, die Leistungsprozesse abbildet und damit die gesamte Prozess- und Ablaufplanung von Unternehmen strukturiert (vgl. Bruhn, 2012, S. 291f).

Einsatz von Ressourcen

Dieser finale Schritt, der eng mit der Marketingorganisation verknüpft ist, beinhaltet die Übertragung der gesamten strategischen und operativen Vorüberlegungen in ein konkretes **Maßnahmenkonzept**. Er bezieht sich damit auf den Einsatz von **zeitlichen, personellen** und **finanziellen Ressourcen**.

Aufgabe des Marketing-Managers ist es hierbei, die zur Verfügung stehenden Ressourcen möglichst effektiv (hoher Zielerreichungsgrad) und effizient (optimaler Mitteleinsatz) einzusetzen. Nachdem die Strategieoptionen auf ihre Machbarkeit in Bezug auf die zur Verfügung stehenden Ressourcen nochmalig überprüft wurden (vgl. Kap. 5.5), erfolgt die systematische Zusammenstellung aller geplanten Maßnahmen, mit dem Ziel, diese gegeneinander abzuwägen und anschließend ein **kontrolliertes Projektmanagement** zu ermöglichen. Dabei spielen verschiedene Ordnungsmomente eine Rolle (vgl. Freyer, 2011, S. 684ff und Tab. 23):

- **Priorisierung** der Maßnahmen: Die Priorität (hoch, mittel, niedrig) wird je nach Stellenwert der Maßnahme für das Gesamtkonzept bzw. ihrer Voraussetzung für die Realisierung weiterer Maßnahmen definiert.
- **Zeitplanung** (Beginn und Fristigkeit der Maßnahmen): Die Umsetzung kann kurzfristig (innerhalb weniger Wochen umsetzbar), mittelfristig (mind. sechs Monate bis zu einem Jahr) oder langfristig (mehr als 12 Monate) erfolgen.
- **Finanzplanung** (Abschätzung oder zumindest Kategorisierung der Kosten): Die Kategorien sind nur schwer allgemeingültig festzulegen; je nach Finanzrahmen der Kostenträger können die Kosten als hoch (> 20.000 €), mittel oder gering (<2.000 €) eingestuft werden.
- **Personalplanung** (Personalbedarf und Zuständigkeit): Hier erfolgt die Adressierung der Maßnahme und ggf. auch der Kooperationspartner.

Projekt	Priorität	Beginn	Umsetzung	Kosten	Zuständigkeit
Badebucht	hoch	01/12	mittelfristig	hoch	Gemeinde
Ausbau Strand	mittel	04/12	mittelfristig	mittel	Gemeinde
Pontons	mittel	05/12	mittelfristig	mittel	Verein X
Möblierung	hoch	03/12	kurzfristig	hoch	Gemeinde
Fahrradabstellung	hoch	01/12	kurzfristig	mittel	Gemeinde
Spielmöglichkeiten	mittel	06/12	mittelfristig	hoch	Gemeinde
Beleuchtung	mittel	06/12	mittelfristig	hoch	Gemeinde
Parkplatz Wasserski	hoch	01/12	mittelfristig	hoch	Firma A
„Kinderwildnis“	niedrig	01/13	langfristig	mittel	PPP
Finnenbahn	niedrig	07/12	mittelfristig	hoch	PPP
Kooperation Akteure	hoch	01/12	langfristig	niedrig	alle Akteure
Imagebildende Events	hoch	01/12	mittelfristig	mittel	alle Akteure
Informationsmedien	mittel	06/12	mittelfristig	hoch	alle Akteure

Tab. 23: Beispiel für die Ressourcenplanung in einem Marketingkonzept (eigene Darstellung; interner Projektbericht/gekürzt)

Zur übersichtlichen Darstellung der Maßnahmen in einem Marketingkonzept werden die einzelnen Maßnahmenblätter mit einem „Steckbrief“ versehen, aus dem die Ordnungsmomente einfach und schnell sichtbar werden. Dieser ist auch bei der späteren Erfolgskontrolle von großem Nutzen, wenn für jedes Projekt ein entsprechender Meilenstein definiert wird (vgl. Abb. 41).

Projekt 1.4 Ausbau des vorhandenen Strandbereichs

Am Nordufer des Sees gibt es bereits einige aufgeschüttete Sandflächen direkt am Seeufer. Um das Strandgefühl noch zu erhöhen, sollten noch weitere Bereiche mit feinem Sand aufgefüllt werden. Idealerweise könnte der Sand vom Aushub der Badebucht – wenn geeignet – gleich vor Ort verwendet werden (vgl. Projekt 1.1). Zur besseren Begehbarkeit und auch als optische Verbesserung sollten Plankenwege aus Holz angelegt werden. Zudem sind vermehrt Sitzgelegenheiten zu schaffen. Abhängig von möglichen Erweiterungsflächen könnte östlich der geplanten Badebucht auch ein Beachvolleyballfeld entstehen.

Priorität:	mittel
Beginn:	04/2012
Umsetzung:	mittelfristig
Voraussichtliche Kosten:	mittel
Verantwortlichkeit:	Gemeinde
Kooperationspartner:	-
Meilenstein:	Sommer 2013

Abb. 41: Beispiel für ein Maßnahmenblatt mit „Steckbrief" (eigene Darstellung; interner Projektbericht)

6.2 Marketing-Controlling

Auf der Basis des Marketing-Managementprozesses als Kreislauf und eines entsprechenden funktionalen Managementverständnisses wird das Controlling zu einem unverzichtbaren Führungsinstrument des Marketings (vgl. Hartmann, 2010a, S. 143ff).

Controlling ist viel mehr als die einfache Übersetzung von „Kontrolle". Es ist nicht nur als Teilfunktion oder Phase des Marketing-Managementprozesses zu verstehen, sondern es durchwirkt das Gesamtsystem mit dem Ziel der Informationsversorgung von Führungsinstanzen.

☐ Definition

> Das **Controlling** bezeichnet ein Konzept der Planung, Steuerung und Erfolgskontrolle des Unternehmens in seiner Gesamtheit. Es arbeitet sowohl gegenwarts- als auch zukunftsorientiert.
>
> Das **operative Controlling** betrachtet gegenwarts- und vergangenheitsorientierte Informationen und ist auf kurz- und mittelfristige Planungen bezogen.
>
> Beim **strategischen Controlling** geht es um die Zukunftsorientierung, d.h. die Ist-Daten der aktuellen Unternehmensentwicklung dienen als langfristige Planungsgrundlage, aus denen der Controller zukünftige Entscheidungsempfehlungen ableitet (vgl. Freyer, 2011, S. 747ff; Steinmann & Schreyögg, 2005, S. 274ff).

Als differenzierter Ansatz beinhaltet das **Marketing-Controlling** die koordinierte und aufgabenadäquate Informationsversorgung unterschiedlicher Funktionen und Ebenen des Marketing-Managements (vgl. Bruhn, 2012, S. 294).

Die **Funktionen des Controllings** lassen sich unter verschiedenen Aspekten anführen (vgl. Meffert & Bruhn, 2012, S. 419ff):

- Die zentrale Aufgabe des Controllings besteht in der Unterstützung der **Planung** des Managements. Der Controller dient als vertrauter Ratgeber der obersten Leitungsebene und nimmt eine **Scharnierfunktion** zwischen dem Top-Management und den Linienverantwortlichen (Marketing, Verkauf, Personal, Produktion etc.) ein.
- Controlling sorgt für **Informationen**, indem ein durchdachtes Informationssystem zur Unterstützung der Führungsaufgabe des Top-Managements aufgebaut wird.
- Controlling hilft bei der **Koordination** der Managementfunktionen, indem die verschiedenen Aktivitäten des Unternehmens aufeinander abgestimmt werden. Das geschieht auf der horizontalen Ebene zwischen Unternehmensbereichen und vertikal zwischen unterschiedlichen Hierarchiestufen im Unternehmen.
- Nicht zuletzt funktioniert Controlling auch als **Kontrolle**. Im Dienstleistungsbereich bedeutet das, die Kontrolle kundenbezogener Aktivitäten. Vorrangig geht es dabei um Soll-Ist-Vergleiche: Wurden die Planwerte erreicht? Worin liegt ggf. die Abweichung? Wie sind Veränderungen zum Vorjahr zu erklären? Mit welchen Produkten/Dienstleistungen verdienen wir wirklich Geld?

6.2.1 Strategische Kontrolle

Die strategische Kontrolle ist als **korrespondierender Prozess der gesamten Planung** zu verstehen. Mit der ersten Entscheidung im Unternehmen, d.h. dem ersten Selektionsschritt im Planungsverfahren, geht das Management auch das erste Risiko einer möglichen Fehlentscheidung ein. Das strategische Controlling ist damit gleichbedeutend mit **Risikomanagement**. Jeder Planungsprozess braucht eindeutige Entscheidungen, um die Unsicherheit und Komplexität zu verringern. Nur mit einer Reduzierung der Aufgaben und des Arbeitsprozesses aufgrund von Prioritätensetzung und Filterung wird ein bearbeitbares Maß erreicht. Doch jeder Reduktionsprozess ist selektiv und birgt ein fundamentales Risiko: Habe ich mich richtig entschieden? Habe ich alle Informationen berücksichtigt als die Entscheidung fiel? Die strategische Kontrolle begrenzt das Risiko und ist damit ein Gegengewicht zur Selektivität der Planung. Fortlaufend wird die Strategie und deren Umsetzung auf ihre weitere Tragfähigkeit überprüft und der Controller signalisiert ggf. Bedrohungen und dadurch notwendige Veränderungen des strategischen Kurses (vgl. Hartmann, 2010b, S. 143f).

Typen strategischer Kontrolle

Um allen genannten Anforderungen gerecht zu werden, sind drei Typen strategischer Kontrolle zu differenzieren: die strategische Überwachung als globale Kernfunktion, die strategische Prämissenkontrolle und die strategische Durchführungskontrolle (vgl. Steinmann & Schreyögg, 2005, S. 277f und Abb. 42).

[1] Die **strategische Überwachung** ist ein unspezifisches, globales Monitoring und dient als „Auffangnetz". Die beiden anderen Kontrollaktivitäten sind dort eingebettet. Strategische Überwachung ist nicht grundsätzlich auf ein konkretes Kontrollobjekt bezogen. Als Maßstab für die Bewährung der gewählten Strategie dient die potenzielle Bestandsbedrohung des Unternehmens und diese kann sich durch eine konkrete Situation in der Umwelt des Unternehmens (Energiekrise, Krieg etc.), auf dem Markt (z.B. Fusionen bei Konkurrenten) oder im Unternehmen selbst (z.B. Kündigung wichtiger Mitarbeiter) in Form einer Krise bemerkbar machen.

[2] Die **Prämissenkontrolle** bezieht sich darauf, dass im Zuge der Strategieformulierung Prämissen (Zielsetzungen mit Priorität) gesetzt werden. Diese Priorisierung beinhaltet automatisch Ausschlüsse, wodurch auch ein kontrollbedürftiges Risiko entsteht. Zum Zeitpunkt einer strategischen Entscheidung (t1 in der Abb. 42) wird die Frage aufgeworfen, ob die gesetzten Prämissen weiterhin gültig sind. Deshalb deckt die strategische Kontrolle sowohl die priorisierten Bereiche als auch alle weiteren relevanten Entwicklungen auf dem Markt oder

im Unternehmen ab. Unbekannte oder unerkannte Entwicklungen machen sich im Zuge der Strategieimplementierung nach und nach als Störungen bemerkbar.

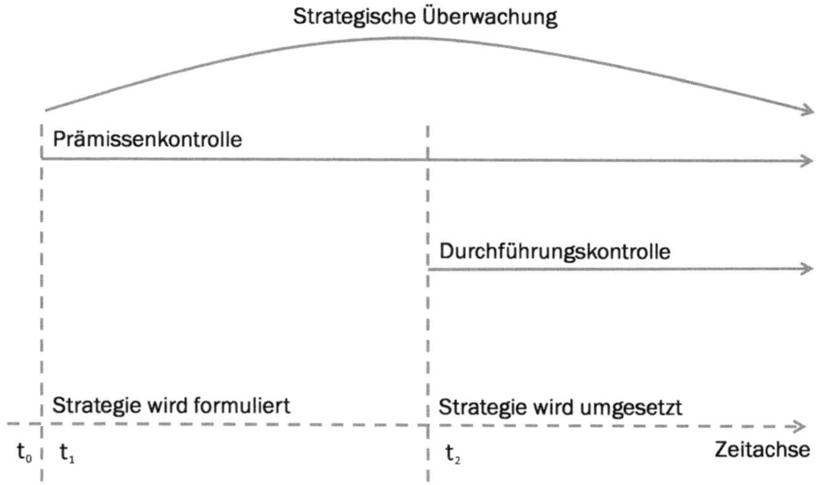

Abb. 42: Der strategische Kontrollprozess (Hartmann, 2010a, S. 145; nach Steinmann & Schreyögg, 2005, S. 280)

[3] Die **Durchführungskontrolle** beginnt mit dem Zeitpunkt der Umsetzung der Strategie (t2 in der Abb. 42). Sie beinhaltet die Sammlung von Informationen über registrierbare Ergebnisse. Anhand von Störungen oder Abweichungen von ausgewiesenen strategischen Zwischenzielen kann festgestellt werden, ob der gewählte Kurs gefährdet ist. Solche Zwischenziele werden auch als Meilensteine bezeichnet. Die **Meilensteinkontrolle** (oder Planfortschrittskontrolle) registriert fortlaufend Abweichungen des „Ist" vom „Soll" und gibt ein entsprechendes Feedback, um eine rechtzeitige Anpassung des „Ist" an das „Soll" zu gewährleisten. Die Gültigkeit des „Soll" (als strategische Entscheidung) ist dabei kein Thema (vgl. Hartmann, 2010a, S. 144f).

Bruhn (2012, S. 295) differenziert drei **Typen der Marketingkontrolle**, die weitgehend in der oben formulierten Durchführungskontrolle aufgehoben sind:

- **Prozesskontrollen** beschäftigen sich mit der Kontrolle der Durchführung von Marketingaktivitäten (zeitlicher Verlauf und Fortschritt)
- **Effektivitätskontrollen** beziehen sich auf die Kontrolle von Marketingwirkungen bei der Nachfrage

- **Effizienzkontrollen** fokussieren auf Kosten-Nutzen-Vergleiche.

Alle strategischen Kontrolltypen haben unterschiedliche **Kontrollobjekte** und können in unterschiedlichem Maße vorstrukturiert und organisiert werden. Das **Ausmaß der Gerichtetheit** auf bestimmte Kontrollobjekte differiert entsprechend (vgl. Tab. 24):

- Die strategische Überwachung spannt einen möglichst breiten Kontrollschirm für potenziell kritische Ereignisse auf (gering ausgerichtet). Es erfolgt eine relativ unorganisierte Überwachung der gesamten Umwelt und möglicher Ressourcen des Unternehmens.
- Im Rahmen der Prämissenkontrolle können kritische Annahmen und ggf. Schwellenwerte festgelegt werden (Prämissenliste), die kontrollierbar sind. Die Beobachtung der Prämissen erfolgt dann durch die sachlich zuständigen Funktionsbereiche.
- Bei der Durchführungskontrolle sind die Kontrollobjekte in Form von Zwischenzielen (Meilensteinen) relativ gut definiert und es können entsprechende organisatorische Vorkehrungen getroffen werden. So kann der Marketing-Leiter, z.B. bei einer Produkt-Neueinführung feststellen, ob ein bestimmter Marktanteil im festgelegten Zeitraum erreicht wurde.

Kontroll-charakteristika	**Typ 1: Strategische Überwachung**	**Typ 2: Prämissenkontrolle**	**Typ 3: Durchführungs-kontrolle**
Ausmaß der Gerichtetheit	Gering	Mittel	Hoch
Kontrollobjekt	Umwelt/ Ressourcen	Planungsprämissen	Zwischenziele

Tab. 24: System der strategischen Kontrolle (eigene Darstellung; verändert nach Steinmann & Schreyögg, 2005, S. 282)

6.2.2 Umsetzung des Controlling

Als **Informationsquellen für das Controlling** dienen alle Arten von Veröffentlichungen (Geschäftsberichte, Verbandspublikationen, Informationsdienste etc.), Informationen und Beobachtungen von Personen, die im Wettbewerbsumfeld tätig sind (Vertriebsmitarbeiter, Vertreter von Zulieferern etc.), informelle Kontakte zu Konkurrenzunternehmen auf allen Hierarchieebenen sowie strukturierte Informationssysteme (*Management Information Systems etc.*). Zur Gewinnung von Informationen kommen letztlich alle Methoden der Primär- und Sekundäranalyse im Rahmen der empirischen Sozialforschung sowie der Marktforschung zum Tragen (vgl. Kap. 3).

Die **Informationsbewertung** ist ein offener Prozess, der unterschiedliche Interpretationen und Relevanzeinschätzungen ermöglicht. Entschieden wird auf der höchsten Führungsebene, denn dort laufen alle Informationen zusammen. Eine wichtige Voraussetzung für jede effektive strategische Kontrolle ist eine **kritikfähige Organisation**. Ihre Merkmale sind durchlässige Kommunikationsstrukturen (geringe Schwellenängste, unkomplizierte Meldewege wie E-Mail), die Akzeptanz von Neinsagern (wenig Konformitätsdruck, Ermunterung zur Zivilcourage) und der Mut, eingeschliffene Denkmuster in Frage zu stellen („Querdenken" erlaubt).

Die **Probleme** für eine effektive strategische Kontrolle sind jedoch nicht zu unterschätzen. Die Weitergabe strategischer Kontrollinformationen bereitet häufig größere Schwierigkeiten, denn dies sind oft unangenehme Informationen, besonders für die oberen Entscheidungsträger. Zudem können bürokratische Hemmnisse und (ungeklärte) Machtfragen einer regen Kontrollaktivität entgegen wirken. Eine weitere Barriere ist die Solidarität unter den Mitarbeitern, die zu gegenseitiger Rücksichtnahme führt oder auch die Furcht vor Vergeltungsschlägen von Kollegen. Soziale Spannungsfelder in Organisationen durch Gruppen, Allianzen etc. sind die „natürlichen Feinde" einer optimalen strategischen Kontrolle (vgl. Steinmann & Schreyögg, 2005, S. 286 und Kap. 6.1.1).

In der Praxis können verschiedene **Controlling-Instrumente** eingesetzt werden (vgl. Meffert, Burmann, & Kirchgeorg, 2012, S. 797ff):

- einfache Kennzahlenanalysen (Finanzkennzahlen oder qualitätsorientierte Kennzahlen) – vgl. das Fallbespiel am Ende dieses Kapitels
- Anwendungen im Rahmen der Deckungsbeitragsrechnung (Break-Even-Analyse als Gewinnschwellen-Analyse, Prozesskostenrechnung zur Identifizierung von Kostentreibern oder Kundenwertanalyse durch Kundendeckungsbeiträge)
- differenzierte Methoden des sog. *Performance Measurements* (Balanced Scorecard oder Qualitätsmanagement – vgl. Kap. 3.1.2).

Balanced Scorecard

Die Grundidee der Balanced Scorecard ist die Berücksichtigung unterschiedlicher Perspektiven bei der Leistungsbeurteilung eines Unternehmens oder eines Geschäftsbereichs: Finanzen, Kunden, interne Potenziale und Prozesse. Betrachtet werden spezifische Messgrößen/Kennzahlen und deren übergreifende Zusammenhänge. Die Grundform der Balanced Scorecard kann weiter modifiziert werden. Als Instrument zur Operationalisierung der Marketingstrategie und zur Erfolgskontrolle wurde z.B. die **Marketing-Scorecard** entwickelt. Sie enthält folgende vier Perspektiven (vgl. Runia, Wahl, Geyer, & Thewißen, 2011, S. 328f):

- **Finanzielle Perspektive** (Welche finanziellen Ziele müssen wir erreichen?): Kennzahlen wie der Marktanteil, die Umsatzentwicklung oder die Marketingkostenstruktur kommen hier zum Einsatz.
- **Kundenperspektive** (Welche Kundenziele verfolgen wir?): Kundenzufriedenheit, Kundenwert etc. werden berücksichtigt.
- **Kommunikationsperspektive** (Welche Kommunikationsziele verfolgen wir?): Bekanntheitsgrad oder Image werden erforscht.
- **Markenperspektive** (Welche Markenziele verfolgen wir?): Hier wird z.B. der Markenwert ermittelt.

Aus den einzelnen Perspektiven resultieren Ursachen-Wirkungs-Zusammenhänge, wie z.B. die Steigerung der Marktanteile durch eine höhere Markenbekanntheit. Und zunächst gibt es keine unterschiedliche Wertigkeit der Perspektiven, d.h. die Betrachtung erfolgt ausgewogen *(balanced)*.

Für das Verfahren wird eine bestimmte Anzahl von Kennzahlen (meist 4-7) je Perspektive definiert, die für die Operationalisierung der Marketingstrategie zentral sind. Um einen SOLL-/IST-Vergleich zu ermöglichen, sind für die festgelegten Kennzahlen messbare Ziele zu formulieren und die IST-Werte zu Beginn der Planung festzuhalten. Sodann kann für die Erreichung jedes Ziels ein Maßnahmenpaket geschnürt werden (vgl. Abb. 43).

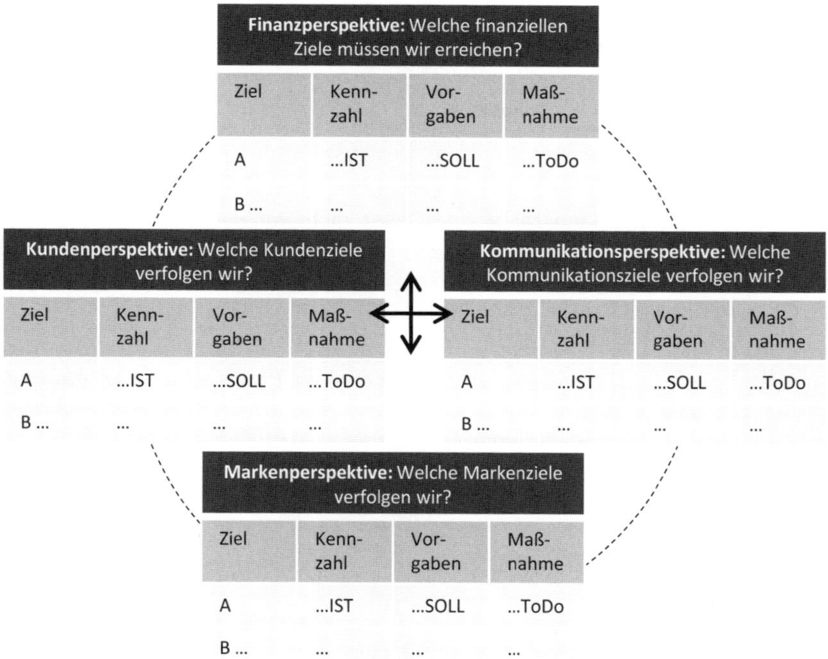

Abb. 43: Vier Perspektiven der Marketing-Scorecard (eigene Darstellung; verändert nach Runia, Wahl, Geyer, & Thewißen, 2011, S. 328)

Exkurs: Controlling im Stadtmarketing: Entwicklung eines Indikatorensets zur Erfolgskontrolle

(Hartmann & Peters, 2008; gekürzte Version)

Durch **Stadtmarketing** sollen urbane Räume revitalisiert, profiliert und dadurch der Lebens-, Arbeits- und Innovationsraum Stadt aufgewertet werden, um sich von den Wettbewerbern zu unterscheiden. In diesem Sinn versucht Stadtmarketing, die Kräfte innerhalb einer Stadt nicht nur zu aktivieren, sondern diese auch zu harmonisieren. Es gilt, gemeinsame Ziele zu entwickeln und diese unter Zusammenführung der unterschiedlichen Kompetenzen der Akteure gemeinsam umzusetzen (vgl. Hartmann, 2008).

Ein **umfassendes Controlling** wird zwar allgemein als Kernelement erfolgreichen Stadtmarketings genannt, es **findet aber in der Praxis kaum Anwendung**. In der Konsequenz führen in der Praxis max. 5% der betroffenen Städte eine umfassende Erfolgskontrolle durch. Das liegt u.a. daran, dass klassische ökonomische Controlling-Werkzeuge meist nicht ausreichen, um den Gesamterfolg von Stadtmarketing messen und auswerten zu können. Sie tragen der Mehrdimensionalität der Erfolgsstruktur im Stadtmarketing – mit der typischen Verquickung von quantitativen und qualitativen Zielen – nicht genügend Rechnung.

Im Rahmen eines **Modellprojektes** zum Stadtmarketing in den Regionen Südtirol und Tirol wurde ein Benchmarking-System erstellt, das mit der Entwicklung eines Indikatorensets zur Erfolgskontrolle verbunden war. Es ging dabei um die Zusammenstellung, Diskussion und Einführung eines **Systems von Kennzahlen** für die teilnehmenden Städte. Damit sollten Strukturen und Prozesse der jeweiligen Innenstädte systematisch erfasst werden. Gleichzeitig dienten die Kennzahlen dazu, ein Ranking zur Veranschaulichung der Wettbewerbssituation zu erstellen. Um den Aufwand möglichst gering zu halten, wurde ein **bedarfsgerechter Ansatz** entwickelt, der folgende Aspekte berücksichtigt:

[1] **Umfang und Aufwand der Erhebungen:** Diese müssen in der Praxis durchführbar sein (eingeschränkte finanzielle und personelle Mittel für Controlling). Es sind besser einige wenige, dafür aber stark aussagekräftige Indikatoren auszuwählen. Die Zielgröße liegt bei 15 bis 20 Indikatoren, bei denen die Ergebnisse zum Großteil aus bestehenden Statistiken oder durch einfache Erhebungsverfahren schnell und kostengünstig abgeleitet werden können.

[2] **Ergebnis- und Prozessindikatoren:** Ein umfassendes Indikatoren-Set sollte nicht nur die Ergebnisse der Aktivitäten des Stadtmarketing erfassen, sondern auch das Konzept als solches, seine Qualität, seine Anwendbarkeit etc. beleuchten. Das ermöglicht eine fortwährende Beobachtung des Sys-

tems und bildet die Grundlage für ggf. erforderliche Anpassungsschritte. Deshalb sind sowohl Prozess- als auch Ergebnisindikatoren zu verwenden.

[3] **Langfristigkeit, Heterogenität und Komplexität:** Stadtmarketingaktivitäten sind generell von langfristiger und zumeist komplexer Natur. Aussagekräftige Ergebnisse werden erfahrungsgemäß erst nach einigen Jahren ablesbar. Der Einfluss auf Entwicklungen lässt sich zudem nur schwer vom Einfluss anderer Faktoren bzw. Akteure (z.B. Politik, Verwaltung) abgrenzen. Deshalb werden Indikatoren mit unterschiedlichem Zeitbezug verwendet (kurzfristig: bis zu 1 Jahr; mittelfristig: 2-3 Jahre; langfristig: länger als 3 Jahre).

[4] **Objektivität:** Um dem Anspruch gerecht zu werden, möglichst nachvollziehbare und eindeutige Aussagen zu erzielen, ist bei der Auswahl der Erfolgsindikatoren darauf zu achten, dass möglichst objektive, gut messbare Indikatoren und weniger subjektive Einschätzungen verwendet werden.

Die **ausgewählten Indikatoren** stellten sich wie folgt dar:

Bereich	Indikatoren
Tourismus, Gastronomie, Verkehr	Ankünfte und Übernachtungen, Gästebetten, Besuchermagneten, Veranstaltungs- und Kongresskapazitäten, Spitzengastronomie, Außengastronomie, Verkehrsanbindung, Parkplätze
Einzelhandel	Leerstandsquote Innenstadt, Mietpreisniveau Innenstadt, Kaufkraftvolumen
Marketingaktivitäten/ -indikatoren	Großveranstaltungen, Vorhandensein von Informations- und Leitsystemen, Präsenz in Veranstalterkatalogen, Homepage-Klicks/Verweildauer der User
Prozessindikatoren Stadtmarketing	Organisation und Institutionalisierung, Budget

Tab. 25: Indikatoren-Set für einen Stadtmarketingprozess (interner Projektbericht)

Im weiteren **Ablauf des Analyseprozesses** sollte die Relevanz der einzelnen Indikatoren für einen Untersuchungsgegenstand überprüft und der Erhebungsweg bzw. die entsprechenden Datenquellen festgelegt werden. Das Darstellungsschema der einzelnen Indikatoren gliedert sich wie folgt:

[1] Ausgangspunkt der Erhebungen: spezifischer Hintergrund des Indikators

[2] Erhebungsweg: Technik der Erhebung

[3] Sinn der Erhebung: Nutzen der Indikatorabfrage

[4] Mankos: potenzielle Schwachstellen des Indikators

[5] Handlungsempfehlungen: Maßnahmen bei einer festgestellten negativen Entwicklung.

Beispielhaft ist in Tabelle 26 ein entsprechendes Schema für den Indikator „Homepage-Klicks" angeführt.

Bezeichnung des Indikators	**Homepage-Klicks**
Ausgangspunkt der Erhebung	Die Stadtmarketing-Organisation will die Stadt markieren (inkl. Corporate Identity bzw. Design). Durch die Marke soll der Zusatznutzen kommuniziert werden.
Art des Indikators	Ergebnisindikator
Erhebungsweg	Mit einer Online-Zählmaschine werden die „Klicks per User" auf der Homepage der jeweiligen Stadt gezählt. Idealerweise werden auch noch die von externen Links auf die Homepage leitenden Besuche ermittelt.
Datenquellen	eigene Erhebungen
Fristigkeit	Kurz- bis langfristig
Sinn der Erhebung	Eine hohe Klickrate zeugt von einer hohen Bekanntheit der jeweiligen Stadt und der damit verbundenen Homepage. Sie steht somit als ein Zeichen für eine gelungene Markierung. Die Anzahl der Besuche über Links von anderen Seiten verdeutlicht die Verbreitung der Marke.
Manko	Personen, die das Internet nicht als Informationsquelle nutzen, werden vernachlässigt. Es sind keine direkten Aussagen über die Identifikation spezifischer Angebote möglich.
Handlungs-empfehlungen (Beispiele)	Ausbau der Verlinkungen mit anderen Websites; Anonymität des Internets durch Gewinnspielaktionen oder Newsletter ausschalten; Markenstrategie verfeinern (z.B. durch stärkeres Branding der einzelnen Angebote in der Stadt).

Tab. 26: Beispiel für die Erhebung eines Indikators (Hartmann & Peters, 2008)

Als **Resümee** aus verschiedenen Untersuchungen kann festgestellt werden, dass die „Unterbelichtung" von Controlling im Stadtmarketing weniger durch einen Mangel an bedarfsgerechten Methoden und Instrumenten bedingt ist. Vielmehr scheint es an den fehlenden Erwartungen an ein umfassendes Controlling zu liegen, denn dieses gehört in der Stadtmarketing-Praxis noch immer nicht zum Standard.

Letztendlich messen die Praktiker im Stadtmarketing der **Erfolgskontrolle** eine sehr **niedrige Priorität** bei. Sie setzen die vorhandenen Ressourcen dazu ein, um nach außen sichtbare Erfolge in der Umsetzung zu erzielen. Für das Controlling als nur intern sichtbarem Instrument des Stadtmarketings bleiben zumeist keine Ressourcen mehr übrig. Zukünftig bedarf es deshalb einer frühzeitigen Integration des Controllings in das Gesamtkonzept eines jeden Stadtmarketingprozesses, inklusive der Bezifferung und Bereitstellung von finanziellen Ressourcen – und das schon in der Startphase (Hartmann & Peters, 2008, S. 53ff).

Zitat □

"Ich denke viel an die Zukunft, weil das der Ort ist, wo ich den Rest meines Lebens zubringen werde."

*Woody Allen (*1935), US-amerik. Filmregisseur und Schauspieler*

□ Kernaussagen Kapitel 6

- ✓ Marketingstrategien durchzusetzen bedeutet Widerstände und Konflikte zu überwinden. Dazu bedarf es der geeigneten Implementierungsstile (Top-down vs. Bottom-up) und eines integrierten Erarbeitungsprozesses, unter Einbeziehung aller relevanten Akteure.
- ✓ Zur Umsetzung der Marketingstrategie müssen die Aufbau- und die Ablauforganisation beachtet werden. Sie spiegeln formale Strukturen und Arbeitsprozesse wider.
- ✓ Das Marketing-Controlling erfüllt wichtige Funktionen für das Unternehmen (Information, Koordination, Planung) und ist damit viel mehr als eine bloße Kontrolle.
- ✓ Die drei Typen der strategischen Kontrolle sind jeweils unterschiedlich ausgerichtet und fokussieren andere Kontrollobjekte. Zusammen gewährleisten sie das Risikomanagement von Unternehmen.

☐ Fragen und Aufgaben zum Kapitel

[1] Wie können die Prozesse zur Erarbeitung von Marketingkonzepten typisiert werden?

[2] Was bedeuten Top-down und Bottom-up bei der Implementierung von Marketingstrategien?

[3] Worin unterscheiden sich Aufbau- und Ablauforganisation?

[4] Welche Funktionen erfüllt das Marketing-Controlling?

[5] Welche Typen strategischer Kontrolle können differenziert werden? Wie unterscheiden diese sich bzgl. des Ausmaßes der Gerichtetheit und des Kontrollobjektes?

[6] Skizzieren Sie die Grundidee und das Anwendungsverfahren der Marketing-Scorecard!

[7] Was ist bei der Ermittlung von Kennzahlen für das Controlling zu beachten, damit man einen bedarfsgerechten Ansatz verfolgen kann?

Literaturverzeichnis

Access Marketing Management (2012): Sportswear 2012. Sportmode und Sportschuhe in der Wahrnehmung der Zielgruppe 14-30. Kurzdarstellung. Abgerufen am 14.05.2013 von http://www.accessmm.de/download/AccessMM_Sportartikelstudie_ Kurzversion_%202012-Feb-17.pdf

AGOF (Arbeitsgemeinschaft Online Forschung e.V.) (2013): AGOF facts & figures „Reise & Touristik" (if 2012-11). Abgerufen am 28.05.2013 von http://agof.de/sonderauswertung-reise-touristik.1139.de.html

Aida Cruises. (o.J.): Aida Cruises Management. Abgerufen am 27.05.2013 von http://www.aida.de/aida-cruises/unternehmen/management.19233.html

ARD/ZDF-Medienkommission (2012): ARD-ZDF-Onlinestudie. Abgerufen am 28.05.2013 von http://www.ard-zdf-onlinestudie.de/index.php?id=388

Backaus, K., & Voeth, M. (2010): Industriegütermarketing (9. Auflage). München: Vahlen.

Balderjahn, I. (2013): Nachhaltiges Management und Konsumentenverhalten. München: UVK Lucius (UTB).

BBDO Live (2010): Sponsoring Trends 2010. Abgerufen am 10.06.2013 von http://www.bbdo-live.com/wp-content/uploads/2011/01/101127_Web_Sponsoring-Trends-2010-Highres.pdf

Becker, J. (2013): Marketing-Konzeption: Grundlagen des ziel-strategischen und operativen Marketing-Managements (10. Auflage). München: Vahlen.

Belz, O. (2010): Marketing – Erfolgreich ist, wer nachhaltig wirkt. In: Marke41, S. 20-26.

Berekoven, L., Eckert, W., & Ellenrieder, P. (2009): Marktforschung: Methodische Grundlagen und praktische Anwendung (12. Auflage). Wiesbaden: Gabler.

Bieger, T. (2010): Tourismuslehre – Ein Grundriss (3. Auflage). Bern: Haupt (UTB).

Bieger, T., & Beritelli, P. (2013): Management von Destinationen (8. Auflage). München: Oldenbourg.

Bischof, R. (2008): Event Marketing: Emotionale Erlebniswelten schaffen – Zielgruppen nachhaltig binden (3. Auflage). Berlin: Cornelsen.

BMU (Bundesministerium für Umwelt, Naturschutz und Reaktorsicherheit) (2012): Green Economy. Mit CSR den Wandel gestalten. Berlin.

Borden, N. (1964): The Concept of the Marketing Mix. In: Journal of Advertising Research, 4. Jg., No. 2/1964, S. 7-12. Abgerufen am 25.05.2013 von http://www.commerce.uct.ac.za/Managementstudies/Courses/BUS2010S/2007/Nicole%20Frey/Assignments/Borden,%201984_The%20concept%20of%20marketing.pdf

Brockes, W. (2004): Die Perspektiven des Eventsponsorings. In M. Hosang (Hrsg.), Event & Marketing 2. Konzepte, Beispiele, Trends (S. 141-150). Frankfurt/M.: Deutscher Fachverlag.

Bruhn, M. (2008): Qualitätsmanagement für Dienstleistungen. Grundlagen, Konzepte, Methoden (8. Auflage). Berlin: Springer.

Bruhn, M. (2010): Sponsoring (5. Auflage). Systematische Planung und integrativer Einsatz. Wiesbaden: Gabler.

Bruhn, M. (2011): Marketing für Nonprofit-Organisationen. Grundlagen, Konzepte, Methoden (2. Auflage). Stuttgart: W. Kohlhammer.

Bruhn, M. (2012): Marketing. Grundlagen für Studium und Praxis (11. Auflage). Wiesbaden: Springer, Gabler.

Burmann, C., & Nitschke, A. (2004): Events als Bestandteile eines modernen Markenmanagements. In M. Hosang (Hrsg.), Event & Marketing 2. Konzepte, Beispiele, Trends (S. 71-82). Frankfurt/M.: Deutscher Fachverlag.

Burmann, C., Halaszovich, T., & Hemmann, F. (2012): Identitätsbasierte Markenführung. Wiesbaden: Springer, Gabler.

Butler, R. (1980): The Concept of a Tourist Area Cycle of Evolution. Implications for Management of Resources. Canadian Geographer 24/1, S. 5-12. Abgerufen am 10.08.2013 von http://aaronluman.com/articles/CycleOfEvolution.pdf

BVDW (Bundesverband Digitale Wirtschaft e.V.) (2013): OVK Online-Report 2013/01. Abgerufen am 07.06.2013 von http://www.bvdw.org/medien/ovk-online-report-2013-01---kostenfreier-download?media=4611

Camp, R. (1994): Benchmarking. München: Hanser.

Carius, F. & Gernig, B. (2010): Was ist Freizeitwissenschaft? Konzeption, Entwicklungsstand, weltweiter Vergleich. Aachen: Shaker.

Cherkoff, J. (2012): Understanding the new consumer contract. Abgerufen am 07.06.2013 von http://www.collaboratemarketing.com/modernmarketing/

Conrady, R., Fichert, F., & Sterzenbach, R. (2012): Luftverkehr: Betriebswirtschaftliches Lehr- und Handbuch (5. Auflage). München: Oldenbourg.

DER Touristik (2013): Das Leitbild der DER Touristik. Abgerufen am 21.05.2013 von http://www.dertouristik.com/de/ueberzeugung/leitbild/

Deutsche Lufthansa AG (o.J.): Strategische Geschäftsfelder. Abgerufen am 17.05.2013 von http://www.lufthansagroup.com/unternehmen/geschaeftsfelder.html

Deutscher Franchise Verband e.V. (o.J.): Definition Franchising. Abgerufen am 29.05.2013 von http://www.franchiseverband.com/definition-franchising.html

Doppler, K., & Lauterburg, C. (2008): Change Management. Den Unternehmenswandel gestalten (12. Auflage). Frankfurt/M.: Campus.

Drengner, J. (2008): Imagewirkungen von Eventmarketing: Entwicklung eines ganzheitlichen Messansatzes (3. Auflage). Wiesbaden: Gabler.

DTV (Deutscher Tourismusverband) (2013): Klassifizierung & Qualität. Abgerufen am 02.04.2013 von http://www.deutschertourismusverband.de/klassifizierung.html

DTV (2011): Zahlen, Daten, Fakten 2010. Bonn.

DTV (2012): Zahlen, Daten, Fakten 2011. Bonn.

Dubs, R. (2009): Die Unternehmung und ihre Umwelten. In: Dubs, R., Euler, R., Rüegg-Stürm, J., & Wyss, C. (Hrsg.), Managementlehre: 5 Bände + Register (2. Auflage) (Bd. 1, S. 239-241). Bern: Haupt.

Dumazedier, J. (1974): Sociology of Leisure. Amsterdam, New York: Elsevier.

DWIF-Consulting (2013): Betriebsvergleich für die Hotellerie in Deutschland. Abgerufen am 02.04.2013 von http://www.dwif.de/downloads/category/betriebsvergleich-fuer-die-hotellerie-in-deutschland.html

Esch, F.-R. (2012): Strategie und Technik der Markenführung (7. Auflage). München: Vahlen.

FASPO (Fachverband für Sponsoring e.V.) (2012): Sponsor Visions 2012. Abgerufen am 10.06.2013 von http://www.faspo.de/studien/487-2012-03-21-19-48-47.html

Freericks, R. (2010): Freizeit-Freizeitpädagogik-Freizeitwissenschaft. In R. Freericks, R. Hartmann, & B. Stecker, Freizeitwissenschaft. Handbuch für Pädagogik, Management und nachhaltige Entwicklung (S. 19-76). München: Oldenbourg.

Freericks, R., Hartmann, R., & Stecker, B. (2010): Freizeitwissenschaft. Handbuch für Pädagogik, Management und nachhaltige Entwicklung. München: Oldenbourg.

Freyer, W. (2011): Tourismus-Marketing. Marktorientiertes Management im Mikro- und Makrobereich der Tourismuswirtschaft (7. Auflage). München: Oldenbourg.

Fritsch, S., Klose, M., Opfermann, M., Rosenski, N., Schwarz, N., Anheier, H., et al. (2011): Zivilgesellschaft in Zahlen. Abschlussbericht Modul 1. Wiesbaden: Statistisches Bundesamt und Centrum für soziale Investitionen und Innovationen (CSI).

Fromme, J. (2001): Die Stellung des Pädagogischen in der Freizeitwissenschaft. Spektrum Freizeit. 23 Jg., Heft 2 , S. 60-68.

FUR (Forschungsgemeinschaft Urlaub und Reisen e.V.) (2013): Reiseanalyse 2013. Erste ausgewählte Ergebnisse der 43. Reiseanalyse zur ITB 2013. Abgerufen am 14.06.2013 von http://www.fur.de/fileadmin/user_upload/RA_2013/ITB/RA2013_ITB_Erste_Ergebnisse_DE.pdf

FVW (2012a): FVW-Dossier Ketten und Kooperationen 2011. Hamburg: FVW Mediengruppe.

FVW (2012b): FVW Dossier. Deutsche Veranstalter 2012. Hamburg: FVW Mediengruppe.

FVW Magazin (2013): Mystery Shopper. fvw magazin 10/13, S. 88-89.

GfK Custom Research North America (2011): Tokyo Earns Strong Image, Despite Earthquake and Tsunami, in 2011 Anholt-GfK Roper City Brands Index. Abgerufen am 14.06.2013 von http://www.gfkamerica.com/newsroom/press_releases/ single_sites/008385/index.en.html

GfK Custom Research North America. (2012): Two-Thirds of Nations Experience Reputation Decline in 2012 Nation Brands Index. Abgerufen am 14.06.2013 von http://www.gfkamerica.com/newsroom/press_releases/single_sites/010541/index.en.html

GSTC (Global Sustainable Tourism Council) (2012): Globale Kriterien für nachhaltigen Tourismus. Abgerufen am 07.01.2013 von http://www.gstcouncil.org/uploads/files/german-format-criteria.pdf

Hamburg Tourismus GmbH (2006): Das Corporate Design der Hamburg Tourismus GmbH. Abgerufen am 07.06.2013 von http://www.designtagebuch.de/cd-manuals/HHT-DesignManual.pdf

Hartmann, R. (2005): Inszenierung von "echten" Erlebnissen als Erfolgsfaktor für den Städtetourismus. In J. Schmude, & A. Piermeier (Hrsg.), Tegernseer Tourismus-Tage 2004, Proceedings. Beiträge zur Wirtschaftsgeographie Regensburg, Band 8 (S. 9-15). Regensburg.

Hartmann, R. (2006): Die Stadt als Freizeit- und Erlebnisraum – Erlebnismarketing und -inszinierung im Städtetourismus. In: P. Reuber & P. Schnell (Hrsg.), Postmoderne Freizeitstile und Freizeiträume. Schriften zu Tourismus und Freizeit, Band 5 (S. 193-202). Berlin: ESV.

Hartmann, R. (2008): New Generation Stadtmarketing. Empirische Befunde, Trends und Ansätze für die Forschung. In: Freyer, W., M. Naumann & A. Schuler (Hrsg.), Standortfaktor Tourismus und Wissenschaft – Herausforderungen und Chancen für Destinationen. Schriften zu Tourismus und Freizeit, Band 8 (S. 59-76). Berlin: ESV.

Hartmann, R. (2009): Touristische Profilierung und Markenentwicklung der zwölf Austragungsorte im Umfeld der FIFA Fußball-WM 2006. In S. Bogusch, A. Spellerberg, H. Topp, & C. West (Hrsg.), Organisation und Folgewirkung von Großveranstaltungen. Interdisziplinäre Studien zur FIFA Fußball-WM 2006™ (S. 41-62). Wiesbaden: VS Verlag.

Hartmann, R. (2010a): Freizeitmanagement und -marketing. In R. Freericks, R. Hartmann, & B. Stecker, Freizeitwissenschaft. Handbuch für Pädagogik, Management und nachhaltige Entwicklung (S. 115-192). München: Oldenbourg.

Hartmann, R. (2010b): Freizeitmärkte. In R. Freericks, R. Hartmann, & B. Stecker, Freizeitwissenschaft. Handbuch für Pädagogik, Management und nachhaltige Entwicklung (S. 193-240). München: Oldenbourg.

Hartmann, R. (2011a): Eritrea: Neubeginn mit Tourismus 2.0. Aktuelle Bewertungen und ein integratives Konzept. Saarbrücken: Südwestdeutscher Verlag für Hochschulschriften.

Hartmann, R. (2011b). Destination Branding mit Frauen-Fußball. Können auch die Austragungsorte der FIFA Frauen-Weltmeisterschaft 2011 vom Megaevent profitieren? In W. Gronau (Hrsg.), Zukunftsfähiger Tourismus - Innovationen und Kooperationen, Studien zur Freizeit- und Tourismusforschung, Band 6 (S. 201-212). Mannheim: MetaGIS-Systems.

Hartmann, R., & Herwig, M. (2011): "The best Job in the World" vs. "Die Botschafter der Ostfriesischen Inseln" – Social Media als neues Marketingtool im Tourismus. In P. Boksberger, & M. Schuckert (Hrsg.), Innovationen in Tourismus und Freizeit. Hypes, Trends und Entwicklungen. Schriften zu Freizeit und Tourismus 12 (S. 79-91). Berlin: ESV.

Hartmann, R., & Krause, M. (2010): Stakeholder – Shareholder. Corporate Social Responsibility bei deutschen Reiseveranstaltern. In R. Egger, & T. Herdin (Hrsg.), Tourismus im Spannungsfeld von Polaritäten (S. 177-190). Wien: LIT.

Hartmann, R., & Markus, K. (2007): E-Commerce im Kreuzfahrttourismus: Onlinekommunikation für die Zielgruppe 50+. In: C. Haehling v. Lanzenauer &

K. Klemm (Hrsg.), Demographischer Wandel und Tourismus. Zukünftige Grundlagen und Chancen für touristische Märkte. Schriften zu Tourismus und Freizeit, Band 7 (S. 197-228). Berlin: ESV.

Hartmann, R. & Nagel, V. (2012): Township-Tourismus in Südafrika. In: H.-D. Quack & A. Steinecke (Hrsg.): Dark Tourism. Faszination des Schreckens. Paderborner Geographische Studien zu Tourismusforschung und Destinationsmanagement, Band 25 (S. 277-290). Paderborn.

Hartmann, R., & Peters, J. (2008): Controlling von Business Improvement Districts (BID). In H. Pechlaner, & A. Zehrer (Hrsg.), Business Improvement Districts. Grundlagen, Konzepte, Perspektiven (S. 45-67). Wien: Linde.

Hartmann, R., & Stecker, B. (2013): Nachhaltiger Kulturtourismus in europäischen Welterbe-Destinationen. Entwicklung eines Ansatzes zur Erfassung, Analyse und Beurteilung des nachhaltigen Tourismus anhand von Fallstudien in Malta, Polen und Litauen. In R. Freericks & D. Brinkmann (Hrsg.), Lebensqualität durch Nachhaltigkeit? (S. 245-261). Bremen: IFKA.

Hartmann, R., & Stelljes, M. (2007): Cross-Marketing als innovatives Instrument im Destinationsmanagement. In R. Egger, & T. Herdin, Tourismus – Herausforderung – Zukunft (S. 313-326). Wien: LIT.

Hartmann, R., Schmidt, A., & Seibold, M. (2003): Benchmarking als Analyse-Instrument im Städtetourismus. In: Schmude, J. (Hrsg.), Tegernseer Tourismus-Tage 2002, Proceedings. Beiträge zur Wirtschaftsgeographie Regensburg, Band 6 (S. 67-71). Regensburg.

Hartmann, R., Stecker, B., & Will, S. (2013): Limits of the tourist capacity of Cultural Heritage Sites. Developing a set of Criteria and Indicators toward a Sustainable Destination Management using the example of Vilnius. In T. Thimm (Hrsg.), Tourismus und Grenzen. Studien zur Freizeit- und Tourismusforschung, Band 9 (S. 205-216). Mannheim: MetaGIS-Systems.

Heinrichs, W. (2012): Kulturmanagement. Eine praxisorientierte Einführung (3. Auflage). Darmstadt: Wissenschaftliche Buchgesellschaft.

Hettler, U. (2010): Social Media Marketing. München: Oldenbourg.

Interbrand (2013): Best Global Brands 2012. Abgerufen am 21.05.2013 von http://www.interbrand.com/de/best-global-brands/2012/Best-Global-Brands-2012.aspx

Kamps, U. (2013): Gabler Wirtschaftslexikon. Abgerufen am 07.05.2013 von http://wirtschaftslexikon.gabler.de/Definition/grundgesamtheit.html.definition

Kollmann, T. (2013): Online-Marketing: Grundlagen der Absatzpolitik in der Net Economy (2. Auflage). Stuttgart: Kohlhammer.

Kotler, P., Kartajaya, H. & Setiawan, I. (2010): Die neue Dimension des Marketings. Vom Kunden zum Menschen. Frankfurt/M.: Campus.

Kotler, P., Keller, K., & Bliemel, F. (2007): Marketing-Management: Strategien für wertschaffendes Handeln (10. Auflage). München: Addison-Wesley.

Kramer, B. (1990): Freizeit – Politik – Perspektiven. Bern: FIF.

Kreilkamp, E. (1995): Tourismusmarkt der Zukunft. Die Entwicklung des Reiseveranstalter- und Reisemittlermarktes in der Bundesrepublik Deutschland. Frankfurt/M.

Kreutzer, R. (2012): Praxisorientiertes Online-Marketing: Konzepte – Instrumente – Checklisten. Wiesbaden: Gabler.

Kromrey, H. (2009): Empirische Sozialforschung (12. Auflage). Stuttgart: Lucius & Lucius (UTB).

Krum, C. (2012): Mobile Marketing: Erreichen Sie Ihre Zielgruppen (fast) überall. München: Addison-Wesley.

Lamnek, S. (2010): Qualitative Sozialforschung (5. Auflage). Psychologie Verlagsunion.

Langner, S. (2013): Viral Marketing: Wie Sie Mundpropaganda gezielt auslösen und Gewinn bringend nutzen (2. Auflage). Wiesbaden: Gabler, Springer.

Levinson, J. (2011): Guerilla Marketing des 21. Jahrhunderts. Clever werben mit jedem Budget (2. Auflage). Frankfurt/M.: Campus.

McCarthy, E. (1960): Basic Marketing: A Managerial Approach. Homewood: Irwin.

McColl, D. (2009): Tourism Queensland – The best Job in the World. Brisbane: SapientNitro.

Meffert, H., & Bruhn, M. (2012): Dienstleistungsmarketing. Grundlagen, Konzepte, Methoden (7. Auflage). Wiesbaden: Gabler.

Meffert, H., Burmann, C., & Kirchgeorg, M. (2012): Marketing. Grundlagen marktorientierter Unternehmensführung. Konzepte, Instrumente, Praxisbeispiele (11. Auflage). Wiesbaden: Gabler.

Merlin Entertainments Group (2013): Homepage. Abgerufen am 25.05.2013 von http://www.merlinentertainments.biz/en/homepage.aspx

Mertins, K. & Kohl, H. (Hrsg.) (2009): Benchmarking: Leitfaden für den Vergleich mit den Besten (2. Auflage). Düsseldorf: Symposion Publishing.

Middleton, V., Fyall, A., & Morgan, M. (2009): Marketing in Travel and Tourism (4. Auflage). Oxford: Butterworth-Heinemann.

Müller, H. (2004): Qualitätsorientiertes Tourismus-Management. Bern: Haupt (UTB).

Müller, H., Jans, K., & Scheurer, R. (2004): Tourismus-Destination als Erlebniswelt. Ein Leitfaden zur Angebots-Inszenierung. Bern: FIF.

Müller, W. (2006): Eventmarketing. Grundlagen, Rahmenbedingungen, Konzepte, Zielgruppe, Zukunft (3. Auflage). Düsseldorf: VDM.

Neumann, D. (2006): Erlebnismarketing, Eventmarketing. Grundlagen und Erfolgsfaktoren. Düsseldorf: VDM.

New Zealand Tourism (o.J.): Mittelerde. Abgerufen am 11.06.2013 von http://www.newzealand.com/de/feature/middle-earth/

News Aktuell GmbH (2013): PR-Bild Award. Abgerufen am 07.06.2013 von http://www.pr-bild-award.de/

Nufer, G. (2010): Ambush-Marketing im Sport. Berlin: ESV.

Nufer, G. (2012): Event-Marketing und -Management: Grundlagen – Planung – Wirkungen – Weiterentwicklungen (3. Auflage). Wiesbaden: Gabler.

Opaschowski, H. (1990): Pädagogik und Didaktik der Freizeit (2. Auflage). Opladen: Leske + Budrich.

Opaschowski, H., Pries, M., & Reinhardt, U. (2006): Freizeitwirtschaft. Die Leitökonomie der Zukunft. Münster: LIT.

Pepels, W. (2011): Handbuch des Marketing (6.Auflage). München: Oldenbourg.

Pine, B.J. & Gilmore, H.G. (1999): The Experience Economy. Boston: Harvard Business School Press.

Porter, M. (2010): Wettbewerbsvorteile. Spitzenleistungen erreichen und behaupten (6. Auflage). Frankfurt/M.: Campus.

Ramge, T. (2008): Von Freund zu Freund. Brand eins Wirtschaftsmagazin (Heft 2), S. 69-73.

REWE Group (2008): Leitbild REWE Group. Abgerufen am 15.05.2013 von http://www.rewe-group.com/unternehmen/leitbild/

Riess, B., Welzel, C., & Lüth, A. (2008): Mit Verantwortung Handeln: Ein CSR-Handbuch für Unternehmer. Wiesbaden: Gabler/Bertelsmann Stiftung.

Roland Berger Strategy Consultants (2012): European Capital City Tourism. Abgerufen am 14.05.2013 von http://www.rolandberger.com/media/pdf/Roland_Berger_European_Capital_City_Tourism_20120127.pdf

Roth, P. & Schrand, A. (2003): Touristikmarketing. Reiseveranstalter, Verkehrsträger, Tourismusdestinationen (4. Auflage). München: Vahlen.

Rück, H. (o.J.): Gabler Wirtschaftslexikon, Event. Abgerufen am 10.06.2013 von http://wirtschaftslexikon.gabler.de/Definition/event-veranstaltung.html

Runia, P., Wahl, F., Geyer, O., & Thewißen, C. (2011): Marketing. Eine prozess- und praxisorientierte Einführung (3. Auflage). München: Oldenbourg.

Salamon, L. A. (1999): Defining the nonprofit sector: A cross-national analysis. Manchester University Press.

Sandel, M. (2012): Was man für Geld nicht kaufen kann. Berlin: Ullstein.

Scheib, J. (2012): Destination Placement als Marketinginstrument im Tourismus. Akademiker Verlag.

Scherhag, K. (2003): Destinationsmarken und ihre Bedeutung im touristischen Wettbewerb. Lohmar: Josef Eul.

Schmitz-Scherzer, R. (1974): Sozialpsychologie der Freizeit. Bericht über den Stand der Freizeitforschung in Soziologie und Psychologie. Stuttgart: Kohlhammer.

Schmude, J. & Namberger, P. (2010): Tourismusgeographie. Darmstadt: Wissenschaftliche Buchgesellschaft.

Schneider, W. (2009): Marketing und Käuferverhalten (3. Auflage). München: Oldenbourg.

Seitz, E., & Meyer, W. (2006): Tourismusmarktforschung. Ein praxisorientierter Leitfaden für Touristik und Fremdenverkehr (2. Auflage). München: Vahlen.

Sell, A. (2002): Internationale Unternehmenskooperationen (2. Auflage). München: Oldenbourg.

Semion (2012): Berühmte deutsche Marken in EURO & CENT. Abgerufen am 21.05.2013 von http://www.semion.com/value/value2012.html

Sempora Consulting GmbH (2010): Neue ROPO-Studie „Multichannel-Dynamik in der Touristik bis 2015". Abgerufen am 29.05.2013 von http://www.sempora.com/fileadmin/fm-dam/Insights/Insight_VS14_S16_ROPO.pdf

Smeral, E. (2008): Tourismus: Ein unterschätzter Wirtschaftsfaktor. Eine kritische Analyse der Anwendung von Tourismus-Satellitenkonten. In: W. Freyer, M. Naumann & A. Schuler (Hrsg.), Standortfaktor Tourismus und Wissenschaft – Herausforderungen und Chancen für Destinationen. Schriften zu Tourismus und Freizeit, Band 8 (S. 77-91). Berlin: ESV.

Statistisches-Bundesamt (2013): Volkswirtschaftliche Gesamtrechnungen. Private Konsumausgaben und verfügbares Einkommen. 4. Vierteljahr 2012. Wiesbaden.

Stecker, B. (2010): Ökologie und Nachhaltigkeit in der Freizeit. In R. Freericks, R. Hartmann & B. Stecker, Freizeitwissenschaft. Handbuch für Pädagogik, Management und nachhaltige Entwicklung (S. 240-352). München: Oldenbourg.

Steinecke, A. (2011): Tourismus (2. Auflage). Braunschweig: Bildungshaus Schulbuchverlage.

Steinmann, H. & Schreyögg, G. (2005): Management (6. Auflage). Wiesbaden: Gabler.

Stiftung für Zukunftsfragen (2013): Freizeit-Monitor 2013. Hamburg.

Studiosus Reisen (o.J.): Unternehmensleitbild. Abgerufen am 15.05.2013 von http://www.studiosus.com/Ueber-Studiosus/Unternehmensleitbild#4.3.3

Sylt Marketing (2010): Markenleitbild Sylt. Abgerufen am 15.05.2013 von http://www.sylt.de/fileadmin/Mediendatenbank/PDFs/Download/SMG/SYLT_MARKENLEITBILD_070710.pdf

The Store WPP (2012): Hot? Take a Sprite Shower. Abgerufen am 04.06.2013 von http://thestorewpp.tv/blog/2012/9/25/hot-take-a-sprite-shower.html

Töpfer, A. (Hrsg.) (1997): Benchmarking. Der Weg zu Best Practice. Berlin/Heidelberg: Springer.

Tourismus Zentrale Saarland (2012): Saarland Touren-App. Abgerufen am 10.06.2013 von http://www.tourismus.saarland.de/de/3c4bcb59-3f7d-d846-1ada-903feb84f629.html

TUI AG & Z_punkt GmbH (2012): Neue chinesische Touristen in Europa 2017+. Abgerufen am 06.15.2013 von http://www.z-punkt.de/fileadmin/be_user/D_News/D_2012_06_Newsletter/Tui_Report.pdf

TUI Deutschland (2013): TUI Deutschland – Ein Kurzportrait. Abgerufen am 07.06.2013 von http://www.tui-deutschland.de/td/de/unternehmen/unternehmen_im_ueberblick/portraet/

Ulrich, P. (2009): Normative Orientierungsprozesse. In: Dubs, R., Euler, R., Rüegg-Stürm, J., & Wyss, C. (Hrsg.), Managementlehre: 5 Bände + Register (2. Auflage) (Bd. 2, S. 23-37). Bern: Haupt.

UNWTO (United Nations World Tourism Organisation) (2007): Understanding Tourism: Basic Glossary. Abgerufen am 11.04.2013 von http://media.unwto.org/en/content/understanding-tourism-basic-glossary

UNWTO (2013): World Tourism Barometer, Vol. 11, January 2013. Madrid.

UNWTO & UNEP (2005): Making Tourism More Sustainable - A Guide for Policy Makers. Madrid.

VIR (Verband Internet Reisevertrieb) (2013): Online Reisemarkt. Abgerufen am 28.05.2013 von http://www.v-i-r.de/vir-online-reisemarkt.htm

Weckerle, C., & Söndermann, M. (2003): Das Umsatz- und Beschäftigungspotential des kulturellen Sektors: Erster Kulturwirtschaftsbericht Schweiz. Zürich: Hochschule für Gestaltung und Kunst.

Weinberg, P. (1992): Erlebnismarketing. München: Vahlen.

Weis, H., & Steinmetz, P. (2008): Marktforschung (7. Auflage). Ludwigshafen: Kiehl.

Wiezcorek, M., & Lachmann, J. (2005): Cross Marketing im Tourismus: Grundlagen – Praxis – Beispiele – Fallstudien. Hamburg: ITD.

Wilbers, K. (2009): Anspruchsgruppen und Interaktionsthemen. In: Dubs, R., Euler, R., Rüegg-Stürm, J., & Wyss, C. (Hrsg.), Managementlehre: 5 Bände + Register (2. Auflage) (Bd. 1, S. 239-241). Bern: Haupt.

Winde, M. (2002): Wirtschaftsfaktor Freizeit. Typologie, Beschäftigung, Qualifikation. Beiträge zur Gesellschafts- und Bildungspolitik Nr. 256. Köln: Institut der deutschen Wirtschaft.

WTTC (World Travel & Tourism Council) (2013a): Travel & Tourism. Economic Impact 2013. World. London.

WTTC (2013b): Economic Impact Research. Abgerufen am 16.04.2013 von http://www.wttc.org/research/economic-impact-research/league-table-summary/

WTTC (2013c): Germany Economic Impact Report. Abgerufen am 16.04.2013 von http://www.wttc.org/research/economic-impact-research/country-reports/g/germany/

Zeithaml, V., Parasuraman, A., & Berry, L. (1992): Qualitätsservice. Was Ihre Kunden erwarten – was Sie leisten müssen. Frankfurt/M.: Campus.

Ziegenbein, R. (2005): Marktforschungsprojekt. Servicequalität Dortmunder Autohäuser. PPP Arbeitspapier. ISM Dortmund.

Abbildungsverzeichnis

Tabellenverzeichnis

Index